Vereinbarungen

zur

einheitlichen Untersuchung und Beurtheilung

von

Nahrungs- und Genussmitteln

sowie Gebrauchsgegenständen

für das

Deutsche Reich.

Ein Entwurf

festgestellt

nach den Beschlüssen der auf Anregung des
Kaiserlichen Gesundheitsamtes einberufenen Kommission
deutscher Nahrungsmittel-Chemiker.

Heft III.

Mit einem Sachregister zu Heft I—III.

Springer-Verlag Berlin Heidelberg GmbH

1902.

Buchdruckerei von Gustav Schade (Otto Francke) in Berlin N.

ISBN 978-3-642-98925-4   ISBN 978-3-642-99740-2 (eBook)
DOI 10.1007/978-3-642-99740-2
Softcover reprint of the hardcover 1st edition 1902

Vorwort.

Am 5. Januar 1901 trat die Kommission zur Vereinbarung einheitlicher Verfahren für die Untersuchung von Nahrungsmitteln, Genussmitteln und Gebrauchsgegenständen zu ihrer 5. und letzten Plenarversammlung im Kaiserlichen Gesundheitsamte zu Berlin zusammen. Ausser den ständigen Mitgliedern der Kommission nahmen an der Sitzung Theil: Als Referent der bayerischen Vereinigung: Ober-Inspektor Dr. Röttger-Würzburg; als Vertreter des Vereins deutscher Chemiker: Medizinalrath Dr. E. A. Merck-Darmstadt und Prof. Dr. Hintz-Wiesbaden; vom Verbande selbständiger öffentlicher Chemiker Deutschlands Dr. Popp-Frankfurt a. M. Ausserdem waren anwesend Dr. Bömer-Münster i. W., sowie vom Kaiserlichen Gesundheitsamt: Geheimer Regierungsrath Dr. Ohlmüller, Regierungsrath Dr. Götzke, Regierungsrath Dr. Kerp, sowie Dr. Fritzweiler und Dr. Schmidt.

In der Versammlung gelangten die Abschnitte: Mate, Luft, Gebrauchsgegenstände, Kaffee und Kaffeeersatzstoffe zur Berathung und Annahme. Darauf traten die Anwesenden — unter Vorsitz des Geheimen Regierungsraths Professor Dr. König-Münster — in eine Besprechung der Vorarbeiten zur Festsetzung einheitlicher Gebührensätze für Untersuchungen von Nahrungsmitteln etc. ein und ertheilten dem Entwurf von Gebührensätzen nach den, am vorhergehenden Tage gefassten Beschlüssen der aus Mitgliedern der Versammlung gebildeten engeren Kommission ihre Zustimmung; hierbei wurde gleichzeitig dem Wunsche Ausdruck gegeben, dass die Aufnahme des Tarifs in den „Vereinbarungen" als Anhang erfolgen möge. In das vorliegende 3. Heft der „Vereinbarungen" haben die noch ausstehenden Abschnitte in folgender Reihenfolge Aufnahme gefunden: Bier, Kaffee, Kaffee-Ersatzstoffe, Thee, Mate, Kakao und Chokolade, Tabak, Luft und Gebrauchsgegenstände, endlich als Anhang der Entwurf von Gebührensätzen.

Da das in Eisenach im Jahre 1894 begonnene Werk in gemeinsamer wissenschaftlicher Arbeit nunmehr durch die gefassten Beschlüsse dieser letzten Tagung zum Abschluss gebracht war, so sah die Kommission ihre Aufgabe als erledigt an, stellte ihre Thätigkeit nach dieser Richtung hin ein und erklärte sich für aufgelöst.

Wenn die nunmehr vollständig vorliegenden „Vereinbarungen" dazu beitragen sollten, dem Gesetze vom 14. Mai 1879, betreffend den Verkehr mit Nahrungsmitteln, Genussmitteln und Gebrauchsgegenständen, sowie dessen Ergänzungsgesetzen eine erfolgreichere Wirkung als bisher zu verleihen und wenn dadurch der Verfälschung der Nahrungs- und Genussmittel wirksamer entgegengetreten werden könnte, als es früher möglich war, so wäre dies für die Kommission der schönste Lohn für ihre aufopferungsvolle, mühsame, langjährige Thätigkeit.

Die Fortführung des vorläufig abgeschlossenen Werkes wird Sache des im Bedarfsfalle zu verstärkenden Ausschusses des Reichs-Gesundheitsrathes für Ernährungswesen sein.

Der Vorsitzende:

Köhler,
Wirklicher Geheimer Ober-Regierungsrath.

Der geschäftsführende Ausschuss:

Dr. v. Buchka,	**Dr. Hilger,**
Regierungsrath, Professor.	Ober-Medizinalrath, Professor.

Dr. König,
Geheimer Regierungsrath, Professor.

Inhalt.

Kaffee.

Kaffee-Ersatzstoffe.

Thee.

Mate oder Paraguay-Thee.

Kakao und Chokolade.

Tabak.

Luft.

Gebrauchsgegenstände.

Berichtigungen.

Heft I.

Seite XIII Zeile 12 von unten lies: *Baudouin* statt Baudonin.

„ 13 „ 3 „ oben „ $D = \dfrac{0{,}930\,s + (a)}{1{,}455}$ statt $D = \dfrac{0{,}955\,s + (a)}{1{,}455}$

„ 54 Ueberschrift lies: *Milch- und Molkereierzeugnisse* statt Milch- und Molkereineben-abfälle.

„ 66 in der Formel *c* von Fr. J. Herz zur Berechnung des Grades der Verfälschung der Milch bei gleichzeitiger Wässerung und Entrahmung muss es heissen:

$$\varphi = f_1 - \frac{\left[100 - \left(\dfrac{M f_1 - 100 f_2}{M}\right)\right] \cdot \left[f_1 - \left(\dfrac{M f_1 - 100 f_2}{M}\right)\right]}{100}.$$

„ 74 Zeile 6 von unten lies: *Myseost* statt Mysost.

„ 74 „ 3 „ „ „ „ „ „

„ 87 „ 8 „ „ „ *3,8694* „ 3,8740.

„ 94 „ 8 „ oben „ *beschickten* „ bedeckten.

„ 102 „ 11 „ unten „ *Baudouin* „ Baudonin.

„ 102 „ 10 „ „ „ *Baudouin'sche* „ Baudonin'sche.

„ 102 „ 9 „ „ „ *Villavecchia* „ Villavechia.

„ 103 „ 5 „ oben „ *Renard* „ Rénard.

„ 103 „ 6 „ unten „ „ „ „

„ 103 „ 14 „ oben „ *Welmans* „ Welmanns.

„ 103 „ 16 „ „ „ „ „ „

„ 104 „ 1 „ „ „ *Finck* „ Fink.

„ 105 „ 21 „ „ „ *Welmans'sche* „ Welmanns'sche.

„ 106 „ 13 „ „ „ „ „ „

„ 106 „ 16 „ „ „ „ „ „

„ 108 „ 12 „ unten „ *Baudouin'sche* „ Baudonin'sche.

Heft II.

Seite 13 Zeile 16 von oben lies: *Nr. 17* statt Nr. 16.

„ 83 „ 24 der Satz: *„Fruchtessige, überhaupt Essigsorten, deren Abstammung im Handelsverkehr genau angegeben wird, dürfen keine Beimengungen von Spiritusessig oder dem aus Essigsäure oder Essigessenz hergestellten Erzeugniss enthalten"* fällt fort.

„ 135 „ 7 und 8 von unten lies: *„in Wein, weinhaltigen und weinähnlichen"* statt „in Wein und weinähnlichen".

„ 160 „ 10 von oben lies: *„von doppeltkohlensauren Salzen"* statt „nur von doppeltkohlensauren Salzen".

Bier.

Referent des Ausschusses: Dr. v. Buchka.
Verfasser: L. Aubry.
Nächstbetheiligtes Mitglied: Dr. M. Delbrück.

I. Allgemeiner Theil.

A. Begriffserklärung und Beschaffenheit des Bieres.

Bier ist ein gegohrenes und noch in schwacher Nachgährung befindliches Getränk, vorherrschend aus Gerstenmalz (oder auch Weizenmalz) und Hopfen unter Zuhülfenahme von Wasser und Hefe hergestellt, welches neben Alkohol und Kohlensäure als wesentlichen Bestandtheil noch einen nicht unerheblichen Antheil unvergohrener Extraktbestandtheile enthält.

Es giebt eine grosse Anzahl von Biersorten, die durch entsprechende Arten des Malzes (z. B. Rauchmalz), durch Besonderheiten bei der Herstellung (z. B. Sudverfahren), durch Koncentration der Würze, Hopfengabe, Gährverfahren, Dauer und Art der Nachbehandlung, Kellerbehandlung und Lagerung entstehen.

Man unterscheidet:

1. Helle und dunkele Biere je nach der Art des verwendeten, bei niedrigen oder höheren Temperaturen abgedarrten Malzes. Tief dunkele Färbungen des Bieres werden durch Zusatz von gebranntem Malz (Karamel- oder Farbmalz) oder von gebranntem Zucker (Zuckerkouleur, vergl. hierzu unter B. Ersatzstoffe u. s. w.) oder durch Ueberhitzung der Würze erzielt.

2. Obergährige und untergährige Biere. Bei den ersteren verläuft die Gährung bei höheren Temperaturen in kürzerer Zeit unter Abscheidung der Hefe an der Oberfläche (z. B. Weissbiere, Braunbiere, westfälisches Altbier, belgische und englische Biere). Bei letzteren verläuft die Gährung bei niedrigen Temperaturen in längerer Zeitdauer unter Absitzen der Hefe am Boden des Gährgefässes.

3. Stark oder schwach eingebraute Biere, je nach der Höhe der Stammwürze.

4. Hoch und niedrig vergohrene Biere, je nach der Höhe des Vergährungsgrades, weinige vorherrschend alkoholreiche und extrakt-

arme, und vollmundige, extraktreiche wenig vergohrene Biere. Doppelbiere nennt man an manchen Orten etwas stärker als ortsüblich eingebraute Biere. Dahin gehören auch die Bockbiere.

Das zum Verbrauch gelangende Bier soll klar, oder höchstens schwach opalisirend sein, sofern es sich nicht um besondere Biersorten, z. B. Lichtenhainer, Berliner Weissbier u. s. w. handelt. Auf der Oberfläche soll sich beim Ausschänken in ein Glas ein aus kleinen Bläschen bestehender Schaum bilden, der sich einige Zeit hält und dann erst allmählich zusammenfällt, während aus der Flüssigkeit stets kleine Gasbläschen von Kohlensäure aufsteigen. Der Geschmack soll prickelnd nach Kohlensäure, rein und, je nach der Biersorte, süss, malzig, bitter nach Hopfen sein.

Ausser dem der Kohlensäure eigenthümlichen Geschmack soll bei untergährigen Bieren ein Säuregeschmack nicht hervortreten, wogegen bestimmten obergährigen Bieren (z. B. Berliner Weissbier u. a.) ein entsprechender säuerlicher Geschmack anhaftet. Fauler oder schimmliger Geschmack ist im Allgemeinen als nicht regelrecht anzusehen.

Das Bier ist eine in steter Veränderung befindliche Flüssigkeit.

Es enthält stets noch geringe Mengen des Gährungserregers und gährungsfähiger Stoffe, welche aufeinander einwirken, sobald die erforderlichen Bedingungen geschaffen sind, und zwar in dem Maasse ihres Mengenverhältnisses. Man bezeichnet diese Erscheinung mit Nachgährung. Vollzieht sich diese langsam, so werden erst in längeren Zeiträumen Veränderungen, wie starke Kohlensäureansammlung, höhere Vergährung und auch Hefetrübung, zur Wahrnehmung gelangen. Bei Vorhandensein von viel gährungsfähigen Stoffen kann die Nachgährung sehr heftig unter reichlicher Abscheidung von Hefe vor sich gehen, wobei das Bier aber noch nicht verdorben erscheint und sich auch auf natürliche Weise unter Hefeabsatz klärt.

Sind neben der Kulturhefe andere fremde Gährungserreger vorhanden, so können im Verlaufe der Nachgährung Veränderungen unregelmässiger Natur eintreten, die man als Krankheiten bezeichnet. Nach den sich äussernden Wirkungen des Krankheitserregers des Bieres kann man Geschmacksveränderungen (bitteren, bittersüssen, säuerlichen, obstartigen Geschmack), fremdartigen Geruch (nach Schwefelwasserstoff, flüchtigen Säuren, Aethern), oder Dichteveränderungen (fadenziehend werden)[1], oder auch Farbenveränderungen beobachten. Als Ursachen des Auftretens von Bier-Krankheiten können Unreinlichkeit im Betriebe, verunreinigtes Wasser oder Luft, schlechte und zu lange ausgedehnte Lagerung angesprochen werden. Unterstützt und vorbereitet können Veränderungen des Bieres durch Fabrikationsfehler, wie Stärkekleister- oder Eiweiss- oder Glutintrübungen, sowie auch durch den Geschmack ungünstig

---

[1] Fadenziehende Weissbiere werden nach diesbezüglichen Beobachtungen gelegentlich bei längerer Lagerung ohne wesentliche Einbusse an Geschmack wieder vorschriftsmässig.

beeinflussende schlechte Rohstoffe werden. Staubige Ausscheidungen von kleinen Harztröpfchen (Harztrübung), von Gummi (Gummitrübung) sind seltener.

Das Schalwerden des Bieres kann durch unzweckmässige Kellerführung, durch hohe Temperatur der Keller oder zu langes unzweckmässiges Lagern hervorgerufen werden. Dadurch wird die Haltbarkeit des Bieres wesentlich vermindert, weil die Kohlensäure, das natürliche Mittel zur Erhaltung der Frische des Bieres, fehlt. Solche Biere schlagen leicht um.

Hier müssen auch die Veränderungen erwähnt werden, welche Bier durch das die Fässer auskleidende Pech (Pechgeschmack), die Korkmasse und durch die Flaschenverschlüsse (Patentverschlüsse), ja sogar durch die Flaschen selbst erleiden kann.

Um ein regelrechtes fertiges Bier für weiteren, namentlich überseeischen Versand haltbarer zu machen, ist als ein unschädliches und zweckmässiges Verfahren das Pasteurisiren, d. i. Erhitzen auf 50 bis 70° im Gebrauch.

Leider bietet es aber grosse Schwierigkeiten, Bier in grösseren Geschirren und somit auch in grösserer Menge zu pasteurisiren, weshalb dieses Verfahren vorherrschend sich nur auf das Flaschenbier erstreckt; doch kommt auch bereits pasteurisirtes Fassbier in den Handel, welches zunächst für die Ausfuhr bestimmt ist, und wobei man sich besonders eingerichteter Metallfässer, z. B. nach System Holle, bedient. Holzfässer sind aus natürlichen Gründen dazu wegen des unvermeidlichen Kohlensäureverlustes weniger geeignet. Man hat auch Apparate hergestellt, in welchen das Bier pasteurisirt und abgekühlt und aus welchen es dann in die Fässer gebracht wird. Dass dies nicht ohne Schädigung der Kohlensäurebindung geschehen kann, hat man bald eingesehen und sucht den Fehler durch künstliches Einpressen von Kohlensäure dann wieder auszugleichen.

Es ist daran zu erinnern, dass das Bier in Folge des Pasteurisirens dadurch eine wesentliche Veränderung erfährt, dass ausser den Kleinwesen auch die von diesen stammenden Enzyme, welche vielleicht für die Verdaulichkeit nicht ohne Bedeutung sind, abgetödtet oder abgeschwächt werden. Durch das Pasteurisiren wird auch der Geschmack des Bieres mehr oder weniger beeinflusst.

B. Ersatzstoffe für Malz und Hopfen. Zusätze und Verfälschungen des Bieres.

In Bayern, Württemberg und Baden ist jedes Bier als gefälscht zu betrachten, welches aus anderen Stoffen als Gersten- oder Weizenmalz, Hopfen und Wasser hergestellt wurde oder zu welchem andere Rohstoffe als theilweiser Ersatz verwendet wurden. In solchen Ländern, deren Brausteuergesetzgebung auch andere Rohstoffe zulässt, können die steueramtlich zulässigen Ersatzmittel für Malz oder Malzextrakt nicht als Fälschungsmittel angesehen werden, sondern sind als erlaubte Ersatzmittel zu bezeichnen, es sei denn, dass sie durch ein besonderes Gesetz ausgeschlossen worden sind.

Ihre Benutzung ist, sofern nicht die Herkunft oder die Bezeichnung des Bieres ohne Weiteres die Verwendung bestimmter Ersatzstoffe erkennen lässt, beim Verkauf des Bieres ausdrücklich anzugeben (zu deklariren).

Als Ersatzstoffe des Malzes können in Betracht kommen: Reis, Mais, Hirse, Hafer und andere stärkemehlhaltige Früchte, zum Theil in Form von Malz; ferner Zucker (Rübenzucker, Stärkezucker, Maltose und die entsprechenden Sirupe).

Als Ersatzstoffe des Malzes oder der durch Vergährung der Malzwürze entstandenen Erzeugnisse gelten nicht nachträglich zum fertigen Bier gemachte Zusätze von Zuckerkouleur (ausser der zum Färben des Bieres zugesetzten), von den zu der Gruppe von Kohlenhydraten nicht gehörigen Süssstoffen (wie Süssholz und Süssholzextrakt), von künstlichen Süssstoffen (Gesetz vom 6. Juli 1898), sowie ferner nicht solche von Alkohol und Glycerin.

Unzulässig sind andere Färbemittel als Farbmalz oder Zuckerkouleur (namentlich Theerfarbstoffe).

Ersatzstoffe für Hopfen sind nicht zulässig, insbesondere gelten als solche nicht andere Bitterstoffe, Gerbsäure u. s. w.

Als regelrechte Bestandtheile des Bieres gelten auch die in dem betreffenden Brauwasser vorhandenen gelösten Stoffe, besonders gelöste Mineralstoffe. Als wesentlich für die Bierbereitung wird ein gewisser Gehalt an schwefelsaurem und kohlensaurem Calcium erachtet.

Der Zusatz solcher Salze zu salzarmen Wässern ist gestattet und gelegentlich als eine wesentliche Verbesserung anzusehen; auch die Verwendung von Kochsalz ist für gewisse Biere nothwendig, wenn hierdurch die Eigenart der mit salzreichen Quellwässern der betreffenden Gegend hergestellten Biere erreicht werden soll.

Dagegen ist der Zusatz von Säuren zum Wasser, wie Schwefelsäure, unzulässig.

Unter allen Umständen sind aber die Salze vor oder während des Brauvorganges zuzufügen. Ein späterer Zusatz, insbesondere zum fertigen Biere, ist unzulässig, so namentlich der Zusatz von freien oder kohlensauren Alkalien zur Neutralisirung von saurem Bier oder zur Erhöhung des Kohlensäuregehaltes.

Als Mittel zur Frischhaltung im eigentlichen Sinne des Wortes sind beim Bier angewendet worden: Salicylsäure, saures schwefligsaures Calcium und saures schwefligsaures Natrium oder Kalium, die Verbindungen der Flusssäure, Wasserstoffsuperoxyd, Borsäure und borsaure Salze, Benzoësäure, Formaldehyd und Aethylalkohol. Wahrscheinlich findet auch noch die eine oder andere giftige Substanz zwecks besserer Frischhaltung Eingang in Form von Geheimmitteln. Diese künstlichen Mittel sind unzulässig.

II. Untersuchungsverfahren.

A. Probenentnahme.

Die Probenentnahme des Bieres soll derart geschehen, dass möglichst Veränderungen desselben während und nach der Probenentnahme hintangehalten bleiben, sofern dadurch die chemische Analyse beeinträchtigt wird. In der Brauerei hat die Entnahme aus dem Lagerfass zu geschehen und zwar mittels eines als Heber dienenden reinen oder vorher innen und aussen mit Chlorkalklösung desinficirten und hierauf gründlich gespülten Schlauches. Besser ist es noch, das Fass an einer aussen sorgfältig gereinigten Stelle ziemlich weit unten anzubohren und den herausspringenden Strahl erst nach kurzem Laufenlassen aufzufangen. Aus Schankfässern bei den Wirthen soll in ähnlicher Weise das Bier mit sterilem Schlauch oder Heber entnommen werden, niemals aus den benutzten Hähnen, deren Reinheitszustand selten die Gefahr einer Infektion des Bieres ausschliesst.

Zur Aufnahme der Proben sind reine Flaschen aus dunklem Glase hellen Glasflaschen vorzuziehen. Steinkrüge dürfen nicht verwendet werden.

Die Korke und Patentverschlüsse müssen sorgfältig gereinigt sein. Korke sind vorher einige Zeit in Wasser zu kochen, dann auszupressen und gehörig abzuspülen, sowie erst dann zum Verschluss zu verwenden, wenn sie genügend abgetrocknet sind. Gummiverschlüsse und Patentverschlüsse, sowie solche mit Suberiteinlage können verwendet werden, sofern es sich nicht um Geschmacksproben handelt. Der Gummigeschmack lässt eine scharfe Kostung nicht zu. Sehr zu empfehlen ist es, sich behufs Verschluss der Flaschen guter, mit heissem Paraffin getränkter Korke zu bedienen.

Die Bierproben sind stets sofort nach Füllung der Flaschen luft- und wasserdicht zu verschliessen, zu siegeln und zu bezeichnen. Das Aufsetzen von Zinnkapseln auf die Flaschen ist nicht zulässig, es sei denn, dass der Kopf der verschlossenen Flasche bis 3 cm unter dem oberen Rande vorher in geschmolzenes Paraffin oder Siegellack oder Pech getaucht war. Der Korkstopfen soll stets dicht über dem Rande der Flasche oben abgeschnitten werden. Beim Eintreiben der Korke in die Flasche mittels einer Korkpresse ist die letztere da, wo sie mit dem Pfropfen oder der Flasche in Berührung kommt, sorgfältig zu reinigen und pilzfrei zu machen. Die Pfropfen dürfen dann nicht, wie dies häufig geschieht, unter den Flaschenrand hineingeschlagen werden, so dass eine Mulde entsteht; war dies dennoch der Fall, so ist diese Vertiefung mit heissem Pech oder Siegellack auszufüllen.

Gefüllte und verschlossene Flaschen müssen aussen noch abgewaschen werden, weil die anhängenden Bierreste sonst einen guten Nährboden für Pilzvermehrungen abgeben.

Von jedem Biere sind mindestens zwei Flaschen von je 500—750 ccm zu füllen, oder nach Umfang der Untersuchung auch noch mehr.

Bei der Versendung sind die genommenen Bierproben möglichst vor Wärme zu schützen; es empfiehlt sich daher, sie sofort in Eis und Holzwolle oder ähnliche reingehaltene Stoffe zu verpacken.

Im Laboratorium dürfen Bierproben, wenn sie nicht gleich untersucht werden, nicht in einem warmen und hellen Raum aufbewahrt werden, sondern sie sind im kühlen Keller oder Eisschrank im Dunkeln aufzustellen, nicht zu legen. Bier wird nämlich im Lichte rascher verändert als im Dunkeln.

Die Untersuchung des Vergährungsgrades und der regelmässigen Bierbestandtheile ist innerhalb acht Tagen vom Tage der Probenentnahme zu bewirken. Zeigt sich alsdann schon ein starker Druck in der Flasche, so war bereits Nachgährung eingetreten.

B. Chemische Untersuchung.

Das Bier soll im möglichst frischen Zustande zur Untersuchung gebracht werden; denn es ist zu berücksichtigen, dass es eine sehr veränderliche Flüssigkeit darstellt, welche in den Probeflaschen durch die dabei häufig obwaltenden, dem weiteren Fortschreiten der Zersetzung des Extraktes günstigen Umstände, ein verändertes Verhältniss seiner Bestandtheile und theilweise chemische Umlagerung der letzteren erfahren kann.

Die chemische Untersuchung kann sich auf eine grosse Anzahl von Bestandtheilen erstrecken.

Von diesen Bestimmungen sind als wesentlich diejenigen zu bezeichnen, welche zur Feststellung der Grädigkeit und der Eigenart des Bieres dienen, während die weniger wichtigen Bestimmungen sich auf den Nachweis einzelner Zusätze, Mittel zur Frischhaltung u. s. w. beziehen.

1. Wesentliche Bestimmungen:

a) Specifisches Gewicht und Extraktgehalt,

b) Alkohol (behufs Berechnung der Stammwürze und des Vergährungsgrades),

c) Kohlenhydrate (Rohmaltose, vergährbare Stoffe, Dextrin),

d) Stickstoffhaltige Verbindungen,

e) Mineralbestandtheile,

f) Gesammtsäure, flüchtige Säure (und Kohlensäure).

2. Im einzelnen Falle nothwendige Bestimmungen:

a) Künstliche Süssstoffe,

b) Glycerin,

c) Schwefelsäure, Kalk und Phosphorsäure,

d) Schweflige Säure und schwefligsaure Salze,

e) Chlor,

f) Salicylsäure,

g) Borsäure und borsaure Salze,

h) Flusssäure und ihre Verbindungen,

i) Benzoësäure,

k) Formaldehyd (Formalin),

l) Hopfenersatzstoffe (Bitterstoffe),

m) Neutralisationsmittel,

n) Theerfarbstoffe.

Das zur Untersuchung dienende Bier ist vorher von Kohlensäure möglichst zu befreien. Man bringt das Bier zu diesem Zwecke annähernd auf die Messtemperatur, schüttelt es einige Zeit in halbgefüllten Kolben und filtrirt es alsdann dreimal. Die Bestandtheile werden in Gewichtsprocenten ausgedrückt.

I. Wesentliche Bestimmungen.

a) Bestimmung des specifischen Gewichtes und des Extraktgehaltes.

Die Bestimmung des specifischen Gewichtes geschieht im enghalsigen Pyknometer von 50 ccm Inhalt nach Reischauer bei 15^0, oder mit der Westphal'schen Waage unter Berücksichtigung der vierten Decimale.

Nach dem specifischen Gewicht lässt sich aus der Tabelle von K. Windisch der scheinbare Extraktgehalt entnehmen.

Der wirkliche Extraktgehalt (Extraktrest) des Bieres kann zwar unmittelbar durch Eindampfen einer gewogenen oder gemessenen Menge von etwa 10—20 ccm Bier und durch Trocknen des Rückstandes bei 105^0 bis zum gleichbleibenden Gewicht annähernd bestimmt werden, doch lässt sich bei der leichten Zersetzbarkeit des Bierextraktes auf diese Weise nur umständlich (Trocknen im Wasserstoffstrom etc.) eine hinlängliche Genauigkeit erreichen. Man bestimmt daher den Extraktgehalt auf mittelbarem Wege wie folgt:

75 ccm Bier oder bei schwächeren Bieren auch grössere Mengen werden in einem Kölbchen genau gewogen, dann unter Vermeidung starken Kochens in einer Schale oder einem Becherglase bis auf etwa 25 ccm eingedampft. Nach dem Erkalten des Extraktes wird dieser sorgfältig mit destillirtem Wasser in das Kölbchen zurückgespült und auf der Waage auf das ursprüngliche Gewicht gebracht. Von der sorgfältig durchmischten Flüssigkeit wird das specifische Gewicht bestimmt und aus der Extrakttabelle von K. Windisch der jenem entsprechende Extraktgehalt abgelesen. Manche Biere scheiden beim Eindampfen etwas Eiweiss in Flocken ab; das Bier ist alsdann nicht zu filtriren. Zur Nachprüfung dient die Berechnung des Extraktes aus dem specifischen Gewichte und dem Alkohol oder dem specifischen Gewichte des gewonnenen Alkohols.

Der Bierextrakt soll mit Jodjodkaliumlösung (1 g Jod und 10 g Jodkalium im Liter) sich weder blau (Stärke), noch röthlich (Erythrodextrin) färben. Bei dunklen Bieren ist die Jodreaktion schwer zu erkennen, weshalb folgendermaassen verfahren wird:

5 ccm der Extraktlösung oder auch des ursprünglichen Bieres werden in einem Reagensglas mit 25 ccm Alkohol vermischt und stark geschüttelt, der Alkohol wird von dem abgesetzten Gerinnsel abgegossen, letzteres noch mit etwas Alkohol abgewaschen, hierauf durch Eintauchen des Röhrchens in heisses Wasser der Alkohol vollends verdunstet und der Rückstand in 5 ccm destillirtem Wasser gelöst. Zu dieser Lösung giebt

man dann von der Jodlösung tropfenweise in geringem Ueberschuss. Die
Jodreaktion kann auch durch Ueberschichten mit Jodlösung und Beobachten
einer Ringbildung ausgeführt werden. Letzteres Verfahren ist bei einiger
Uebung entschieden vorzuziehen.

b) Bestimmung des Alkoholgehaltes.
(Ermittelung der Stammwürze und des Vergährungsgrades.)

Der Alkoholgehalt wird durch Destillation bestimmt. 75 ccm (bei
alkoholärmeren Bieren auch mehr) Bier werden gewogen und destillirt
und als Vorlage ein Pyknometer von 50 ccm Rauminhalt benutzt. Es wird
nahezu bis zur Marke des Pyknometers abdestillirt, bei 15^0 auf die Marke
mit Wasser aufgefüllt und gewogen. Der Alkoholgehalt des Destillates (δ)
in Gewichtsprocenten wird aus der Alkoholtabelle von K. Windisch entnommen und es ergiebt sich der procentige Alkoholgehalt A des Bieres
unter Berücksichtigung der verwendeten Biermenge (g = Gramm) und des
Gewichtes des Destillates (D) nach folgender Gleichung:

$$A = \frac{D\delta}{g}.$$

Der Rückstand von der Destillation des Alkohols kann auch zur
Ermittelung des Extraktgehalts (Extraktrest) des Bieres benutzt werden.

Ein Neutralisiren des Bieres ist selbst bei Bieren mit etwas höherem
als dem gewöhnlichen Säuregehalt nicht nöthig. Der Alkoholgehalt lässt
sich auch mit einer für viele Zwecke genügenden Genauigkeit mittelbar
feststellen, wenn das specifische Gewicht des ursprünglichen Bieres und
das des entgeisteten Bieres bekannt ist. Es soll hier die bekannte Formel:
x = 1 + s — S angewendet werden, worin s das spec. Gewicht des ursprünglichen, S das spec. Gewicht des von Alkohol befreiten Bieres bedeutet.

Aus den durch die Analyse ermittelten Werthen für den Extraktgehalt (E) und Alkoholgehalt (A) eines Bieres wird
    1. der ursprüngliche Extraktgehalt der Würze,
    2. der wirkliche Vergährungsgrad
berechnet.

Der ursprüngliche Extraktgehalt der Würze (Stammwürze) e ergiebt
sich nach der Formel:

$$e = \frac{100\,(E + 2{,}0665\,A)}{100 + 1{,}0665\,A}.$$

Annähernd zur vorläufigen Unterrichtung erhält man die Stammwürze
durch Verdoppelung der Alkoholmenge unter Hinzufügung des Extraktrestes
zu dieser Zahl.

Die berechnete Stammwürze stimmt niemals ganz mit der wirklichen
ursprünglichen Würzenkoncentration überein, weil u. A. während der
Gährung und Lagerung etwas Alkohol verdunstet, der aus wirklichem

Extrakte entstanden ist, bei der Alkoholbestimmung im Biere aber nicht mehr vorhanden war.

Der wirkliche Vergährungsgrad (V) ergiebt sich durch Berechnung nach der Formel:

$$V = 100 \left(1 - \frac{E}{e}\right).$$

c) Bestimmung der Kohlenhydrate.
(Rohmaltose, vergährbare Stoffe, Dextrin).

Der gesammte reducirende Zucker wird nach der von Soxhlet-Wein gegebenen Vorschrift im Biere gewichtsanalytisch bestimmt. Das reducirte Kupfer wird mit Benutzung von Wein's Tabellen in Maltose umgerechnet und der erhaltene Werth als Rohmaltose aufgeführt. Der also gewonnene Werth hat nur eine relative Bedeutung, da im Biere mehrere Zuckerarten mit verschiedenen Reduktionsvermögen für Kupfer enthalten sind, und auch andere reducirende Stoffe sich an der Reduktion betheiligen. Zur wesentlichen Ergänzung der Zuckerbestimmung dient der Gährversuch. Für das Bier ist kennzeichnend der Gehalt an vergährbaren Stoffen. Dieser wird bestimmt durch Vergährung des Bieres mit Hefe vom Typus Frohberg.

Ist eine Bestimmung des Dextrins erforderlich, so ist sie nach den allgemeinen Untersuchungsverfahren (vergl. Heft 1, S. 7) auszuführen.

d) Bestimmung der stickstoffhaltigen Verbindungen.

Der Gesammtstickstoff wird nach dem Verfahren von Kjeldahl in 20—50 ccm Bier bestimmt. Letztere werden im Aufschliessungskolben unter Zusatz von einem Tropfen koncentrirter Schwefelsäure eingedampft und der Extrakt alsdann in üblicher Weise aufgeschlossen. Bei extraktreichen Bieren empfiehlt es sich, das Bier vorher mit einer Spur Hefe oder Zymase zu versetzen und bei 25^0 vergähren zu lassen.

Die erhaltenen Werthe für Stickstoff rechnet man durch Multiplikation mit 6,25 auf Stickstoffsubstanz um und führt sie als solche an.

e) Bestimmung der Mineralbestandtheile.

Diese erfolgt in 25—50 ccm Bier nach den allgemeinen Untersuchungsverfahren (Vereinbarungen, Heft I, S. 17).

f) Bestimmung der Gesammtsäure, der flüchtigen Säure und der Kohlensäure.

α) *Gesammtsäure (ausschliesslich Kohlensäure).* 100 ccm von Kohlensäure befreites Bier werden zur Entfernung noch vorhandener geringer Kohlensäuremengen in offener Schale auf etwa 40^0 erwärmt und bei dieser Temperatur eine halbe Stunde erhalten, dann wird mit $^1/_{10}$ Normal-Alkalilauge unter Anwendung der Tüpfelprobe auf sogenanntem neutralen Lakmuspapier oder mit einer rothen Phenolphtaleïnlösung nach Prior titrirt. Die Säuremenge wird in Kubikcentimetern Normal-Alkali für 100 g Bier ausgedrückt. Andere Indikatoren können nicht verwendet werden, weil sich der Neutralisationspunkt mit ihnen nicht sicher feststellen lässt. Die Bereitung der Phenolphtaleïnlösung geschieht nach Prior wie folgt:

Man stellt zunächst den Luck'schen Indikator her, indem man 1 Thl. Phenolphtaleïn in 30 Thln. Weingeist von 90 Vol.-Proc. löst[1]). 12 Tropfen dieser Flüssigkeit werden in 20 ccm ausgekochtes Wasser gebracht und mit 0,2 ccm $^1/_{10}$-Normal-Alkalilauge roth gefärbt. Von dieser rothen Flüssigkeit, welche stets frisch zu bereiten ist, wird je ein Tropfen in Porzellan-Näpfchen gebracht und das mit dem Normal-Alkali titrirte Bier tropfenweise zugegeben, bis ein Tropfen dieser Flüssigkeit die Phenolphtaleïnlösung nicht mehr entfärbt[2]).

β) Flüchtige Säuren. Die flüchtigen Säuren werden in 100 ccm Bier wie bei Wein bestimmt.

γ) Kohlensäure. Eine Bestimmung der Kohlensäure im Biere erscheint wohl nur in seltenen Fällen nothwendig, da sich ein kohlensäurearmes Bier schon qualitativ sicher beurtheilen lässt. Wenn nothwendig wird die Kohlensäurebestimmung nach Schwackhöfer's Verfahren ausgeführt. Um die Kohlensäure in Flaschenbier zu bestimmen, wird die mit einem Kork verschlossene Flasche mittels eines in eine Röhre ausgehenden Korkbohrers angebohrt. Die Röhre mündet in einen am Ende des Gewindes sich öffnenden Kanal aus und steht mit dem Absorptionsapparat in Verbindung. Die ganze Flasche wird gewogen und nach Beendigung des Versuches entleert, getrocknet und wieder gewogen, um die Menge des Bieres, dessen Kohlensäure bestimmt wurde, zu erfahren.

Um Fassbier auf Kohlensäure zu untersuchen, kann man ein etwa 500 ccm fassendes cylindrisches Gefäss von verzinntem Kupfer mit zwei Messinghähnen an der Decke des Gefässes benutzen, von denen der eine Hahn mit einem bis zum Boden reichenden Kupferrohr verbunden ist. Durch dieses Rohr wird das Bier in das Gefäss geführt, nach Füllung desselben werden beide Hähne verschlossen. Bei Ausführung der Analyse wird das Gefäss in ein Wasserbad gestellt, mit der Luftpumpe und dem Rückflusskühler unter Einschaltung eines Kolbens für etwa übersteigendes Bier oder den Schaum verbunden und die Kohlensäure durch Kalilauge aufgefangen. Besser ist es, sich luftleer gemachter und vorher gewogener Glaskolben zu bedienen, in welche das Bier vom Fass durch einen hohlen Bohrer eingelassen wird.

---

[1]) Fresenius, Quant. Anal. 2. Bd., S. 266.
[2]) Bayer. Brauerjournal 1892, S. 387.

2. Im einzelnen Falle nothwendige Bestimmungen.

a) Nachweis künstlicher Süssstoffe
(s. Vereinbarungen, Heft II, S. 134 ff.).

b) Bestimmung des Glycerins.

Man versetzt 50 ccm Bier mit 2—3 g Aetzkalk, dampft vorsichtig zum Sirup ein, setzt alsdann 10 g Seesand zu und bringt die Masse unter gleichzeitiger Mischung durch Rühren zur Trockne. Der Trockenrückstand wird fein zerrieben, in eine Extraktionskapsel gebracht und 8 Stunden am Rückflusskübler mit starkem Alkohol ausgezogen, wozu 50 ccm Alkohol genügen. Der alkoholische Auszug wird mit dem $1^{1}/_{2}$-fachen Raumtheil absolutem Aether vermischt, nach dem Absetzen abgegossen und der Bodensatz filtrirt. Nach Verdunstung des Aether-Alkohols wird der Rückstand 1 Stunde im Dampftrockenschranke getrocknet und gewogen. In dem erhaltenen Rohglycerin ist der Zucker- und Aschegehalt zu bestimmen und in Abzug zu bringen. In gewöhnlichen Fällen kann dies vernachlässigt werden, da die Menge des Zuckers und der Asche stets gering ist.

c) Bestimmung der Schwefelsäure, des Kalkes und der Phosphorsäure.

α) Bestimmung der Schwefelsäure. 50 ccm Bier werden mit 3 g Soda, welche schwefelsäurefrei sein muss, und etwas Salpeter eingeäschert und in der Lösung der Asche in Salzsäure die Schwefelsäure gewichtsanalytisch bestimmt.

β) Bestimmung des Kalkes und der Phosphorsäure. Diese erfolgt nach den allgemeinen Untersuchungsverfahren. (Vereinbarungen, Heft I, S. 18.)

d) Bestimmung der schwefligen Säure.

Die schweflige Säure wird in 200 ccm Bier wie bei Wein bestimmt.

e) Bestimmung des Chlors.

50 ccm Bier werden mit 3 g chlorfreier Soda eingedampft und verascht. In der Asche wird das Chlor nach den allgemeinen Untersuchungsverfahren (Vereinbarungen, Heft I, S. 19) bestimmt.

f) Nachweis und Bestimmung der Salicylsäure.

Zum qualitativen Nachweis der Salicylsäure werden etwa 100 ccm Bier mit etwas Schwefelsäure angesäuert und mit einer Aether-Benzinmischung ausgeschüttelt. Nach einigem Stehen wird die ätherische Lösung abgegossen und in einem Schälchen verdunstet. Beim Schütteln von Bier mit Aether entsteht eine Emulsion, welche häufig sogar die Abscheidung des Aethers verhindert. Durch Zusatz von etwas Alkohol kann eine

Trennung der Flüssigkeiten erreicht werden. Der Rückstand von der Aether-ausschüttelung wird mit etwas Wasser aufgenommen und ein Theil mit Eisenchlorid geprüft. Tritt eine Reaktion auf, dann ist ein weiterer Theil mit Millon's Reagens zu versetzen. Sofern Salicylsäure in der geringsten Menge vorhanden ist, entsteht eine schöne rothe Färbung; bleibt dagegen die Reaktion aus, dann ist damit die Abwesenheit von Salicylsäure sowie von Salicylaten festgestellt und die Eisenchloridreaktion deutet auf das Vorhandensein von Maltol aus zur Bierbereitung verwendetem Karamel-farbmalz[1]).

Quantitativ wird die Salicylsäure nach dem kolorimetrischen Verfahren bestimmt.

g) Nachweis von Borsäure.

Der qualitative Nachweis von Borsäure im Biere kann keinen Anhaltspunkt bieten für die Entscheidung der Frage eines Zusatzes von Borsäure oder Boraten zur Frischhaltung, nachdem nachgewiesen ist[2]), dass jedes Bier geringe Mengen von Borsäure enthält, welche vom Hopfen stammen. Der Nachweis und die Bestimmung der Borsäure erfolgt nach den im Abschnitt: „Nachweis und Bestimmung der Konservirungsmittel" (Vereinbarungen, Heft I, S. 22) angegebenen Verfahren.

h) Nachweis und Bestimmung der Flusssäure und ihrer Verbindungen.

Man bedient sich hierzu der in dem Abschnitt: „Nachweis und Bestimmung der Konservirungsmittel" (Vereinbarungen, Heft I, S. 23) angegebenen Verfahren.

i) Nachweis von Benzoësäure.

500 ccm Bier werden mit einem geringen Ueberschuss von Barytwasser bis zum Sirup eingedampft und mit 50 g Seesand oder Gyps unter Umrühren vermischt und zur Trockne gebracht. Der Trockenrückstand wird mit Alkohol und etwas verdünnter Schwefelsäure in der Reibschale zusammengerieben und dieses einige Mal wiederholt. Von den vereinigten Auszügen wird der Alkohol nach Zusatz von Barytwasser bis zur alkalischen Reaktion abdestillirt, der rückständige Sirup mit Schwefelsäure angesäuert und mit Aether ausgezogen. Im Aether-Rückstande ist die Benzoësäure enthalten und kann an der Sublimirbarkeit und der Eisenchloridreaktion (Vereinbarungen, Heft I, S. 24) erkannt werden.

Das Verfahren eignet sich auch zur quantitativen Bestimmung der Benzoësäure, da der ätherische Auszug bei vorsichtiger Arbeit fast reine Benzoësäure enthält.

---

[1]) Brand, Zeitschrift f. das ges. Brauwesen 1893, **16**, 303.
[2]) ebenda 1892, **15**, 426.

k) Nachweis von Formaldehyd (Formalin).

Auf Formaldehyd prüft man das Bier nach den in dem Abschnitt: „Nachweis und Bestimmung der Konservirungsmittel" (Vereinbarungen, Heft I, S. 24) angegebenen Verfahren. (Vergl. auch Vereinbarungen, Heft II, S. 82, Anm. 1.)

l) Nachweis von Hopfenersatzstoffen (Bitterstoffen).

Man prüft im Allgemeinen zum Nachweis von Alkaloïden nach dem bekannten Verfahren von Dragendorff. Uebrigens dürfte es nach den bisherigen Erfahrungen wohl selten vorkommen, auf alkaloïdartige Bitterstoffe als Ersatz für Hopfen prüfen zu müssen. Der Hopfen mit seinen eigenartigen Eigenschaften ist durch keinen Ersatzstoff zu ersetzen. Es ist zu beachten, dass auch Hopfenextrakt Alkaloïdreaktionen giebt, und ist daher in keinem Fall zu versäumen, einen Vergleichsversuch mit reinem Bier anzustellen, sofern die Prüfung auf Alkaloïde irgend eine positive Reaktion ergeben hat.

m) Nachweis von Neutralisationsmitteln.

Solche sind aus der Zunahme der Aschenbestandtheile nur schwer zu erkennen. Alle bisher angewendeten Verfahren lassen bei den geringen Mengen der Zusätze (doppeltkohlensaures Natrium) im Stich. Etwas umständlich ist das Verfahren von Späth, aber es liefert brauchbare Ergebnisse.

500 ccm Bier werden mit 100 ccm 10 %-iger Ammoniakflüssigkeit versetzt und 12 Stunden (nach neueren Mittheilungen Späth's[1]) genügen 4—5 Stunden) stehen gelassen. Alsdann wird filtrirt; zweimal je 60 ccm des Filtrates werden eingedampft, eingeäschert, die Phosphorsäure nach dem Molybdän-Verfahren bestimmt und auf primäres Phosphat berechnet. Ferner werden 250 ccm des ammoniakalischen Filtrates mit 25 ccm Bleiessig gemischt, geschüttelt und nach 6-stündigem Absetzen filtrirt. 200 ccm dieses Filtrates werden durch Abdampfen von Ammoniak befreit und der Rückstand von 30—40 ccm wieder auf 200 ccm aufgefüllt und filtrirt. 175 ccm des Filtrates säuert man mit Essigsäure an und fällt mit Schwefelwasserstoff. Nach Beseitigung des entstandenen Niederschlages durch Filtration und nach Entfernung des Schwefelwasserstoffes durch Hindurchleiten von Luft werden 150 ccm des Filtrates eingedampft und eingeäschert. Die Asche wird in Wasser gelöst und nach dem Hinzugeben einer bestimmten Menge $1/_{10}$-Normal-Schwefelsäure mit $1/_{10}$-Normal-Kalilauge unter Anwendung von Phenolphtaleïn als Indikator zurücktitrirt. Ein grösserer Verbrauch an $1/_{10}$-Normal-Säure für die Bierasche, als dem aus der gefundenen Phosphorsäuremenge berechneten entspricht, weist auf zugesetzte Neutralisationsmittel hin.

---

[1] Zeitschrift für angewandte Chemie 1898, S. 4.

n) Nachweis von Theerfarbstoffen.

Der Nachweis von Theerfarbstoffen erfolgt in ähnlicher Weise wie bei Fleisch u. s. w.　(Vergl. Vereinbarungen, Heft I, S. 36.)

C. Mikroskopische Untersuchung.

Zu der mikroskopischen Untersuchung ist eine bis dahin ungeöffnete Flasche des Bieres zu verwenden.

Ist ein Bier schleierig oder trüb, so lässt man es zunächst in der Flasche ruhig stehen, um zu sehen, ob es sich bei gewöhnlicher Temperatur aufhellt oder absetzt, wobei unmittelbares Sonnenlicht die Flasche nicht treffen darf. Nach etwa eintägigem Stehen wird zum Oeffnen der Flasche geschritten. Diese wird zuerst äusserlich mit Wasser gereinigt und mit einem mit starkem Alkohol befeuchteten Wattebäuschchen vollkommen, namentlich am Halse, desinficirt, letzterer alsdann vorsichtig mit einer Flamme bestrichen. Nunmehr schreitet man zur Oeffnung und giesst das Bier vorsichtig vom Bodensatz ab, wobei das Aufrühren des Bodensatzes vermieden werden muss.

Bodensatz und trübes Bier sind zunächst mikroskopisch zu untersuchen auf Vorhandensein von Hefe, Bakterien, Stärkemehl, Eiweiss- und Harzausscheidungen. Bier, welches keinen Bodensatz liefert und dessen Trübung nur gering ist, wird am besten centrifugirt, um die in der Schwebe befindlichen Körperchen zu sammeln und in koncentrirter Form auf den Objektträger zu bekommen.

Hefe lässt sich unter dem Mikroskop unschwer erkennen, schwieriger ist es, wilde Hefenarten von der Kulturhefe zu unterscheiden, und dazu ist Hansen's Verfahren der Sporenkultur dienlich, wozu aber grosse Uebung und Erfahrung nöthig sind. Die Hefenabsätze sind zwecks näherer Untersuchung in sterilisirter Würze zu vermehren; dabei darf aber nicht ausser Acht gelassen werden, dass einzelne Kleinwesen sich stärker als andere vermehren, so dass das Mischverhältniss ein anderes wird. Es soll dieses Verfahren daher nur zur Feststellung einzelner Verunreinigungen dienen.

Um über den Keimgehalt des Bieres sowohl nach der qualitativen als nach der quantitativen Richtung hin schnell ein Urtheil sich bilden zu können, wird man mit Vortheil die sogenannte Tröpfchenkultur anwenden. Bei dieser wird das Bier als solches sogleich in der Weise benutzt, dass man es mit einer sterilen Schreib- oder Zeichenfeder aufnimmt und auf ein Deckgläschen in in mehrere Reihen lang ausgezogenen Tröpfchen aufträgt. Das natürlich vorher in der Flamme erhitzte Deckgläschen wird alsdann auf einem hohlen Objektträger mittels Vaseline befestigt. Da in diesem reichlich Luft vorhanden ist, wachsen die in dem Bier enthaltenen Keime, selbst in älteren Bieren, noch kräftig aus. Die Adhäsion der dünnen Flüssigkeitsschicht verhindert eine lebhafte Strömung in derselben. Die Nachkommenschaft der Keime bleibt um die Mutterzellen versammelt und dabei entstehen Gruppenbilder, die bessere Unterschiede geben, als die einzelnen ausgesäeten Zellen. Namentlich lässt sich so die Kulturhefe von fremden Hefen unterscheiden. Aber nicht bloss für Hefen gilt dies Verhalten, sondern auch bezüglich der Bakterien. Es gelingt bei diesem Verfahren sogar, — da man es mit einem natürlichen Nährboden zu thun hat —, sonst schwierig zu züchtende Bakterien, z. B. die Sarcinen und Milchsäurebakterien, zum Wachsen zu bringen.

Nähere Ausführungen über die hier in Betracht kommenden Verhältnisse siehe Lindner „Mikroskopische Betriebskontrole in den Gährungsgewerben" (Paul Parey, Berlin) 1898, S. 96, 180 ff.

Es ist daran zu erinnern, dass ein Gehalt an sogenannten wilden Hefen nicht immer auf Infektion beruht, dass gelegentlich sich die absichtliche Anwendung von kleinzelligen, diesen ähnlichen Hefen, auch Weinhefen, bewährt hat.

Eiweissniederschläge lassen sich nicht immer sofort erkennen; manche Eiweissausscheidungen sind so fein, dass sie erst bei Behandlung eines Präparates mit Jod in die Erscheinung treten.

Auch Harzausscheidungen sind nicht immer sicher nachzuweisen, da bei Behandlung mit Alkohol eine Auflösung nicht immer erfolgt, was wahrscheinlich durch zarte Eiweisshäutchen verhindert wird.

Bei Stärkenachweis ist zu unterscheiden, ob die Stärke in granulösen Massen ausgeschieden ist oder die Struktur von Stärkekörnern (Gerste-Malzstärke) hat. Im ersteren Falle war die Stärke gelöst oder verkleistert, im letzteren ist die Trübung durch Malzstaub oder Zusatz von Malzmehl verursacht.

Gummiausscheidungen lassen sich mikroskopisch erkennen[1]).

Zur Ergänzung der mikroskopischen Untersuchung dient auch die Haltbarkeitsprobe, welche man derart ausführt, dass eine Flasche wie oben angegeben aussen sorgfältig gereinigt und desinficirt, dann geöffnet und mit einem sterilen Wattepfropfen anstatt des Korkes oder sonstigen Verschlusses verschlossen wird. Wenn man nun diese Flasche in einem Zimmer bei gewöhnlicher Temperatur aufbewahrt, so wird eine bestimmte Zeit verstreichen, bis das Bier sich trübt und absetzt. Im Thermostaten bei 25 bis 30⁰ wird sich ein Bier unter Umständen rascher verändern. Stark verunreinigte Biere werden, auf diese Weise behandelt, rasch kahmig, häufig entfärbt und sauer, unter schneller Vermehrung der Krankheitsfermente, welche alsdann näher festgestellt werden können.

Bestimmung des Endvergährungsgrades eines Bieres.

Man lässt das Bier bei einer Temperatur von 25⁰ im Thermostaten mit etwas reiner hochvergährender Hefe in einem Gährfläschchen 8 bis

---

[1]) Vergl. Lindner: „Mikroskopische Betriebskontrole in den Gährungsgewerben". Paul Parey, Berlin 1898. S. 174—178.

10 Tage gähren und bestimmt alsdann wieder den Vergährungsgrad. Zu einem solchen Versuche sollen grössere Mengen Bier verwendet werden, etwa 250—500 ccm. Als Gährflaschen dienen solche mit einem Ventil oder auch mit Watteverschluss.

Das Bier kann zur Endvergährung auch zweckmässig vorher vom Alkohol befreit und auf das vorige Volumen mit Wasser aufgefüllt werden. Selbstverständlich ist aber dabei jede die spätere Vergährung störende Verunreinigung durch fremde Gährungserreger zu vermeiden. Es wird alsdann wie vorstehend verfahren. Der Unterschied zwischen der ursprünglichen Vergährung und der Endvergährung ist anzugeben.

III. Regeln für die Beurtheilung der Biere.

1. Bier, welches in den Verkehr gelangt, soll in der Regel klar sein, sofern es sich nicht um besondere Arten handelt; die angehäufte Kohlensäure soll beim Ausgiessen unter Bildung einer Schaumdecke von rahmartigem, nicht sehr grossblasigem Aussehen und unter längere Zeit andauerndem Aufsteigen von Gasblasen entweichen. Jedoch ist bezüglich des Kohlensäuregehaltes in jedem Falle die Eigenart des Bieres maassgebend. Der Geschmack soll rein und der dem Biere eigenthümliche sein. Manche Fabrikationsfehler lassen sich aus dem Geschmacke mit Sicherheit erkennen, welche durch chemische Reaktion und aus den Verhältnisszahlen der Zusammensetzung sich nicht feststellen lassen, doch ist es für den mit der Geschmacksprobe des Bieres nicht völlig Vertrauten gefährlich, allzuweite Schlüsse aus dieser zu ziehen.

2. Untergähriges trübes Bier ist zu beanstanden, wenn die Trübung aus Bakterien besteht oder auch sofern die ausgeschiedene Hefe lediglich wilden Arten angehört. In beiden Fällen ist auch der Geschmack auffallend verändert.

3. Sofern die Trübung ausschliesslich von Kulturhefe in zunehmender Vermehrung bedingt ist und sich bald beim ruhigen Stehen ein Absatz unter Klärung des Bieres bildet, ist anzunehmen, dass nicht genügende Reife vorliegt. Sonderbiere, z. B. Josty-, Potsdamer Stangenbier, Lichtenhainer u. a. sind mit Hefetrübung zulässig. Bei nur geringer Menge der Hefe, die das Bier nur staubig erscheinen lässt, und wenn erst nach mehrtägigem Stehen sich ein Bodensatz bildet, ist ein solches Bier nicht zu beanstanden.

Es ist nicht ausser Acht zu lassen, dass kein Bier hefefrei zum Verkehr kommt, sondern jedes vollkommen reife Bier Hefezellen enthalten kann, die allerdings wegen Mangels an gährungsfähigen Stoffen in einem nicht wachsenden Zustand sich befinden.

4. Grössere Mengen von Stärke und Eiweissausscheidungen deuten auf fehlerhafte Beschaffenheit der Rohstoffe sowie auf Fabrikationsfehler und können bei einer sorgfältigen Fabrikation vermieden werden. Schwache Eiweisstrübungen, desgleichen Harz- oder Gummitrübung sind

nicht zu beanstanden, da es nicht immer in der Hand des Brauers liegt sie vollständig zu vermeiden.

5. **Starke Trübungen und Absätze** soll ein regelrecht hergestelltes Bier unter keinen Umständen aufweisen. Jedoch ist zu beachten, dass auf der Flasche reifende Biere einen ihnen eigenthümlichen Bodensatz enthalten. Bei sehr **extraktreichen, vollmundigen** Bieren wird eine mässige Trübung nicht zu beanstanden sein.

6. **Der Extraktgehalt der Biere** ist in der Regel nach dem Grade der Vergährung und der Koncentration der Stammwürze verschieden, bei weinigen Bieren geringer als bei den sogenannten vollmundigen Bieren. Gewöhnlich übersteigt der Extraktgehalt nicht die doppelte Zahl für den Alkohol, doch ist eine feste Grenze bei der grossen Mannigfaltigkeit der regelrechten Biersorten nicht aufzustellen. Der Alkoholgehalt der verschiedenen Biere kann zwischen 1,5—6 Gewichtsprocenten, der Extraktgehalt zwischen 2—8 % schwanken.

7. **Der wirkliche Vergährungsgrad der Biere** soll ungefähr die Hälfte des ursprünglichen Extraktes betragen, doch kann er darunter und wesentlich darüber gehen, ohne zu einer Beanstandung eines Bieres Veranlassung zu geben. Ein geringer Vergährungsgrad bedingt in den meisten Fällen auch geringe Haltbarkeit des Bieres, doch können auch Ausnahmen stattfinden, welche auf eine der Weitervergährung ungünstige Beschaffenheit des Extraktrestes — Vorherrschen unvergährbarer Dextrine oder auf Mangel an lebensfähiger Hefe schliessen lassen.

8. **Untergährige Biere aus starken Würzen,** wie Bock, Salvator, sind in der Regel gering vergohren und zeigen selten einen wirklichen Vergährungsgrad von 48%; bayerische Schank- und Lagerbiere haben meistens einen Vergährungsgrad zwischen 44—50%. Der durchschnittliche Vergährungsgrad der bayerischen Biere ist gewöhnlich wenig unter 50%, obergährige Biere sind meistens höher vergohren als untergährige. Eine Zahl für einen zu hohen und einen zu niedrigen Vergährungsgrad lässt sich nicht für alle Fälle festlegen, sondern es ist bei der Beurtheilung eines Bieres in dieser Richtung stets im Auge zu behalten, dass es der Kunst des Brauers durch die von ihm benutzten natürlichen Hülfsmittel einer entsprechenden Malzbereitung und Auswahl des Malzes, eines planmässig geführten Sudvorganges, der Auswahl einer bestimmten Hefe und der Gährführung gelingen kann, sowohl niedrig vergährende als auch hoch vergohrene Biere zu erzeugen und einer ausgesprochenen Geschmacksrichtung der Käufer gerecht zu werden. Es ist aber immerhin zu beachten, dass unter den gering vergohrenen Bieren auch thatsächlich unreife und unter den hoch vergohrenen Bieren auch überstandene Biere in den Verkehr gebracht werden können.

9. **Der Rohmaltosegehalt** giebt nur einen beschränkten Anhaltspunkt für die Menge der noch vorhandenen vergährbaren Bestandtheile des Bierextraktes. Die Biere sollen auf Grund ihres Gehaltes an vergährbaren Stoffen gekennzeichnet werden. Eine Grenzzahl für denselben kann jedoch nicht

angegeben werden. Der Stickstoffgehalt in Bierextrakten schwankt bei
Verwendung eines der üblichen Rohstoffe innerhalb enger Grenzen und sinkt
nur ausnahmsweise unter 0,9 % des Extraktes. Es empfiehlt sich, den Stick-
stoff- und Phosphorsäuregehalt des Bieres auf Trockensubstanz der
Stammwürze zu berechnen; diese enthält meist 0,4 bis 0,5 % Stickstoff und
auch ebensoviel Phosphorsäure. Uebrigens ist auch hier nicht ausser Acht
zu lassen, dass der Gehalt der verschiedenen Rohstoffe an diesen in gewissem
Sinne bestimmend für den Gehalt des Erzeugnisses ist und grössere Schwankungen möglich sind. Erhielt eine Würze als Ersatz für vergährbare Substanz
eine grössere Menge Zucker oder eines anderen stickstofffreien oder wesentlich stickstoffärmeren Erzeugnisses zugeführt, so verringert sich der Stickstoffgehalt wesentlich. Bei regelrechten Bieren geht der Aschengehalt nicht
über 0,3 %, sofern das Bier nicht mit sehr salzreichem Wasser hergestellt ist.
Ein höherer Aschengehalt kann Anhaltspunkte für Zusatz von Neutralisationsmitteln oder Kochsalz bieten und zu weiterer Untersuchung veranlassen.

10. Die Gesammtsäure (ausschliesslich Kohlensäure) überschreitet
selten eine 3 ccm Normal-Alkali für 100 g Bier entsprechende Menge. Säuremengen unter 1 ccm Normal-Alkali machen das Bier der Neutralisation ver-
dächtig. Berliner Weissbier kann bei langer Lagerung in 100 g bis 7 ccm
Normal-Alkali entsprechende Säuremengen enthalten.

11. Flüchtige Säuren sind in gut ausgegohrenen Bieren nur in
ganz geringer Menge vorhanden. Essigsäure ist zwar in Bieren von regel-
rechter Beschaffenheit spurenweise vorhanden, soll aber kaum nachweisbar
bleiben, da grössere Mengen davon auf Säuerung schliessen lassen.

12. Der natürliche Glyceringehalt eines Bieres soll 0,3 % des
Bieres nicht überschreiten.

13. Jedes Bier enthält natürlich Schwefelsäure und häufig schweflige Säure oder deren Salze, desgleichen Chloride. Der Gehalt an
diesen ist, wie auch der natürliche Phosphorsäuregehalt ein schwankender, wenn man bedenkt, dass schon im Brauwasser und in den sonstigen
Rohstoffen diese Verbindungen in schwankender Menge vorhanden sind.
Grössere Mengen von Schwefelsäure und Chlor können nur unter Berücksichtigung der jeweiligen Verhältnisse (Abstammung des Bieres) beurtheilt werden.

Im Bier gefundene grössere Mengen von schwefliger Säure, welche
durch mehr als 10 mg schwefelsaures Baryum aus 200 ccm Bier angezeigt
werden, können als zum Zwecke der Haltbarmachung zugesetzt angesehen
werden.

14. Eine schwache Reaktion auf Salicylsäure und Borsäure lässt
nicht sofort auf absichtlichen Zusatz schliessen. (Vergl. S. 11 u. 12.)

15. Mittel zur Haltbarmachung, Hopfenersatzstoffe, Neutrali-
sationsmittel und künstliche Färbung des Bieres sind unzulässig. Der
Zusatz von künstlichen Süssstoffen ist verboten (Reichsgesetz v. 6. Juli 1898).
In Bayern, Baden und Württemberg sind Malzersatzstoffe nicht gestattet.

Litteratur.

1. G. Dragendorff, Ueber Nachweisung fremder Bitterstoffe im Biere. Archiv der Pharmacie 1874. *1*. 293 und 389.
2. Fr. Schwackhöfer, Untersuchung der Biere, die in Wien getrunken werden. Org. des Centralver. f. Rübenz.-Ind. 1875. *13*. 398.
3. Th. Langer u. W. Schultze, Ueber die Kohlensäure im Bier. Zeitschrift für das gesammte Brauwesen 1879. *2*. 369.
4. H. Will, Ueber die Untersuchung von Bierabsätzen. Bericht über die 5. Versammlung der freien Vereinigung bayerischer Vertreter der angewandten Chemie zu Würzburg am 6. und 7. August 1886. Berlin. J. Springer, 1887.
5. Ernst Wein, Tabellen zur quantitativen Bestimmung der Zuckerarten. Stuttgart. Max Waag, 1888.
6. G. Dragendorff, Die gerichtl. chemische Ermittelung von Giften in Nahrungsmitteln, Luftgemischen, Speiseresten, Körpertheilen etc. Göttingen. Vandenhoeck & Ruprecht, 3. Aufl. 1888.
7. E. Späth, Nachweis von Saccharin. Bericht über die 9. Versammlung der freien Vereinigung bayerischer Vertreter der angewandten Chemie. J. Springer, Berlin, 1890. 26.
8. E. Prior, Trennung und Bestimmung der Säuren im Bier etc. Bayerisches Brauerjournal 1892. *2*. 362, 375 u. s. f.
9. F. Gantter, Ueber die Brauchbarkeit der Fluoresceïnreaktion zum Nachweis von Saccharin im Bier. Zeitschrift für analytische Chemie 1893. *32*. 309.
10. H. Will, Zur Untersuchung hefetrüber Biere. Forschungsberichte über Lebensmittel. München. Wolff, 1894. *1*. 389.
11. E. Späth, Zur Erkennung und Bestimmung eines Zusatzes von Neutralisationsmitteln im Biere. Forschungsberichte über Lebensmittel 1895. *2*. 303.
12. A. Partheil, Bestimmung des Glycerins im Wein und Bier. Archiv der Pharmacie 1895. *233*. 391.
13. J. Brand, Zum Nachweis von Fluor im Biere. Zeitschrift für das gesammte Brauwesen 1895. *18*. 317.
14. P. Mohr, Ueber das Vorkommen von Pentosanen bezw. Pentosen im Bier. Wochenschrift für Brauerei 1895. *12*. 769.
15. H. Schjerning, Untersuchungen über die in der Bierwürze vorhandenen amorphen, stickstoffhaltigen organischen Verbindungen. Zeitschrift für analytische Chemie 1895. *34*. 135 u. 1896. *35*. 285.
16. Hantke, Zur Kenntniss der stickstoffhaltigen Körper in Bierwürzen vor und nach der Vergährung. Wochenschrift für Brauerei 1895. *12*. 983.
17. Beckmann u. Regensburger, Anwendung neuerer physikalischer Methoden zur Beurtheilung des Bieres. Forschungsberichte über Lebensmittel 1895. *2*. 367.
18. Straub, Produkte der alkoholischen Gährung der Bierwürze. Forschungsberichte über Lebensmittel 1895. *2*. 382.
19. R. Hefelmann u. Mann, Nachweis von Fluor im Bier. Pharmaceutische Centralhalle 1895. *36*. 249.
20. Molhant, Bestimmung des Glycerins in Bieren. Bulletin de l'association belge des chimistes 1895. 17. Wochenschrift für Brauerei 1895. *12*. 697.

21. J. Laborde, Bestimmung des Glycerins in gegohrenen Flüssigkeiten. Journal de Pharmacie et de Chimie 1895. *1*. 568. Wochenschrift für Brauerei 1895, *12*. 775.

22. Schoepp, Der Nachweis von Salicylsäure im Bier. Nederlandsche Tijdschrift voor Pharm. 7. 67. Wochenschrift für Brauerei 1895. *12*. 415.

23. Josef Krieger, Zur Bestimmung der Kohlensäure im Bier mittels Barytwassers und die Einwirkung von Aetzbaryt auf die Kohlenhydrate des Würze- und Bierextraktes. Deutsch-amerikanischer Bierbrauer 1895. *27*. 520. Chemisches Centralblatt 1895. *I*. 1082.

24. Wauters, Nachweis von Saccharin im Bier. Moniteur scientifique 1896. 146. Chemisches Centralblatt 1896. *I*. 576.

25. Gawalowski, Bestimmung des Alkoholgehaltes im Bier. Centralblatt für Nahrungs- und Genussmittelchemie sowie Hygiene 1896. *2*. 145.

26. Sostegni, Bestimmung des Glycerins in Wein und Bier mittels des Refractionsindex. Stazioni sperimentale agrarie italiane 1896. 318. Wochenschrift für Brauerei 1896. *13*. 762.

27. W. Windisch, Ueber den Nachweis sehr geringer Mengen von Fluor im Bier. Wochenschrift für Brauerei 1896. *13*. 449.

28. J. Brand, Ueber den Nachweis sehr geringer Mengen von Fluor im Bier. Zeitschrift für das gesammte Brauwesen 1896. *19*. 396.

29. F. Freyer, Ueber die Anwendung des Ebullioskopes und den Einfluss der gelösten festen Körper auf die Alkoholbestimmung. Zeitschrift für angewandte Chemie 1896. 654.

30. F. Freyer, Die quantitative Bestimmung der Salicylsäure. Chemiker-Zeitung 1896. *20*. 820.

31. E. Riegler, Die Bestimmung des Alkohols und Extraktes im Wein und Bier auf optischem Wege. Zeitschrift für analytische Chemie 1896. *35*. 27.

32. L. N. Vandevyver, Ein neues Aräometer für die Bestimmung des specifischen Gewichtes. Wochenschrift für Brauerei 1896. *13*. 499.

33. A. Jorissen, Eine neue Reaktion zum Nachweis von Dulcin in Getränken. Journal de Pharmacie de Liège 1896. Wochenschrift für Brauerei 1896. *13*. 403.

34. Riiber, Bestimmung des Trockenextraktes. Zeitschrift für das gesammte Brauwesen 1897. *20*. 552.

35. Rupeau, Nachweis von Pikrinsäure im Bier. Revue internationale des falsifications 1897. *10*. 125.

36. Ott, Säurebestimmung im Bier. Zeitschrift für das gesammte Brauwesen 1897. *20*. 540.

37. Schengelidse, Bakteriologische Untersuchung von Bierwürze und die Lebensfähigkeit der Cholerabacillen in derselben. Vierteljahresschrift über die Fortschritte auf dem Gebiete der Chemie der Nahrungs- und Genussmittel 1897. *12*. 80.

38. E. Prior, Die Untersuchungsmethoden des Bieres. Forschungsberichte über Lebensmittel 1897. *4*. 341.

39. H. Tornöe, Spektrometrisch-aräometrische Bieranalyse. Zeitschrift für das gesammte Brauwesen 1897. *20*. 373.

40. E. Prior, Ueber H. Tornöe's spektrometrisch-aräometrische Bieranalyse mit Hülfe des Differentialprismas von W. Hallwachs. Forschungsberichte über Lebensmittel 1897. *4*. 304.

41. J. Bellier, Nachweis und Bestimmung des Dulcins in Nahrungsmitteln. Annales de Chimie analytique appliquée 1897. 333. Wochenschrift für Brauerei 1900. *17.* 628.

42. Riiber, Die Benutzung der spektro-aräometrischen Methode zur Bestimmung des Alkohol- und Extraktgehaltes im Bier, mit besonderer Berücksichtigung der aus Surrogaten hergestellten Biere. Chemiker-Zeitung 1897. *21.* 1083.

43. Zickes, Refraktometrische Bieranalyse nach Hercules Tornöe. Oesterr. Chemiker-Zeitung 1898. *1.* 7.

44. Ed. Späth: Die quantitative Bestimmung eines Zusatzes von Neutralisationsmitteln im Biere. Zeitschrift für angewandte Chemie 1898. 4.

45. E. Prior, Ueber die Acidität von Malz, Malzwürze und Bier, sowie über die Ursachen der Kohlensäurebindung im Bier. Bayer. Brauer-Journal 1898. *8.* 361.

46. Buisson, Spektro-aräometrische Methode von Tornöe zur Bestimmung des Alkohols und Extraktes im Bier. Revue de Chimie analytique et appliquée 1898. *6.* 157. Zeitschrift für Untersuchung der Nahrungs- und Genussmittel 1898. *1.* 846.

47. Schjerning, Methode zur quantitativen Bestimmung der verschiedenen Proteïnindividuen in Bierwürze und anderen Proteïnlösungen. Zeitschrift für analytische Chemie 1898. *37.* 73 u. 413.

48. Abraham, Nachweis der Salicylsäure im Wein und Bier. Journ. pharm. de Liège 1898. Juniheft. Zeitschrift für Untersuchung der Nahrungs- und Genussmittel 1898. *1.* 857.

49. R. Schweitzer, Ueber die spektrometrische Bieranalyse nach H. Tornöe. Zeitschrift für das gesammte Brauwesen 1898. *21.* 427.

50. C. J. Olsen, Ueber H. Tornöe's spektrometrisch-aräometrische Bieranalyse mit Hülfe des Differentialprismas von W. Hallwachs. Bayer. Brauer-Journal 1898. *8.* 14.

51. F. Schönfeld, Schnelle Methode zur Bestimmung des Endvergährungsgrades bei Bieren. Wochenschrift für Brauerei 1898. *15.* 678.

52. A. Jolles, Ueber die Bestimmung der Phosphorsäure in Bier und Wein. Chemiker-Zeitung 1898. *22.* 817.

53. J. Brand, Ueber das Vorkommen von Furfurol im Malze, in der Würze und im Biere. Zeitschrift für das gesammte Brauwesen 1898. *21.* 255.

54. C. Heim, Ueber das Vorkommen und den Nachweis von Furfurol im Bier. Zeitschrift für das gesammte Brauwesen 1898. *21.* 155 u. 258.

55. Laszczynski, Ueber das Vorkommen eines peptonisirenden Enzyms (Peptase) in Malz und Versuche zur Trennung der stickstoffhaltigen Bestandtheile in Malz, Würze und Bier. Zeitschrift für das gesammte Brauwesen 1899. *22.* 71, 85, 123, 140.

56. E. Prior, Ueber die Grenze der Nachweisbarkeit von Malzsurrogaten im Bier. Zeitschrift für Untersuchung der Nahrungs- und Genussmittel 1899. 2. 697.

57. Ed. Späth, Ueber den Nachweis von Neutralisationsmitteln im Bier. Zeitschrift für Untersuchung der Nahrungs- und Genussmittel 1899. 2. 719.

58. R. Rössing, Ueber den Nachweis von Saccharin im Biere. Zeitschrift für öffentliche Chemie 1899. *5.* 207.

59. E. Späth, Die flüchtigen Säuren im Biere und der Nachweis von Neutralisationsmitteln in demselben. Zeitschrift für analytische Chemie 1899. *38.* 745.

60. J. Brand, Zur Kolorimetrie der Würzen und Biere. Zeitschrift für das gesammte Brauwesen 1899. *22.* 251 u. 282.

61. Doemens, Vergleichende Alkohol- und Extraktbestimmungen mittels des Tornöe'-schen Refraktometers. Wochenschrift für Brauerei 1899. *16.* 593.

62. G. Guerin, Nachweis und schnelle Bestimmung der schwefligen Säure in Wein, Obstwein und Bier. Annales de chim. anal. 1899. *4.* 386. Wochenschrift für Brauerei 1900. *17.* 659.

63. W. Fresenius und L. Grünhut, Kritische Untersuchungen über die Methoden zur quantitativen Bestimmung der Salicylsäure. Zeitschrift für analytische Chemie 1899. *38.* 292.

64. A. Hasterlik, Der Nachweis von Saccharin in Nahrungsmitteln. Chemiker-Zeitung 1899. *23.* 267.

65. F. Wirthle, Ueber den Nachweis von Saccharin im Wein und Bier, wenn dieselben keine Salicylsäure enthalten. Chemiker-Zeitung 1900. *24.* 1035.

66. Brevans, Nachweis von Saccharin in Nahrungsmitteln. Annales Chim. analyt. appliquée 1900. *5.* 131. Wochenschrift für Brauerei 1900. *17.* 308.

67. R. Truchon, Nachweis von Saccharin in Nahrungsmitteln. Ann. Chim. anal. appliquée 1900. *5.* 48. Wochenschrift für Brauerei 1900. *5.* 445.

68. C. J. Lintner, Ueber Mercurisalicylsäure und die Millon'sche Reaktion. Zeitschrift für angewandte Chemie 1900. 707.

69. H. Schjerning, Einige kritische Untersuchungen über die quantitativen Fällungsverhältnisse verschiedener Proteïnstoffe. Zeitschrift für analytische Chemie 1900. *39.* 545.

70. Alfred C. Chapman, Der Nachweis von Arsen in Bier und Braumaterialien. The Analyst 1901. *26.* 8.

71. John Ryder u. Alfred Greenwood, Arsen im Bier. Chemical News 1901. *83.* 61.

72. William Thomson u. James Portes Shenson, Der Nachweis von Arsen im Bier. Journal of the Society Chemical Industr. 1901. 204. Referat: Chemisches Centralblatt 1901. I. 1115.

Lehr- und Handbücher, sowie Zeitschriften.

73. L. Pasteur, Etudes sur la bière. Paris. Gauthier-Villars, 1876.

74. Carl Lintner, Der bayerische Bierbrauer. München. Oldenbourg, 11. u. 12. Jahrgang 1876 u. 1877.

75. Carl Lintner, Lehrbuch der Bierbrauerei. Braunschweig. F. Vieweg u. Sohn, 1878.

76. Frank Faulkner, The Theory and Practice of modern Brewing. London. F. W. Lyon, 1884.

77. Georg Holzner, Tabellen zur Berechnung der Ausbeute aus dem Malze und zur saccharometrischen Bieranalyse. 2. Auflage der Tabelle zur Analyse des Bieres. München. Oldenbourg, 1885.

78. Albert Hilger, Vereinbarungen betreffs der Untersuchung und Beurtheilung von Nahrungs- und Genussmitteln, sowie Gebrauchsgegenständen. Berlin. J. Springer, 1885.

79. Versammlungsberichte der freien Vereinigung bayerischer Vertreter der angewandten Chemie vom Jahre 1885 an. J. Springer, Berlin.

80. Peltz und Habich, Praktisches Hand- und Hülfsbuch für Bierbrauer und Mälzer. Braunschweig. F. Vieweg und Sohn, 2. Aufl. 1888.

81. W. Windisch, Anleitung zur Untersuchung des Malzes auf Extraktgehalt. Berlin. P. Parey, 1892.

82. J. Vuylstecke, Die Bierbereitung in den Vereinigten Staaten von Amerika. Berlin. Paul Parey, 1893. Uebersetzt von W. Windisch.

83. W. Windisch, Anleitung zur Untersuchung des Malzes auf Extraktgehalt sowie auf seine Ausbeute in der Praxis nebst Tabellen zur Ermittelung des Extractgehaltes. Berlin. Paul Parey, 1892.

84. E. Leyser, Die Bierbrauerei. 9. Aufl. Stuttgart. Max Waag, 1893.

85. Carl Michel, Lehrbuch der Bierbrauerei. Augsburg. Gebr. Reichel, 1893.

86. J. Pocock, The Brewing of Non-Excisable Beers. Bangor. 1895.

87. W. Windisch, Das chemische Laboratorium des Brauers. 3. Aufl. Berlin. Paul Parey, 1895.

88. Emil Chr. Hansen, Untersuchungen aus der Praxis der Gährungsindustrie. München, Oldenbourg, 3. Aufl. 1895.

89. Paul Petit, La bière et l'industrie de la brasserie. Paris. Baillière et fils, 1896.

90. Eugen Prior, Chemie und Physiologie des Malzes und des Bieres. Leipzig. J. A. Barth, 1896.

91. C. Amthor, Ueber die Entwicklung der Bierbrauerei bis zur Mitte dieses Jahrhunderts. Strassburg i. E. G. Fischbach, 1897.

92. Jahrbuch der Versuchs- und Lehranstalt für Brauerei zu Berlin. Band 1—3. 1898—1900.

93. Eugen Prior, Vereinbarungen betreffs der Untersuchung und Beurtheilung des Bieres. Freie Vereinigung bayerischer Vertreter der angewandten Chemie. München. E. Wolff, 1898.

94. Alfred Jörgensen, Die Mikroorganismen der Gährungsindustrie. Berlin. Paul Parey, 4. Aufl. 1898.

95. P. Lindner, Mikroskopische Betriebskontrolle in den Gährungsgewerben. Berlin. Paul Parey, 2. Aufl. 1898.

96. Matthews und Lott, The Microscope in the Brewery and Malt House. London. Bemrose & Sons, 1899,

97. J. Thausing, Die Theorie und Praxis der Malzbereitung und Bierfabrikation. Leipzig. J. Gebhardt, 1900.

98. Albert Klöcker, Die Gährungsorganismen in der Theorie und Praxis der Alkoholgährungsgewerbe. Stuttgart. Max Waag, 1900.

99. Fr. Weber, Anleitung zu den chemischen Untersuchungsmethoden des Brauers. München. Selbstverlag des Verfassers. 1900.

100. Richard Braungart, Der Hopfen aller hopfenbauenden Länder der Erde als Braumaterial. München. Oldenbourg, 1901.

101. Zeitschrift für das gesammte Brauwesen in verschiedenen Jahrgängen.

102. Wochenschrift für Brauerei in verschiedenen Jahrgängen.

103. L. Aubry, Verschiedene Jahrgänge des deutsch-österr. Brauer- u. Mälzerkalenders. Max Waag, Stuttgart.

Kaffee.

Referent des Ausschusses: Dr. **Hilger**.
Verfasser: Dr. **Forster**.

A. Vorbemerkungen.

1. Beschreibung des Kaffees.

Unter Kaffee als Handelswaare versteht man die von der Fruchtschale und zum Theil auch von der Samenschale befreiten Samen gewisser Arten der Gattung Coffea. Die Hauptmenge des zum Verbrauch gelangenden Kaffees bilden die Samen von Coffea arabica L., ferner die von Coffea liberica Bull. (Liberia-Kaffee). Die übrigen Coffea-Arten sind für den Verkehr von geringerem Belang.

Die sogenannten „Kaffeebohnen" des Handels sind die meistens plankonvexen, fast ausschliesslich aus dem Nährgewebe („Endosperm") bestehenden Samen der zweisamigen Kaffeefrüchte. Das Nährgewebe ist hart, hornartig und bläulich, grünlich, gelblich oder bräunlich gefärbt und umschliesst den kleinen Keimling. Auf der flachen Seite der Kaffeebohne ist eine von der Samenschale („Silberhaut") ausgekleidete Längsfurche („Naht") erkennbar.

Die von einsamigen Kaffeefrüchten stammenden Bohnen sind nicht flach, sondern beiderseits gerundet und werden daher allgemein „Perlkaffee" genannt.

Der Liberia-Kaffee hat grössere Samen als der arabische Kaffee.

Morphologisch betrachtet zerfällt die Kaffeebohne in das Gewebe der inneren Schicht der Samenschale („Silberhaut"), das Endosperm und den Keim.

Endosperm und Samenhaut sind eigenartig und kennzeichnend. Die glänzende Samenhaut besteht aus zusammengeschrumpften dünnwandigen Zellen, in welchen Gruppen von grossen dickwandigen, spaltentüpfeligen Steinzellen liegen.

Das Endosperm besteht aus lückenlos an einander gereihten, polyëdrischen, an der Oberfläche quadratischen, im Innern radialgestreckten, derbwandigen Zellen mit knotig verdickten Wänden („rosenkranzförmig").

Der Keim wird aus dünnwandigen, rundlichen, sehr zarten Zellen gebildet. Bei den gerösteten Kaffeebohnen sind die Zellwände gebräunt.

Zum Aufhellen der mikroskopischen Präparate verwendet man verdünntes Alkali, womit man nöthigenfalls die Probe erwärmt. Ueber die eigenartigen Formelemente der Kaffeeersatzstoffe, die .etwa zur Fälschung gemahlenen Kaffees dienen, siehe den Abschnitt: „Kaffeeersatzstoffe". (S. 36.)

2. Zubereitung des Rohkaffees.

Der Kaffee kann nach zwei verschiedenen Verfahren versand- und gebrauchsfähig gemacht werden.

Bei der gewöhnlichen oder trockenen Bereitung werden die frisch geernteten Kaffeefrüchte zunächst vollständig getrocknet und darauf von dem Fruchtfleisch und der darunter befindlichen hornigen Hülle, „Pergamentschale" (botanisch: Endokarp) befreit.

Bei der westindischen oder nassen Bereitung wird das frische Fruchtfleisch so schnell als möglich entfernt, die noch in der Pergamenthülse befindlichen Samen werden einer oberflächlichen Gährung unterworfen, gewaschen und getrocknet. Endlich werden die Pergamentschalen in Schälmaschinen beseitigt.

In Brasilien wird hauptsächlich nach dem trockenen, früher allgemein gebräuchlichen Verfahren gearbeitet, während das nasse Verfahren sowohl in Mittel- und Südamerika, als auch in Niederländisch- und Britisch-Ostindien im Gebrauch ist.

3. Handelssorten.

Man unterscheidet nach den Ursprungsländern:

    Arabischen Kaffee (Mokka),

    Afrikanischen Kaffee (West- und Ostafrika),

    Indischen Kaffee (Java, Menado, Ceylon),

    Amerikanischen Kaffee:

        a) Westindischen Kaffee (Cuba, Jamaica, Domingo, Portorico),

        b) Mittelamerikanischen Kaffee (Mexico, Costarica, Guatemala, Nicaragua),

        c) Südamerikanischen Kaffee,

            α) Venezuela (Maracaïbo), Ecuador, Surinam u. s. w.

            β) Brasilien (Santos, Rio u. s. w.).

Im Allgemeinen ist im Grosshandel die Bezeichnung nach der geographischen Herkunft üblich. Wenn beim Verkauf von Kaffee bestimmte Lagen in einem Erzeugungsgebiete oder bestimmte Pflanzungen als Ursprungsorte angegeben werden, so sollte der Verkäufer für die Richtigkeit im Grosshandel und Kleinhandel einstehen.

Liberiakaffee darf nicht unter einer Bezeichnung verkauft werden, welche den Schein erweckt, als ob es sich um arabischen Kaffee handelte.

4. Zusammensetzung des Kaffees.

Der Kaffee wird bei uns nur im gerösteten Zustande verwendet.

Durch das Rösten erleidet von den Bestandtheilen des Kaffees vorwiegend der Rohrzucker eine Zersetzung, indem er je nach dem Grad des Röstens mehr oder weniger ganz karamelisirt oder zerstört wird. Auch die Kaffeegerbsäure und die Rohfaser erleiden eine mehr oder weniger tiefgreifende Veränderung, wodurch die stickstofffreien Extraktstoffe und die in Aether löslichen Stoffe verhältnissmässig zunehmen. Das Koffeïn wird zum Theil verflüchtigt.

H. Jaeckle[1]) fand unter den Rösterzeugnissen: Aceton, Furfurol (in grösserer Menge), (Furfuran), Ammoniak, Koffeïn (in grösserer Menge), Trimethylamin, Ameisensäure, Essigsäure (in grösserer Menge) und Resorcin. Das von O. Bernheimer[2]) unter den Rösterzeugnissen angegebene „Kaffeol" konnte Jaeckle nicht, wenigstens nicht als regelmässig auftretendes Rösterzeugniss, auffinden. Neben diesen chemischen Veränderungen findet ein Wasserverlust und Aufquellen der sog. Bohnen statt.

Im Mittel zahlreicher Untersuchungen hat der rohe und geröstete Kaffee etwa folgende Zusammensetzung:

	Wasser	Proteïn-stoffe	Koffeïn	Fett u. Oel (Aetherextr.)	Rohr-zucker	Gerb-säure	Stickstofffreie Extraktstoffe	Roh-faser	Asche
	%	%	%	%	%	%	%	%	%
Roh	11,50	12,05	1,31	12,50	8,50	6,50	18,35	26,50	4,10
Geröstet	1,75	13,95	1,28	14,10	1,25	4,75	32,80	26,65	4,75

Auf den Wassergehalt des rohen Kaffees sind von Einfluss: Reifezustand, Erntebereitung, Versendung und Lagerung, etwaige Havarie und künstliche Beschwerung. Bei nicht sachgemässer Lagerung beim Kleinhändler schwankt der Wassergehalt des rohen Kaffees innerhalb weiter Grenzen (9—18 %). Der durchschnittliche Wassergehalt der regelrechten Handelswaare beträgt 9—13 %.

Der Gehalt an Koffeïn schwankt von 1,00—1,75 %, der an Fett (Aetherextrakt im rohen Kaffee) von 10—13 %, die im gebrannten eine Erhöhung von 1—2 % erfahren; der Rohrzuckergehalt schwankt im rohen Kaffee von 6—12 %, die durch das Rösten auf 0—2,0 % heruntergehen, der Gerbsäuregehalt des rohen Kaffees beträgt 4—8 %, die durch das Rösten eine Abnahme auf die Hälfte erfahren können.

---

[1]) Zeitschrift für Untersuchung der Nahrungs- und Genussmittel 1898. **1**, 457.

[2]) Berichte der Wiener Akademie der Wissenschaften 1881, **2**, 1032.

Ueber die Menge der in Wasser löslichen Stoffe im rohen und gebrannten Kaffee lauten die Angaben verschieden; nach einigen Untersuchungen ist diese Menge im rohen Kaffee grösser, nach anderen geringer, als im gebrannten Kaffee; auch soll mit dem stärkeren Rösten nach einigen Untersuchungen diese zu-, nach anderen wieder abnehmen.

Jedenfalls schwankt in einem regelrecht gerösteten Kaffee die Menge der in Wasser löslichen Stoffe in der Trockensubstanz zwischen 25 und 33 %.

Die Asche unterscheidet sich durch einen geringen Gehalt an Natrium und Chlor, sowie durch das Fehlen oder durch eine nur geringe Menge Kieselsäure von der Asche von Ersatzstoffen (Kornauth).

5. Beobachtete Verfälschungen.

a) Bei ungebranntem Kaffee: Künstliche Färbung des Kaffees zur Verdeckung von Schäden oder zur Vortäuschung einer besseren Beschaffenheit.

Zur Gelbfärbung werden nach von Raumer[1] hauptsächlich angewendet: Bleichromat, Mennige, Ocker; für Grünfärbung: Graphit, Kohle, Talk, Indigo, Smalte, Berliner Blau, Chromoxyd. Nach König[2] kommen auch noch andere Farbstoffe in Frage.

Ferner ist die Behandlung des Kaffees mit fremdartigen Stoffen, z. B. Sägemehl, zu erwähnen, welche in dauernder Berührung mit dem Kaffee bleiben, zwecks Vortäuschung einer besseren Beschaffenheit.

b) Bei gebranntem Kaffee: Verwendung oder Zusatz von künstlichen Kaffeebohnen, gebranntem Mais, afrikanischem Nussbohnenkaffee (gerösteten, gespaltenen Erdnüssen), Lupinensamen, sowie von ausgezogenen Kaffeebohnen; ferner künstliche Färbung des Kaffees zur Verdeckung von Schäden oder zur Vortäuschung einer besseren Beschaffenheit; desgleichen die künstliche Beschwerung mit Wasser.

c) Bei gemahlenem Kaffee: Beimischung von Kaffeeersatzstoffen, von Kaffeesatz, sowie von mineralischen Stoffen, z. B. Erde, Sand, Ocker, Schwerspath u. s. w.

Als zufällige Beimengungen sind anzusehen: Kleine Steine, Samen in der Fruchtschale, Stiele, vereinzelte fremde Samen, welche bei guten Kaffees durch Auslesen entfernt sein müssen.

B. Probenentnahme.

Die entnommene Probe muss einen guten Durchschnitt der Waare darstellen, sie soll annähernd 0,5 kg betragen und so verpackt eingesandt werden, dass sie weder Wasser verlieren noch solches anziehen kann.

---

[1] Forschungsberichte über Lebensmittel 1896, **3**, 333.
[2] J. König, Die menschlichen Nahrungs- und Genussmittel 1893, 1044.

C. Untersuchungsverfahren.

1. Prüfung auf Beimengung künstlicher Kaffeebohnen.

Man suche die meist durch das Fehlen des Spaltes und der Reste der Samenhaut makroskopisch erkennbaren Bohnen heraus und unterwerfe sie einer qualitativen chemischen oder einer mikroskopischen Prüfung.

2. Prüfung auf künstliche Färbung.

Der Nachweis der oben unter 5 a) angegebenen Farbstoffe erfolgt entweder auf chemischem oder auf mikroskopischem Wege.

a) Zum chemischen Nachweis der Farbstoffe empfiehlt es sich, diese zunächst in koncentrirter Form und möglichst frei von Bohnensubstanz zu erhalten. v. Raumer benutzt hierzu einen Schüttelapparat[1]), in welchem er die Bohnen $\frac{1}{4}$ Stunde lang schüttelt. Der Apparat besteht aus einem starkwandigen Reagircylinder, in welchem ein, mit der Reibfläche nach innen gewendetes, röhrenförmiges Reibeisenblech sich befindet.

b) Zum mikroskopischen Nachweis der Farbstoffe entfernt man zunächst die Luft aus den Schnitten der Oberhaut durch Erwärmen mit Wasser auf dem Objektträger. Mit dem mikroskopischen Nachweis ist die mikrochemische Feststellung des Farbstoffes zu verbinden.

3. Prüfung auf Ueberzugsmittel (Fett, Paraffin, Vaselin[2]), Glycerin, Schellack etc.).

Man lässt 100—200 g Kaffee zum Nachweis von Fett, Paraffin oder Vaselin mit niedrig siedendem Petroläther 10 Minuten stehen, giesst die Lösung ab, behandelt den Kaffee noch einige Male mit Petroläther, verdunstet, schüttelt mit warmem Wasser aus, nimmt mit Petroläther auf, filtrirt, verdunstet das Lösungsmittel, trocknet den Rückstand und bestimmt seine Verseifungszahl sowie die Refraktion. Für den Nachweis von Glycerin wird ein kalter wässeriger Auszug hergestellt; dieser wird wie bei Bier und Süsswein auf Glycerin geprüft. Zum Nachweis des Schellacks muss der Kaffee mit 90 %-igem Alkohol behandelt werden.

4. Bestimmung der abwaschbaren Stoffe nach dem Verfahren von Hilger.

10 g ganze Kaffeebohnen werden dreimal gleichmässig je eine halbe Stunde mit 100 ccm Weingeist (gleiche Raumtheile 90-volumprocentiger Spiritus und Wasser) bei gewöhnlicher Temperatur stehen gelassen. Die vereinigten jeweilig abgegossenen Flüssigkeiten werden auf $\frac{1}{2}$ l gebracht und filtrirt. Ein abgemessener Theil der Lösung wird eingedampft, bei

---

[1]) Zu beziehen durch die Glasbläserei E. W. Hildenbrand in Erlangen.
[2]) E. Späth, Forschungsberichte über Lebensmittel 1895, **2**, 223.

100° getrocknet, gewogen, hierauf verascht und die Asche gleichfalls gewogen[1]).

5. Bestimmung der Extraktausbeute.

10 g gemahlenen Kaffees werden in einem Becherglase mit 200 g
Wasser übergossen und das Gesammtgewicht nach Zugabe eines Glasstabes
festgestellt. Unter Umrühren und unter Vermeidung des Ueberschäumens
erhitzt man zum Kochen und lässt 5 Minuten lang leicht kochen. Nach
dem Erkalten füllt man auf das ursprüngliche Gewicht auf, durchmischt
gut und filtrirt. 25—50 ccm des Filtrates werden auf dem Wasserbade
verdampft. Der Rückstand wird nach dreistündigem Trocknen im Wassertrockenschranke gewogen und auf 100 g Kaffee umgerechnet.

6. Bestimmung des Wassers.

a) In ungebranntem Kaffee: 50 g ganze Bohnen werden im
Wassertrockenschranke einige Stunden getrocknet, ein bestimmter Theil
der vorgetrockneten Bohnen dann verlustlos in einer Lintner'schen Mühle
fein gemahlen und drei Stunden im Wassertrockenschranke getrocknet.

b) Im gebrannten Kaffee: 5 g fein gemahlener Kaffee werden in
einem verschliessbaren Gefäss im Wassertrockenschrank 3 Stunden getrocknet.

7. Bestimmung der Asche, des Chlors und der Kieselsäure.

Siehe Allgemeine Untersuchungsmethoden, Heft I, S. 17.

8. Bestimmung des Gesammtstickstoffs.

1—2 g Kaffee werden nach dem Verfahren von Kjeldahl verbrannt
(s. Heft I, S. 2).

9. Bestimmung des Koffeïns.

Diese Bestimmung erfolgt nach dem Verfahren von Juckenack und
Hilger[2]) oder nach dem von Forster und Riechelmann[3]).

---

[1]) Zeitschrift für analytische Chemie, 1897, **36**, 226. Das vorstehende Verfahren hat Herr Ober-Medicinalrath Professor Dr. Hilger in der letzten Zeit in
Gemeinschaft mit Herrn Dr. Röttger abgeändert, jedoch konnte über dasselbe
sowie auch über die bei Anwendung dieses Verfahrens aufzustellende Grenzzahl
vor dem Schluss des Druckes dieses Heftes unter den betheiligten Kommissions-
mitgliedern eine Einigung nicht erzielt werden. Dieses neue Verfahren wird wie
folgt ausgeführt: „20 g unverletzte Kaffeebohnen werden am besten in einem
Erlenmeyer-Kolben dreimal mit je 50 ccm Weingeist von 50 Volumprocenten ausgezogen, und zwar in der Weise, dass nach Uebergiessen der Bohnen mit Spiritus
sofort 1 Minute geschüttelt wird, die Bohnen alsdann mit dem Spiritus $\frac{1}{2}$ Stunde
in Berührung bleiben. Die vollkommen klar filtrirten Auszüge werden vereinigt
auf das Volumen von 250 ccm gebracht. In je 50 ccm dieses Auszuges werden,
wie bei der Untersuchung des Weines, Extrakt und Asche bestimmt, welche
letztere in Abzug gebracht wird. Ein Theil dieses alkoholischen Auszuges kann
auch zur Zuckerbestimmung Verwendung finden".

[2]) Forschungsberichte über Lebensmittel 1897, **4**, 151.
[3]) Zeitschrift für öffentliche Chemie 1897, **3**, 131.

a) **Verfahren von Juckenack und Hilger.** 20 g fein gemahlener Kaffee werden mit 900 g Wasser bei Zimmertemperatur in einem Becherglase einige Stunden aufgeweicht und dann unter Ersatz des verdampfenden Wassers vollständig ausgekocht, wozu bei Rohkaffee 3 Stunden, bei geröstetem Kaffee $1^1/_2$ Stunden erforderlich sind. Des Weiteren vergl. unter „Thee" S. 52.

b) **Verfahren nach Forster und Riechelmann,** vergl. bei Thee S. 52.

10. Bestimmung des Fettes.

10 g gemahlener Kaffee werden 2 Stunden im Wassertrockenschrank getrocknet und in einem Extraktionsapparat mit Petroläther bis zur vollkommenen Erschöpfung ausgezogen. Der Auszug wird verdunstet, der Rückstand mit warmem Wasser geschüttelt, nochmals mit Petroläther aufgenommen und filtrirt. Das Filtrat wird eingetrocknet und gewogen. (Das Ausziehen mit Aether, Petroläther und Benzin giebt verschiedene Zahlen.)

11. Bestimmung des Zuckers. (Nach Kornauth.)

5 g gemahlener Kaffee werden im Extraktionsapparat mit Petroläther entfettet und mit 90—95 %-igem Weingeist ausgezogen. Der alkoholische Auszug wird eingedunstet, der Rückstand mit Wasser aufgenommen, durch Bleiessig geklärt, das Blei mit Natriumsulfat entfernt und der Zucker vor und nach der Inversion bestimmt.

12. Bestimmung der in Zucker überführbaren Stoffe.

3 g gemahlener Kaffee werden mit 200 ccm einer $2^1/_2$ %-igen Salzsäure am Rückflusskühler gekocht. Die Säure wird durch Bleikarbonat neutralisirt, filtrirt und mit Bleiessig entfärbt. Das Blei wird aus dem Filtrate mit Natriumsulfat entfernt, das Filtrat auf ein bestimmtes Volumen gebracht und in einem abgemessenen Theile der Zucker nach Meissl-Allihn bestimmt.

13. Bestimmung der Rohfaser.

Die Bestimmung der Rohfaser geschieht nach vorheriger Entfettung nach dem allgemeinen Verfahren, Heft I, S. 16.

14. Prüfung auf Cichorie und Karamel.

Man schüttet eine Messerspitze des zu untersuchenden Kaffees vorsichtig auf Wasser. Bei Anwesenheit von Cichorie oder Karamel umgeben sich die Theilchen des Kaffees mit einer gelblich braunen Wolke, welche die ganze Menge des Wassers schnell in Streifen durchzieht. (Diese Probe kann nur als Vorprobe dienen.)

D. Anhaltspunkte zur Beurtheilung.

I. Ungebrannter Kaffee.

1. Der Wassergehalt unbeschädigten Rohkaffees beträgt etwa 9—13 %. Eine genaue Grenze für den Wassergehalt des Rohkaffees kann jedoch aus den oben S. 26 unter 4. angegebenen Gründen nicht festgesetzt werden.

2. Havarirter Kaffee ist stets minderwerthig, aber bisweilen noch marktfähig. Eine Deklaration des havarirten Kaffees als solchen ist erforderlich.

Ausser durch Havarie kann Kaffee auch durch eine unzweckmässige Art der Ernte und der Erntebereitung, durch Schimmeln, Faulen, Annahme fremdartiger Gerüche u. s. w. verdorben werden. Der Grad des Verdorbenseins ist von Fall zu Fall zu beurtheilen.

3. Die künstliche Färbung des natürlichen Kaffees mit gesundheitsschädlichen Farben ist selbstverständlich unzulässig; aber auch die Färbung des Kaffees zur Verdeckung von Schäden, z. B. bei havarirtem Kaffee, oder zur Vortäuschung einer besseren Sorte ist gleichfalls auf Grund des Gesetzes vom 14. Mai 1879 zu beanstanden.

4. Das Glätten und Poliren ist als zulässig zu erachten; jedoch ist eine Behandlung, durch welche fremdartige Stoffe, z. B. Sägemehl, in dauernder Berührung mit dem Kaffee verbleiben, oder wodurch der Schein einer besseren Beschaffenheit zum Zwecke der Täuschung erweckt werden soll, nicht statthaft.

5. Das Waschen des Kaffees, sofern dabei eine Auslaugung oder Beschwerung desselben erfolgt, das Quellen des Kaffees, durch welches eine Vermehrung des Gewichtes und Volumens bedingt und der Anschein einer besseren Beschaffenheit erweckt wird; ferner die künstliche Fermentation, die ihrem Wesen nach kein Gährungsvorgang ist, sondern aus dem Quellen und Färben des Kaffees, sei es durch Zusatz von Farbe (Fabrikmenado), sei es durch Anrösten (appretirter Kaffee), besteht, sind zu verwerfen.

II. Gerösteter Kaffee.

1. Der Zusatz von künstlichen Kaffeebohnen, gebranntem Mais, sogen. afrikanischem Nussbohnenkaffee (gerösteten, gespaltenen Erdnüssen) und Lupinensamen zu ganzbohnigem geröstetem Kaffee ist als Verfälschung anzusehen. Ebenso ist der Verkauf von ausgezogenen Kaffeebohnen zu beurtheilen.

Ueberrösteter oder verbrannter Kaffee ist als minderwerthig zu bezeichnen. Verschimmelter Kaffee gilt als verdorben.

2. Ein ohne Zusatz von Zucker gerösteter Kaffee soll eine hellbraune bis kastanienbraune Farbe besitzen, gleichmässig durchgeröstet sein und angenehm aromatisch riechen. Der geröstete Kaffee ist ein Erzeugniss,

dessen Veredelung indess auf verschiedene Weise, z. B. durch Aenderung des Röstverfahrens oder durch geeignete Behandlung mit Mitteln zur Haltbarmachung nicht ausgeschlossen ist. Ehe aber derartig veredelte Kaffees im Handel als zulässig erachtet werden können, muss nachgewiesen sein, dass der Zweck der Veredelung erreicht ist und dass dadurch Nachtheile in anderer Beziehung für die Verbraucher dieser Erzeugnisse nicht entstehen.

Das Färben des gerösteten Kaffees, soweit dieses Färben nicht durch zulässige Mittel zur Haltbarmachung herbeigeführt wird, sowie ein Kandiren des Kaffees, welches nur zu dem Zwecke erfolgte, um eine unzureichende Röstung zu verdecken, sind zu beanstanden.

3. Das Glasiren des Kaffees mit:

Rübenzucker, Stärkezucker, den reinen Sorten des Stärkesirups (Kapillärsirup), reinem Dextrin, Stärke und Gummi

ist als zulässig zu erachten; ebenso die Verwendung von Auszügen aus Feigen, Datteln und anderen zuckerhaltigen Früchten. Die Verwendung aller dieser Aufbesserungsmittel ist aber zu deklariren.

Die Verwendung von Melassesirup zum Glasiren des Kaffees erscheint nicht statthaft.

In gleicher Weise ist das Glasiren des Kaffees mit:

Eiweiss und Gelatine,

sowie der Zusatz von

Auszügen von Kaffeefruchtfleisch und von Kakaoschalen

unter der Voraussetzung der Deklaration als zulässig zu erachten.

Der Zusatz von verdichteten Rösterzeugnissen des Kaffees ist nur dann zu beanstanden, wenn dem Kaffee dadurch schlecht riechende und schlecht schmeckende Bestandtheile zugeführt werden.

Die Verwendung von Harzglasur zum Ueberziehen des Kaffees ist nicht zu beanstanden; jedoch sollen nur feine Harze (Schellack u. s. w.) dazu benutzt werden. Auch ist eine Deklaration dieses Zusatzes unerlässlich.

Ein Zusatz thierischer oder pflanzlicher Fette ist jedenfalls nur bei einer Deklaration und nach Lage des einzelnen Falles nicht zu beanstanden.

Der Zusatz von Mineralölen, von Glycerin und von Tannin ist zu verwerfen.

4. Der nach den zulässig erachteten Verfahren überzogene Kaffee soll nicht mehr als 4 % eines nach dem Verfahren von Hilger abwaschbaren Ueberzuges enthalten.

5. Eine grosse Anzahl der im Handel vorkommenden Ersatzstoffe des Kaffees enthält mehr durch Wasser ausziehbare Stoffe als der gebrannte, gemahlene Kaffee. Letzterer enthält, auf wasserfreie Substanz berechnet, durchschnittlich 27 (25—33) % an löslichem Extrakt, Cichorienkaffee 70 %, Feigenkaffee 70—80 %, Getreidekaffee stets über 30 %.

6. Eine absichtliche Erhöhung des Wassergehaltes, sei es mit oder ohne Zusatz von Borax, ist zu verwerfen.

Als zulässig ist jedoch zu erachten: das Anfeuchten der Bohnen **vor** dem Rösten zum Zwecke einer gleichmässigen Röstung, sowie das Waschen des Kaffees vor dem Rösten zwecks Reinigung der Bohnen, sofern hiermit eine Auslaugung des Kaffees nicht verbunden ist. Das Behandeln des Kaffees vor dem Rösten mit Soda- oder Pottaschelösung oder mit Kalkwasser ist zu beanstanden.

7. Der Gehalt an Mineralbestandtheilen beträgt bei den Kaffeesorten 4—5 % (selten über 5 %). Besonders eigenthümlich ist der geringe Gehalt der Kaffeeasche an Chlor und Kieselsäure gegenüber dem bedeutenden Gehalte hiervon bei den Getreide-, Feigen- und Cichorien-Zubereitungen (s. S. 37).

8. Das Vermischen des gemahlenen Kaffees mit Kaffeesatz, gemahlenen Kaffeeersatzstoffen und mineralischen Stoffen (Erde, Sand, Ocker, Schwerspath u. s. w.) ist als Verfälschung anzusehen.

9. Der Fettgehalt (Aetherauszug) des Kaffees beträgt 10—13 %, der der Ersatzstoffe, mit Ausnahme der von Oelsamen, 1—3 %.

10. Der gebrannte Kaffee enthält höchstens 2 % Zucker (Fehling'sche Lösung reducirende Stoffe), die Ersatzstoffe enthalten 30 bis 50 %, Cichorie bis 30 % Zucker.

11. Der Gehalt der in Zucker überführbaren Stoffe beträgt beim Kaffee etwa 20 %, während bei den Ersatzstoffen, die häufig im Handel vorkommen, derselbe bis etwa 80 % ausmachen kann.

12. Mischungen von gemahlenem Kaffee mit Ersatzstoffen sind als Kaffeeersatzstoffe zu behandeln und zu beurtheilen.

Kaffee-Ersatzstoffe.

Referent des Ausschusses: **Dr. Hilger.**
Verfasser: **Dr. Forster.**

A. Vorbemerkungen.

1. Begriffsbestimmung.

Kaffeeersatzstoffe sind pflanzliche Stoffe, welche, geröstet (karamelisirt) nach Ausziehen mit Wasser, ein kaffeeähnliches Getränk liefern. Die Kaffeeersatzstoffe werden theils als Ersatzmittel für Kaffee, theils als Zusatzmittel verwendet. Sie sind als selbständige Genussmittel anzusehen, welche mit Rücksicht auf ihre Farbe und ihren Geschmack eine gewisse Aehnlichkeit mit Kaffee haben.

Als Rohstoffe sind für Kaffeeersatzstoffe alle kohlenhydrat-, gerbstoff- und ölhaltigen pflanzlichen Stoffe zulässig, sofern sie nicht gesundheitsschädlich oder verdorben sind.

Als solche Ersatzstoffe kommen zur Zeit in den Handel:

Zubereitungen aus gebranntem Zucker,
Zubereitungen aus zuckerhaltigen Wurzeln und Rüben (Cichorien, Zuckerrüben, Löwenzahn),
Zubereitungen aus zuckerreichen Früchten (Feigen, Datteln, Johannisbrot),
Zubereitungen aus mehlhaltigen Früchten (Roggen, Gerste oder Malz (Kneipp-Kaffee), Leguminosen, Eicheln etc.),
Zubereitungen aus fettreichen Rohstoffen (Erdnuss, Dattelkerne etc.) und
Mischungen verschiedener Kaffeeersatzstoffe.

2. Zusammensetzung.

Die Zusammensetzung dieser Ersatzstoffe ist je nach dem Rohstoff sehr verschieden (vergl. hierüber die Lehrbücher der Nahrungsmittelchemie, besonders die neue, 4. Auflage von J. König's Chemie d. menschl. Nahrungs- u. Genussmittel 1. Bd. 997—1003).

3. Verfälschungen.

Wirkliche Verfälschungen kommen bei den Ersatzstoffen nur insofern vor, als den gesuchteren Ersatzstoffen, wie Cichorien-, Eichel- und Malzkaffee, minderwerthige Sorten beigemengt werden oder dieselben künstliche Beschwerungen durch Wasser oder Mineralstoffe erfahren.

B. Probenentnahme.

Diese erfolgt bei grossen Vorräthen in Tonnen, Kisten oder Säcken wie bei Kaffee; bei Verpackung in kleineren Mengen ist mindestens ein Päckchen oder ein Gefäss mit ganzer Umhüllung zu entnehmen.

C. Untersuchungsverfahren.

1. Chemische Untersuchung.

a) **Bestimmung des Wassers.** Wie bei Kaffee. (In der Industrie der Kaffeeersatzstoffe versteht man unter „Fettzusatz" einen Wasserzusatz.)

b) **Bestimmung des in Wasser löslichen Theiles.** Die Bestimmung wird nach Trillich[1]) ausgeführt. 10 g der Trockenmasse werden in einem 350 ccm haltenden Becherglase mit 200 ccm Wasser übergossen und mit einem Glasstabe gewogen, unter fleissigem Umrühren zur Vermeidung des Ueberschäumens zum Kochen erhitzt und 5 Minuten kochend erhalten. Nach dem Erkalten wird mit destillirtem Wasser auf das ursprüngliche Gewicht aufgefüllt, gut durchgemischt und filtrirt. 25—50 ccm des Filtrates werden dann auf dem Wasserbade eingedampft und im Wassertrockenschranke bis zum gleichbleibenden Gewichte getrocknet.

c) **Bestimmung des Zuckers.** Ein abgemessener Theil des auf vorstehende Art erhaltenen Filtrats wird im Wasserbade verdampft, mit 90 %-igem Alkohol allmählich aufgenommen, die Lösung wieder verdunstet und abermals mit Wasser aufgenommen. In dieser Lösung wird der Zucker gewichtsanalytisch nach Allihn oder titrimetrisch nach Soxhlet bestimmt.

d) **Bestimmung der durch Säuren in Zucker überführbaren löslichen Stoffe.** Ein abgemessener Theil des bei b) erhaltenen Filtrats ist zu invertiren und der Zucker nach bekannten Verfahren zu bestimmen.

e) **Bestimmung von Fett, Rohfaser und Asche mit Sand.** Wie bei Kaffee.

2. Untersuchung auf Schimmelpilze.

Aus verschiedenen Stellen der Waare wird unter Benutzung sterilisirter Hülfsmittel 1 g Substanz entnommen und mit ausgekochtem, sterilem

---

[1]) Forschungsberichte über Lebensmittel 1894, **1**, 413.

Wasser (nach Erkalten desselben) in flachen sterilisirten Schälchen bei Zimmertemperatur stehen gelassen. Man beurtheilt den Grad der Schimmelung entweder nach dem Geruch oder man legt, wenn die Anzahl der Schimmelsporen festgestellt werden soll, in üblicher und zweckentsprechender Weise Plattenkulturen an.

3. Mikroskopische Untersuchung.

1. Vorbereitung der Probe. Die zerkleinerten Proben werden zunächst nach Behandeln mit Wasser beobachtet. Zum Aufhellen dient Alkali, wenn nöthig, unter Erwärmen.

2. Kennzeichnende Gewebselemente.

a) Feigen: Weite Milchsaftgefässe, einzellige Haare der Oberhaut, Steinzellen in der Schale der Feigenkerne.

b) Cichorie: Nicht sehr weite Milchsaftgefässe mit rauher Oberfläche und knorrigen Konturen der Holzzellen.

c) Rübe: Grosse Parenchymzellen.

d) Getreide und Malz: Stärkekörner, Haare, Kleberzellen, Oberhautfragmente der Spelzen. Die Unterscheidung von Gerste und Malz ist mit Sicherheit nur an ganzen Körnern durch Nachweis des Keimlings möglich.

e) Eichel: Theilweise unverändertes Stärkemehl und gerbstoffhaltige, grosszellige Gewebe der Keimlappen.

f) Lupinen: Zelleninhalt frei von Stärke.

g) Cassia occidentalis: Endospermgewebe mit Chlorzinkjod behandelt, färbt den Zellinhalt citronengelb.

h) Kichererbse: Palissadenzellen sind oben und unten dickwandig.

i) Sojabohne: Der Inhalt der Zellen des Keimblatt- und Endospermgewebes ist frei von Stärke und besteht neben Protoplasma aus ziemlich grossen Proteïnkörnern.

k) Astragalus balticus L.: Die Trägerzellen haben an den Seitenwänden blätterartige Fortsätze.

l) Dattel: Oberhaut der Samenschale. Stark verdickte Zellen des Endosperms.

m) Steinnuss: Zellen des Endosperms stark verdickt, gestreckt.

n) Johannisbrot: Grosszelliges Parenchym mit röthlichgelben Inhaltskörnern, die sich mit Kalilauge violett färben.

o) Erdnuss: Sägeartig verdickte Zellenwände der Samenschalen. Es empfiehlt sich 24-stündiges Behandeln in Chloralhydratlösung 5 : 4.

p) Sakka (geröstetes Kaffee-Fruchtfleisch): Oberhautfragmente und Parenchym. Tracheïden und schlauchähnliche Bastfasern. Spiralgefässe und Krystallsandzellen.

D. Anhaltspunkte zur Beurtheilung von Kaffee-Ersatzstoffen.

1. Kaffeeersatzstoffe sind unter einer ihrer wirklichen Beschaffenheit entsprechenden Bezeichnung in den Handel zu bringen. Mischungen von Kaffee mit Kaffeeersatzstoffen sind als „Kaffeeersatzmischungen" zu bezeichnen. Als „Kaffeemischung" soll nur eine Mischung von mehreren Sorten echten Kaffees bezeichnet werden. In Verbindung mit Stoffnamen ist die Bezeichnung „Kaffee" auch für Ersatzstoffe zulässig, z. B. „Malzkaffee". Wenn solche Stoffnamen gewählt werden, so sollen sie dem Wesen des bezeichneten Ersatzstoffes entsprechen. Bei Ersatzstoffmischungen soll der Namen von dem Hauptbestandtheil genommen werden.

2. Kaffeeersatzstoffe sind verdorben, wenn sie mit Schimmelpilzen durchsetzt oder versauert, verbrannt oder aus verdorbenen Rohstoffen hergestellt sind.

3. Bezüglich des Wassergehaltes können bestimmte Grenzzahlen nicht aufgestellt werden. Trockene Kaffeeersatzstoffe können bis 12%, angefeuchtete bis 25% Wasser und mehr enthalten.

4. Der Aschengehalt beträgt bei Kaffeeersatzstoffen aus Wurzeln bis 8%, aus Früchten bis 4% (aus Feigen bis 7%); der Sandgehalt bei Kaffeeersatzstoffen aus Wurzeln bis $2^{1}/_{2}\%$, aus Früchten bis 1%.

Zusätze werthloser Stoffe, wie Diffusionsschnitzel, Torf, Lohe, Erde, Sand, Ocker, Schwerspath und dergleichen, sind zu verwerfen und als Verfälschungen zu betrachten.

5. Desgleichen ist der Zusatz von Mineralölen und Glycerin zu verwerfen. Dahingegen ist der Zusatz von Pflanzenölen, gerbsäurehaltigen Pflanzenstoffen oder Auszügen aus ihnen, von Kochsalz und von Alkalikarbonaten in kleinen Mengen sowie von koffeïnhaltigen Pflanzenstoffen oder Auszügen aus ihnen nicht zu beanstanden, sofern durch diese letzteren Zusätze nicht echter Kaffee vorgetäuscht werden soll.

Litteratur.

A. Chemische Abhandlungen.

1. K. Portele, Künstliche Kaffeebohnen. Zeitschrift für Nahrungsmittel-Untersuchung, Hygiene und Waarenkunde 1889. *3*. 221.

2. M. de Molinari, Zur Erkennung von Cichorie im gemahlenen Kaffee. Revue internationale des falsifications 1889/90. *3*. 203.

3. C. Kornauth, Künstliche Kaffeebohnen. Revue internationale des falsifications 1889/90. *3*. 195.

4. C. Kornauth, Beiträge zur chemischen und mikroskopischen Untersuchung des Kaffees und der Kaffeesurrogate. Mittheilungen aus dem pharma-

ceutischen Institut und Laboratorium für angewandte Chemie. Erlangen 1890. Heft 3, 1. Zeitschrift für angewandte Chemie 1890. 499. Auch als selbstständige Schrift erschienen. München. Rieger. 1890.

5. E. Niederhäuser, Verfälschung eines in Altona unter dem Namen „Echt holl. Javakaffee mit Zusatz" in den Handel kommenden Erzeugnisses. Revue internationale des falsifications 1890/91. *4.* 57.

6. R. Wolffenstein, Untersuchung einiger Kaffeepräparate. Zeitschrift für angewandte Chemie 1890. 84.

7. J. Samelson, Ueber Kunstkaffee. Zeitschrift für angewandte Chemie 1890. 482.

8. A. Stutzer, Ueber Kunstkaffee und Gebräuche bei Herstellung von gebranntem Kaffee. Ebenda 1890. 549.

9. Julian E. Walter, Ueber den Procentgehalt des Kaffees an Koffeïn. Pharm. Record 1890. *10.* 9 und 176. Jahresbericht der Pharmacie 1890. *25.* 602.

10. E. Hanausek, Künstliche Kaffeebohnen. Zeitschrift für Nahrungsmittel-Untersuchung, Hygiene und Waarenkunde 1890. *4.* 25.

11. E. Hanausek, Künstliche Kaffeebohnen und Gesundheitskaffeewürze. Ebenda 1890. *4.* 172.

12. Th. Waage, Ueber künstliche Kaffeebohnen. Apotheker-Zeitung 1890. *5.* 219.

13. F. Wallenstein, Kaffeeappreturen. Zeitschrift für Nahrungsmittel-Untersuchung, Hygiene und Waarenkunde 1890. *4.* 101.

14. H. Trillich, Ueber Malzkaffee und Kaffeesurrogate. Zeitschrift für angewandte Chemie 1891. 540.

15. A. Stutzer, Neues aus der Röst-, Darr- und Trocknungsindustrie. 2. Kaffee. Ebenda 1891. 600.

16. C. Kornauth, Zur Beurtheilung der Kaffeesurrogate. Ebenda 1891. 645.

17. H. Trillich, Ueber Malzkaffeesurrogate. Ebenda 1891. 719.

18. Th. Waage, Zur Untersuchung von Kaffee. Apotheker-Zeitung 1891. *6.* 340.

19. C. Kornauth, Die chemische Untersuchung von Kaffee und Kaffeesurrogaten. Vortrag, gehalten auf der am 12. und 13. Oktober in Wien stattgefundenen Versammlung von Nahrungsmittelchemikern und Mikroskopikern. Zeitschrift für Nahrungsmittel-Untersuchung, Hygiene und Waarenkunde 1891. *5.* 307.

20. J. König, Die Früchte der Wachspalme als Kaffeesurrogat. Centralorgan für Waarenkunde und Technologie 1891. *1.* 1.

21. C. Thiel, Ueber Kaffeesurrogate. Zeitschrift für angewandte Chemie 1892. 74.

22. G. Lange, Zur Untersuchung von Kaffeesurrogaten. Ebenda 1892. 510.

23. A. Domergue, Ueber die koncentrirten Kaffeeextrakte. Journal de Pharmacie et de Chimie 1892. *25.* 743.

24. E. Keit, Zur Kenntniss der Kaffeesurrogate. Zeitschrift für Nahrungsmittel-Untersuchung, Hygiene und Waarenkunde 1892. *6.* 29.

25. Moscheles und R. Stelzner, Zur Analyse der Kaffeesurrogate. Chemiker-Zeitung 1892. *16.* 281.

26. Erwin E. Ewell, Die Kohlehydrate der Kaffeebohnen. American Chemical Journal 1892. *14.* 373. Chemisches Centralblatt 1892. *II.* 1019.

27. Romeo Gundriser, Ueber ein Kaffeesurrogat aus den Samen der blauen Lupine (Lupinus angustifolius). Zeitschrift für Nahrungsmittel-Untersuchung, Hygiene und Waarenkunde 1892. *6.* 373.

28. G awalowski, Kaffeeglasuren. Zeitschrift für Nahrungsmittel-Untersuchung, Hygiene und Waarenkunde 1892. *6*. 17.

29. E. Schulze, Ueber die Kohlenhydrate der Kaffeebohnen. Chemiker-Zeitung 1893. *17*. 1261.

30. Guillot, Ein neues Verfahren zur schnellen Bestimmung des Koffeïns. Archives de Médecine et de Pharm. militaire 1893. Apotheker-Zeitung 1893. *8*. 132.

31. A. Grandval und H. Lajoux, Methode zur Bestimmung des Koffeïns in Vegetabilien. Journal de Pharmacie et de Chimie 1893. *27*. 545. Revue internationale des falsifications 1892/93. *6*. 168.

32. M. Maljean, Untersuchung eines aus Neu-Caledonien stammenden grünen Kaffees. Journal de Pharmacie et de Chimie 1893. *26*. 491. Jahresbericht der Pharmacie 1893. *28*. 723.

33. A. Oertl, Untersuchung eines Kaffeepulvers. Zeitschrift für Nahrungsmittel-Untersuchung, Hygiene und Waarenkunde 1893. 7. 20.

34. F. Filsinger, Kaffeeglasur. Chemiker-Zeitung 1893. *17*. 498.

35. Th. Waage, Zur Beurtheilung glasirter Kaffeebohnen. Pharmaceutische Centralhalle 1893. *34*. 752.

36. J. Stern und A. Prager, Eine Modifikation der Neubauer'schen Caramel-bestimmung in mit Zucker gebranntem Kaffee. Zeitschrift für angewandte Chemie 1893. 335.

37. A. Stutzer, Missbräuche bei der Herstellung von gebranntem Kaffee. Zeitschrift für angewandte Chemie 1894. 202.

38. H. Trillich, Ueber Malzkaffee und Kaffeesurrogate. Ebenda 1894. 203.

39. H. Trillich, Die Manipulationen am gebrannten Kaffee. Ebenda 1894. 321.

40. H. Trillich, Brennen von Kaffee. Ebenda 1894. 350.

41. W. E. Kuntze, Ueber die quantitative Bestimmung und Trennung der Kakao-Alkaloide. Zeitschrift für analytische Chemie 1894. *33*. 1.

42. Pietro Paladino, Ein neues Alkaloid im Kaffee. Atti della Reale Academia dei Lincei Rendiconti (Roma) [5]. *3*. *I*. 399. Chemisches Central-blatt 1894. *I*. 1155 und Gazzetta chimica italiana 1895. *25*. 104. Chemisches Centralblatt 1895. *I*. 884.

43. L. Medicus und H. Trillich, Die Methoden der Untersuchung und die Beurtheilung der Kaffeesurrogate. Forschungsberichte über Lebensmittel etc. 1894. *1*. 411.

44. A. Hilger, Das Fett der Samen der Kaffeefrucht. Ebenda 1894. *1*. 42.

45. L. Delaye, Nachweis von Kaffeefälschung. Revue internationale des falsifications 1893/94. 7. 183.

46. v. Raumer, Ein neues Kaffeesurrogat. Forschungsberichte über Lebensmittel etc. 1894. *1*. 293.

47. T. F. Hanausek, Zur Morphologie der Kaffeebohne. Archiv der Pharmacie 1894. *232*. 539.

48. Cazeneuve, Künstliche Kaffeebohnen. Petit mon. de la pharm. 1894. 1513. Referat: Jahresbericht der Pharmacie 1894. *29*. 756.

49. Victor Vedrödi, Ueber ein neueres Kaffeesurrogat. Zeitschrift für Nahrungs-mittel-Untersuchung, Hygiene und Waarenkunde 1894. *8*. 158 und 190.

50. H. Trillich, Ueber ein neueres Kaffeesurrogat. Ebenda 1894. *8*. 173.

51. M. Mansfeld, Untersuchung verschiedener Kaffeesurrogate. Pharmaceutische Centralhalle 1894. *35*. 196.

52. A. Stutzer, Beschwerungs- und Konservirungsmittel des gerösteten Kaffees. Zeitschrift für angewandte Chemie 1895. 447.

53. E. Herfeldt und A. Stutzer, Untersuchungen über den Gehalt der Kaffeebohnen an Fett, Zucker und Kaffeegerbsäure. Zeitschrift für angewandte Chemie 1895. 469.

54. T. H. Pearmain und C. G. Moor, Ueber verfälschten Kaffee. Analyst 1895. *20*. 176.

55. Ed. Späth, Ueber das Kaffeefett. Forschungsberichte über Lebensmittel 1895. *2*. 223.

56. Jaucher, Koffeïn und Kaffeegerbsäure der Kaffeepflanze. Répertoire de Pharmacie 1895. 341. Jahresbericht der Pharmacie 1895. *30*. 715.

57. Untersuchung und Beurtheilung von Kaffee und Kaffeesurrogaten nach den Beschlüssen des Vereins schweizerischer analytischer Chemiker. Schweizerische Wochenschrift für Chemie und Pharmacie 1895. *33*. 423.

58. Kaffee und Kaffeesurrogate; Untersuchung und Beurtheilung nach dem Entwurf für den Codex alimentarius Austriacus. Zeitschrift für Nahrungsmittel-Untersuchung, Hygiene und Waarenkunde 1895. *9*. 87 und 149.

59. Beschlüsse der freien Vereinigung bayerischer Vertreter der angewandten Chemie über die Kaffeesorten und Kaffeesurrogate des Handels. Forschungsberichte über Lebensmittel 1895. *2*. 275.

60. A. Monari und L. Scoccianti, Die Anwesenheit von Pyridin in den Röstprodukten des Kaffees. L'Orosi 1895. *3*. 88. Apotheker-Zeitung 1895. *10*. 397.

61. A. Lamal, Ueber die Verfälschung von havarirtem Kaffee mittels Talkum. Annal. de Pharmacie 1895. 429.

62. L. Scoccianti, Ueber eine Färbung des Kaffees mit Bleichromat. Bollett. chim. farm. 1895. 706.

63. E. Vinassa, Erkennung von havarirtem Kaffee. Zeitschrift für Nahrungsmitteluntersuchung, Hygiene und Waarenkunde 1895. *9*. 192.

64. F. Jean, Analysen von Kaffeeextrakten des Handels. Rev. Chim. anal. appliq. 1895. *3*. 164. Chemiker-Zeitung 1895. *19*. Repert. 275.

65. K. Schumann, Ueber Ibo-Kaffee. Notizblatt des Königlichen Botanischen Gartens und Museums in Berlin 1895. No. 3.

66. A. Röhrig, Afrikanischer Nussbohnenkaffee. Forschungsberichte über Lebensmittel 1895. *2*. 15.

67. Herlant, Bestimmung des Koffeïns. Documents sur la composition normale des principaux denrées alimentaires. Bruxelles 1895. 204.

68. van Ledden-Hülsebosch, Eine neue Methode zur Bestimmung des Koffeïns. Pharmaceutische Centralhalle 1895. *36*. 742.

69. E. Utescher, Nussbohnenkaffee. Pharmaceutische Centralhalle 1895. *36*. 58.

70. M. Elfstrand, Verwendung einer Cassiaart als Kaffeesurrogat in Paraguay. Upsala Läkareför. Förh. 1895. *30*. 558. Jahresbericht der Pharmacie 1895. 718.

71. L. Graf, Zur Beurtheilung von gebranntem Kaffee. Forschungsberichte über Lebensmittel 1896. *3*. 62.

72. G. Rupp, Zur Beurtheilung von gebranntem Kaffee. Forschungsberichte über Lebensmittel 1896. *3*. 98.

73. C. Brunotte, Ein Pseudosurrogat des Kaffees. Revue internationale des falsifications 1896. *9*. 48.

74. R. Pfister, Zur Untersuchung der Kaffeesurrogate. Schweizerische Wochenschrift für Chemie und Pharmacie 1896. *34*. 54.

75. H. Trillich, Kaffee und Kaffeesurrogate. Zeitschrift für angewandte Chemie 1896. 440.

76. A. Oertl, Kaffeefälschung. Zeitschrift für Nahrungsmittel-Untersuchung, Hygiene und Waarenkunde 1896. *10*. 188.

77. A. Forster, Zur einheitlichen Begutachtung von geröstetem Kaffee. Forschungsberichte über Lebensmittel 1896. *3*. 338.

78. E. v. Raumer, Ueber den Nachweis künstlicher Färbungen bei Rohkaffee. Forschungsberichte über Lebensmittel 1896. *3*. 333.

79. J. Mayrhofer, Die Kaffeeröstung mit Anwendung von Zucker. Ebenda 1896. *3*. 342.

80. Ed. Späth, Ueber Fortschritte auf dem Gebiete der Untersuchung und Beurtheilung von Kaffee und Kaffeesurrogaten in den Jahren 1894 und 1895. Ebenda 1896. *3*. 144.

81. M. Mansfeld, Bericht über die Thätigkeit der Untersuchungsanstalt für Nahrungs- und Genussmittel des allgemeinen österreichischen Apothekervereins und des Wiener Apothekerhauptgremiums für die Zeit vom 24. August 1894 bis 31. August 1895. Zeitschr. des allgemeinen österreichischen Apothekervereins 1895. *33*. 703. Zeitschrift für angewandte Chemie 1896. 143. — Erstattet für die Zeit vom 1. September 1895 bis 22. August 1896. Zeitschrift für Nahrungsmittel-Untersuchung, Hygiene und Waarenkunde 1896. *10*. 336. Zeitschrift des allgemeinen österreichischen Apothekervereins 1896. *34*. 738. — Für die Zeit vom 23. August 1896 bis 23. August 1897. Zeitschrift für Nahrungsmittel-Untersuchung, Hygiene und Waarenkunde 1898. *12*. 144. — Für die Zeit vom 1. September 1897 bis 31. August 1898. Oesterreichische Chemiker-Zeitung 1899. *2*. 46. — Für die Zeit vom 1. September 1898 bis 31. August 1899. Revue internationale des falsifications 1900. *13*. 1.

82. Gawalowski, Originelles Substitut für Kaffeebohnen. Zeitschrift für Nahrungsmittel-Untersuchung, Hygiene und Waarenkunde 1896. *10*. 123.

83. A. Willert, Austria-Kaffee. Ebenda 1896. *10*. 123.

84. H. Trillich, Ueber Kaffeemaschinen. Centralblatt für Nahrungs- und Genussmittelchemie sowie Hygiene 1896. *2*. 37 und 57.

85. H. Trillich, Die Regelung des Verkehrs mit Kaffeesurrogaten. Forschungsberichte über Lebensmittel 1896. *3*. 351.

86. Maljean, Ueber geröstete künstliche Kaffeebohnen. Journal de Pharmacie et de Chimie 1896. 352. Jahresbericht der Pharmacie 1896. *31*. 752.

87. Le Turcq de Rosier, Kaffeebrennverfahren. Zeitschrift für angewandte Chemie 1896. 143.

88. C. Hartwich, Ueber Coffea liberica. Schweizerische Wochenschrift für Chemie und Pharmacie 1896. *34*. 473.

89. Georges, Bestimmung des Koffeïns. Journal de Pharmacie et de Chimie 1896. *4*. 58. Chemiker-Zeitung 1896. *20*. Rep. 221.

90. W. A. Puckner, Ueber die Bestimmung des Koffeïns. Journ. of Americ. Chem. Soc. 1896. *18*. 978. Jahresbericht der Pharmacie 1897. *32*. 763.

91. H. Trillich und H. Göckel, Beiträge zur Kenntniss des Kaffees und der Kaffeesurrogate. Forschungsberichte über Lebensmittel 1897. *4.* 78.

92. W. Fresenius und L. Grünhut, Ueber die Bestimmung des Caramelüberzuges mit Zucker gebrannten Kaffees, sowie über die Untersuchung gebrannten Kaffees überhaupt. Zeitschrift für analytische Chemie 1897. *36.* 225.

93. E. Tassily, Ueber die Bestimmung des Koffeïns im Kaffee. Bull. Soc. Chim. Paris 1897. *17.* 761. Chemisches Centralblatt 1897. *II.* 643.

94. E. Tassily, Ueber ein neues Verfahren zur Bestimmung des Koffeïns im Kaffee. Bull. Soc. Chim. Paris 1897. *17.* 766. Chemisches Centralblatt 1897. *II.* 644.

95. F. Coreil, Analyse eines gerösteten Kunstkaffees. Journal de Pharmacie et de Chimie 1897. *6.* 106.

96. A. Juckenack und A. Hilger, Die durch das Rösten hervorgerufenen Veränderungen der Bestandtheile der Kaffeesamen. Forschungsberichte über Lebensmittel 1897. *4.* 119.

97. B. Niederstadt, Der Wassergehalt von Rohkaffee. Forschungsberichte über Lebensmittel 1897. *4.* 141.

98. A. Juckenack und A. Hilger, Studien über die Bestimmung des Koffeïns in den Samen der Kaffeepflanze und in den Theeblättern. Forschungsberichte über Lebensmittel 1897. *4.* 145.

99. Giulio Morpurgo, Färbungen des Kaffees. Giornale di farmacia 1897. 262. Jahresbericht der Pharmacie 1897. *32.* 757.

100. R. Sendtner, Geheimmittel zur Verbesserung des Kaffees beim Rösten (Tannin). 16. Jahresversammlung der freien Vereinigung bayerischer Vertreter der angewandten Chemie 1897. Jahresbericht der Pharmacie 1897. *32.* 760.

101. Josef Jettmar, Unsere Kaffeesurrogate. Chemiker-Zeitung 1897. *21.* Rep. 117.

102. R. Kayser, Beitrag zur Untersuchung von Malzkaffee. Zeitschrift für öffentliche Chemie 1897. *3.* 261.

103. van Hamel, Roos und Harmens, Eichelkaffee. Revue internationale des falsifications 1897. *10.* 95. Jahresbericht der Pharmacie 1897. *32.* 761.

104. A. Forster und R. Riechelmann, Zur Bestimmung des Koffeïns im Kaffee. Zeitschrift für öffentliche Chemie 1897. *3.* 129 u. 235.

105. W. van der Stotten, Homologe des Koffeïns. Apotheker-Zeitung 1897. *12.* 5.

106. Cazeneuve und Haddon, Ueber Kaffeegerbsäure. Journal de Pharmacie et de Chimie 1897. *6.* 59.

107. M. de Nansouty, Verfälschung des Kaffees. Revue internationale des falsifications 1898. *11.* 37.

108. A. Petermann, Erschöpfter und gefärbter Kaffee. Revue internationale des falsifications 1898. *11.* 150.

109. S. Bein, Ein ptomaïnhaltiger Kaffee. Zeitschrift für angewandte Chemie 1898. 658.

110. K. B. Lehmann und F. Wilhelm: Besitzt das Koffeon und die koffeïnfreien Kaffeesurrogate eine kaffeeartige Wirkung. Archiv für Hygiene 1898. *32.* 310.

111. B. Dyer, Ueber Cichorie und Aenderungen in deren Zusammensetzung. Analyst 1898. *23*. 226.

112. H. Jaeckle, Studien über die Produkte der Kaffeeröstung, ein Beitrag zur Kenntniss des sogenannten Kaffeearomas (Kaffeol). Zeitschrift für Untersuchung der Nahrungs- und Genussmittel 1898. *1*. 457.

113. G. Wirtz, Eine neue Kaffeefälschung. Zeitschrift für Untersuchung der Nahrungs- und Genussmittel 1898. *1*. 248.

114. T. F. Hanausek, Bemerkungen zu der Notiz von G. Wirtz: Eine neue Kaffeefälschung. Ebenda 1898. *1*. 399.

115. H. Trillich und H. Göckel, Beiträge zur Kenntniss des Kaffees und der Kaffeesurrogate. II. Die Methoden der Kaffeegerbsäurebestimmung. Zeitschrift für Untersuchung der Nahrungs- und Genussmittel etc. 1898. *1*. 101.

116. P. Siedler, Ueber Kaffee. Berichte der pharmaceutischen Gesellschaft 1898. *8*. 19.

117. P. Siedler, Zur Koffeïnbestimmung und Bestimmung von Alkaloïden mit ammoniakalischem Chloroform. Berichte der deutschen pharmaceutischen Gesellschaft 1898. *8*. 18.

118. A. Ruffin, Fabrikation, Veränderungen und Fälschungen der Cichorien. Ann. chim. anal. 1898. *3*. 114. Zeitschrift für Untersuchung der Nahrungs- und Genussmittel 1898. *1*. 710.

119. H. Trillich, Ueber Kaffee mit thränenförmigen Bohnen. Zeitschrift für öffentliche Chemie 1898. *4*. 542.

120. Giulio Morpurgo, Eine einfache Methode zur Entdeckung der künstlichen Färbungen der Kaffeebohne. Zeitschrift für Nahrungsmittel-Untersuchung, Hygiene und Waarenkunde 1898. *12*. 69.

121. Loock, Fälschung von gebranntem Kaffee. Jahresbericht der öffentlichen Nahrungsmitteluntersuchungsanstalt der Stadt Düsseldorf 1897/98. 14.

122. J. Gadamer, Koffeïnbestimmungen in Thee, Kaffee und Kolapräparaten. Apotheker-Zeitung 1898. *13*. 678. Archiv der Pharmacie 1899. *237*. 58.

123. Brunner und Leins, Die quantitative Bestimmung und Trennung von Koffeïn und Theobromin. Schweizerische Wochenschrift für Chemie und Pharmacie 1898. *36*. 301.

124. C. Schweitzer, Zur Kenntniss der koffeïn- und theobrominhaltigen Glykoside in den Pflanzen. Pharmaceutische Zeitung 1898. *43*. 380 und 389.

125. E. F. Ladd, Vergleich der Koffeïnbestimmungsmethoden. Amer. Chem. Journal 1898. *20*. 866. Zeitschrift für Untersuchung der Nahrungs- und Genussmittel 1899. *2*. 588.

126. E. Hanausek, Glasirter Kaffee. Oesterreichische Chemiker-Zeitung 1898. *1*. 482.

127. T. F. Hanausek, Ueber die Harzglasur des Kaffees. Zeitschrift für Untersuchung der Nahrungs- und Genussmittel 1899. *2*. 275.

128. — Studien über neue Kaffeearten. I. Bourbonkaffee (Kaffee Marron.) Ebenda 1899. *2*. 545.

129. W. L. A. Warnier, Bestimmung von Pentosanen im Kaffee, Thee und Kakao. Rec. trav. chim. Pays-bas 1899. *17*. 377. Chemisches Centralblatt 1899. *I*. 712.

130. W. L. A. Warnier, Beiträge zur Kenntniss des Kaffees. Pharm. Weekbl. 1899. No. 13. Zeitschrift für Untersuchung der Nahrungs- und Genussmittel etc. 1900. *3*. 255.

131. Loock, Altes und Neues vom Kaffee. Zeitschrift für öffentliche Chemie 1899. *5*. 169.

132. E. Bertarelli, Ueber die Verfälschung des gebrannten Kaffees mittels Zusatz von Wasser und Borax. Zeitschrift für Untersuchung der Nahrungs- und Genussmittel 1900. *3*. 681.

133. J. Wolff, Ueber die Zusammensetzung und die Untersuchung der Cichorienwurzel. Ebenda 1900. *3*. 593.

134. J. Wolff, Analyse der Cichorien. Ann. chim. anal. 1899. 157. Zeitschrift für Untersuchung der Nahrungs- und Genussmittel 1900. *3*. 255.

135. C. G. Moor und M. Priest, Kaffeeextrakte, ihre Zusammensetzung und Analyse. Analyst 1899. *24*. 281. Zeitschrift für Untersuchung der Nahrungs- und Genussmittel 1900. *3*. 704.

136. T. Zamnit, Auszug aus dem Berichte über die Nahrungsmittelkontrolle auf der Insel Malta im Jahre 1898. Revue internationale des falsifications 1899. *12*. 84.

137. Dunbar und Farnsteiner. II. Bericht des Hygienischen Instituts über die Nahrungsmittelkontrolle in Hamburg 1897. Chemisches Centralblatt 1899. *1*. 756.

138. G. Bertrand, Ueber die chemische Zusammensetzung des Kaffees von der grossen Comoreninsel. Compt. rend. 1901. *132*. 161.

139. Th. Paul, Untersuchungen über Theobromin und Koffeïn und ihre Salzbildung. Archiv für Pharmacie 1901. *239*. 48 und 81.

140. L. Graf, Ein neues Verfahren zur Herstellung von gebranntem Kaffee. Zeitschrift für öffentliche Chemie 1901. 7. 105.

141. Nicolai, Der Kaffee und seine Ersatzmittel. Vierteljahresschrift für öffentl. Gesundheitspflege 1901. *33*. 294.

142. L. Graf, Ueber Bestandtheile der Kaffeesamen. Zeitschrift für angewandte Chemie 1901. 1077.

B. Lehr- und Handbücher.

143. Friedrich Rochleder, Die Genussmittel und Gewürze in chemischer Beziehung. Wien. Fr. Manz, 1852.

144. Ernst Freiherr v. Bibra, Die narkotischen Genussmittel und der Mensch. Nürnberg. W. Schmidt, 1855.

145. Baron v. Bibra, Der Kaffee und seine Surrogate. München. J. G. Cotta, 1858.

146. A. Chevallier, Du café, son histoire, son usage, son utilité ses altérations, ses succédanés et ses falsifications. Paris. Baillière et fils, 1862.

147. Leon Marchand, Recherches organographiques et organogéniques sur le Coffea arabica. Paris. Baillière et fils, 1864.

148. Th. Peckolt, Der brasilianische Kaffee. Zeitschrift des allgemeinen österreichischen Apothekervereins 1883. No. 13 ff.

149. H. Zippel, Ausländische Handels- und Nährpflanzen zur Belehrung für das Haus und zum Selbstunterricht. Braunschweig. F. Vieweg und Sohn, 1885.

150. H. Boehnke-Reich, Der Kaffee in seinen Beziehungen zum Leben. 2. Aufl. Berlin und Leipzig. Fr. Thiel, 1885.

151. Adolf Brougier, Der Kaffee, dessen Kultur und Handel. München. R. Oldenbourg, 1889.

152. H. Trillich, Die Kaffeesurrogate, ihre Zusammensetzung und Untersuchung. München. M. Rieger, 1889.

153. H. Molisch, Grundriss einer Histochemie der pflanzlichen Genussmittel. Jena. Gustav Fischer, 1891.

154. Karl Lehmann, Die Fabrikation des Surrogatkaffees und des Tafelsenfes. Wien, Pest, Leipzig. A. Hartleben, 1893.

155. Ad. Alfr. Michaelis, Der Kaffee (Coffea arabica) als Genuss- und Heilmittel nach seinen botanischen, chemischen, diätetischen und medicinischen Eigenschaften. Erlangen. Fr. Junge, 1894.

156. James Lee Lodge, Coffee, History, Growth and Cultivation, Preparation, Effect on the system, Medical opinions, Influence on society. London. Simpkin, Marshall, Hamilton, Kent und Co., 1894.

157. Edélestan Jardin, Le caféier et le café. Monographie historique, scientifique et commerciale. Paris. Leroux, 1895.

158. J. Storme und J. Giele, Culture et fabrication de la chicorée à Café. Louvain. Imprimerie des trois rois, 1896.

159. F. W. Dafert, Erfahrungen über rationellen Kaffeebau. Berlin. Paul Parey, 1896.

C. Botanische Abhandlungen.

160. Th. Peckolt. Der Kaffeebaum Brasiliens. Zeitschrift des allgemeinen österreichischen Apothekervereins 1883.

161. van Gorkom, Oostindische Cultuures in betrekking tot handel en nijverheid. Bd. I. Amsterdam (de Bussy), 1884.

162. van Delden-Laërne, Verslag over de Koffiecultuur in America, Azië en Africa. 'sGravenhage, 1884.

163. Tschirch und Oesterle, Anatomischer Atlas der Pharmakognosie und Nahrungsmittelkunde. Leipzig, 1893—1900.

164. Semler's Tropische Agrikultur, 2. Aufl., 1. Bd. (Wismar 1897) S. 218.

165. A. Froehner, Die Gattung Coffea und ihre Arten (Engler's Botanische Jahrbücher 1898. 25).

Thee.

Referent des Ausschusses: Dr. **Hilger**.
Verfasser: Dr. **Mayrhofer**. Dr. **Hilger**.
Nächstbetheiligtes Mitglied: Dr. **Beckurts**.

Charakteristik.

Der Thee besteht aus den getrockneten Blattknospen und Blättern des Theestrauches, Thea chinensis, und seiner verschiedenen Spielarten. Während auf Java, Ceylon und in Indien die gross- und dünnblätterige assamische Varietät: Thea chinensis var. assamica Simon (Assamthee) sowie noch eine Abart, Sana genannt, welche einen noch grösseren Umfang besitzt, kultivirt wird, findet sich in China und Japan vorzugsweise die klein- und dickblätterige Abart des echten Theestrauches. Indischer und Ceylonthee: Länge der ausgewachsenen Blätter 10—14 cm, sammt dem Blattstiel (5—6 mm), und 4—5 cm grösster Breite. Sanablätter werden höchstens bis 23 cm lang (ohne Blattstiel) und 8 cm breit. Chinesischer Thee, Blattlänge 4,5—7 cm, Breite 2—3 cm. Die Blattknospe trägt den Namen Pecco wegen der silberglänzenden Behaarung (von Peh-hán = Milchhaar).

Theesorten: Man unterscheidet im Handel grünen und schwarzen Thee.

Der grüne Thee (wozu auch der gelbe und der Blumenthee der Chinesen gehört) wird in der Weise hergestellt, dass die Blätter sofort nach dem Pflücken und Welken gerollt, in der Sonne getrocknet und dann in Pfannen über Feuer schwach geröstet werden. Der gelbe Thee wird im Schatten getrocknet.

Der schwarze (auch rothe) Thee unterscheidet sich von dem grünen nur durch die Herstellungsweise. Die gepflückten Blätter werden 1 bis 2 Tage sich selbst überlassen, wodurch sie welken und ihre Elasticität verlieren, worauf sie gerollt werden können. Diese noch feuchten gerollten Blätter werden in etwa 2 Zoll dicker Schicht aufgehäuft. Je nach der Temperatur des Raumes tritt nun ein rascher oder langsamer (1—3 Stunden) verlaufender, eigenthümlicher Gährungsvorgang (Fermentirung) ein, durch welchen die Umwandlung der noch rohen Theeblätter zu schwarzem Thee erfolgt; es findet hierbei eine wesentliche Abnahme des Gerbstoffes statt. Nach vollendeter Gährung wird der Thee getrocknet u. s. w.

Die Güte der Theesorten hängt von dem Alter der Blätter ab; die Bezeichnungen der Sorten entsprechen diesen Umständen und bedeuten weder Orts- noch Lagenamen. Im Allgemeinen darf noch mit Hinweis auf die Thatsachen, dass für die Herstellung des Thees die Blattknospen und die ersten 4 entfalteten Blätter gesammelt werden, ausgesprochen werden, dass die Blattknospen und allenfalls Blatt 1 die feinsten Theesorten, die Blätter 2—4 die geringeren Sorten bilden, denen vielfach die Blattknospen vollkommen fehlen.

Ueber die Sortenbezeichnung seien nachstehende kurze Zusammenstellungen beigefügt:

I. Chinesischer Thee.

a) Schwarzer Thee *).

1. Pecco (weisses Haar, Bai-chao weisser Flaum, vergl. S. 46) besteht vorwiegend aus den jüngsten Zweigspitzen mit einem bis zwei ziemlich ausgebreiteten jüngeren noch nicht entfalteten Blättern, ist auf der Oberfläche bräunlichschwarz, auf der Unterseite silberhaarig. Blätter 4 cm lang, 1 cm breit.

2. Padre-Souchong, besteht aus jüngeren Zweigspitzen und mehr ausgewachsenen Blättern, meist nur gefaltet oder schwach gerollt. Die Blätter erreichen bis 6 cm Länge und 2 cm Breite. (Hierher gehört auch der Karawanenthee, welche Bezeichnung früher Berechtigung hatte.)

3. Linki-sam, (kleine 2—3 mm dicke Kügelchen), aus Blattabschnitten bestehend.

4. Campoe, lederbraun, selten gerollte, meist nur im Mittelnerv gefaltete, 4—5 cm lange, 12 mm breite ausgewachsene Blätter, gemengt mit Stengelresten und Zweigspitzen.

5. Souchong, ausgewachsene, 5 cm lange, bis 2 cm breite Blätter, meist fehlt die Blattspitze.

6. Bohe oder Bou-Thee. Ein Gemisch von ausgewachsenen 6 cm langen, bis 16 mm breiten Blättern mit Bruchstücken und wenigen kleinen 18 cm langen jungen Blättern.

7. Congo oder Congfu, ausgewachsene 3—8 cm lange, 12—22 mm breite, braune bis rothbraune Blätter mit Bruchstücken gemengt.

b) Grüner Thee.

1. Songlo oder Singloe. Gedrehte unregelmässige Cylinder von verschiedener Grösse, graugrün.

2. Biny. Grünlich-bläuliche, gedrehte ausgebogene Cylinder, 12 mm lang, 1 mm stark; die Blätter sind bis 2 cm breit, ziemlich ausgewachsen, sehr zart,

---

*) Anmerkung: Tichomirow traf in dem von ihm bereisten Theile von China die verschiedenen Sortenbenennungen des Handels nicht an; die chinesischen Händler in Dzian-ssi unterscheiden unter den besten Sorten der ersten Lese: 1, Bai-chao (weisser Flaum) 2, Chun Za (rother Thee), auch Wulun genannt Die Sorte besteht aus völlig entfalteten jungen Blättern; sie entspricht dem Souchong von Ceylon.

unterseits behaart, längs dem Mittelnerv zusammengefaltet und so gedreht, dass die obere Blattfläche nach aussen kommt.

3. Soulang; der vorhergehenden Sorte ähnlich.

4. Aljofar, Gunpowder. 2,5 cm lange, 12 mm breite junge Blätter oder Blattspitzen von graugrüner Farbe, die mit der Unterseite nach aussen zu linsengrossen Körnern eingerollt sind.

5. Tché, Tschy, Perlthee, Kugelthee, Imperial. Die Kugeln oder unregelmässigen Körner, etwa 6 mm lang und 5 mm breit, grünlich, bestehen aus Zweigspitzen mit den beiden obersten 2,5—4 cm langen, 6—9 mm breiten, seidenhaarigen jungen Blättern, gemengt mit Bruchstücken und grösseren, am Rande kurz gezähnten Blättern.

6. Haysan, Hyson. Die gedrehten Cylinder sind 12—20 mm lang, 3 mm dick und besitzen eine dunkle, graugrüne Farbe.

c) Gelber Thee.

Oolong (Schwarzer Drache). Im Aussehen dem schwarzen Thee sehr ähnlich, besteht derselbe aus den obersten unentfalteten Blattknospen, welche ohne Fermentirung direkt im Schatten getrocknet werden, während der Blumenthee, welcher zumeist aus den oberen, noch fest zusammengerollten Blättchen besteht, an der Sonne oder über freiem Feuer getrocknet wird.

II. Ceylon - Thee.

Ceylon erzeugt nur schwarzen Thee. Die Namen der Handelssorten sind den chinesischen nachgebildet.

1. Pecco, besteht aus den jungen Blättchen mit grauweissen Blattknospen.

2. Chonge-Pecco, mit röthlich gefärbten Bestandtheilen.

3. Pecco-Souchong, eine gröbere Sorte, welche den Uebergang zu dem

4. Souchong, der zweiten Haupttype, bildet.

5. Congou oder Kongo, auch Fanningo, die geringsten Sorten, aus den ältesten und gröbsten Blättern bestehend.

Auch die staubigen Abfälle bei der Sortirung kommen als Theestaub (Dust), Brocken-Pecco und Brocken-Souchong u. s. w. in den Handel.

III. Java - Thee.

a) Schwarzer Thee.

Handelssorten, mit der schlechtesten beginnend, sind: 1. Stof (Staub), 2. Brocken-Tea, 3. Boey, 4. Congo-Boey, 5. Congo, 6. Souchon-Boey, 7. Souchon, 8. Kempoey, 9. Soepoey-Pecco, 10. Oolong, 11. Pecco-Souchong, 12. Pecco, 13. Pecco-Siftengs, 14. Pecco-Dust, 15. Brocken-Pecco, 16. Flowery-Pecco, 17. Orange-Pecco.

b) Grüner Thee.

1. Schesi, 2. Tonkay, 3. Hysant, 4. Uxim, 5. Joosges.

Ergänzend zu dieser Zusammenstellung sei noch darauf hingewiesen, dass die angeführten Namen nicht auf einzelnen, sondern auf einer Menge von im Einzelnen schwer zu kennzeichnenden Merkmalen aufgebaut sind. Vielfach unterscheiden sich die Handelsnamen von den am Gewinnungsorte üblichen Bezeichnungen. Für schwarzen Thee schliessen sich dieselben an die chinesischen Handelstypen: Pecco, Souchong und Congo, an, wobei gleichfalls auf Arten, bezw.

Entwicklung der Knospen und Blätter Rücksicht genommen ist. Bei den grünen Theesorten spielt auch noch die Art der Herstellung eine Rolle. Bei Imperial (länglich gerollte Blätter), Gunpowder und Joosges (beide mit kugelig gerollten Blättern) werden die Blätter stets gerollt. Die besten Sorten werden entweder gar nicht oder nur kurze Zeit dem Welken unterworfen, während die geringeren Sorten eine längere Welkzeit durchzumachen haben.

Erwähnt sei noch der sogenannte Ziegelthee, welcher aus dem Absiebsel, Theestaub, Bruchstücken der Zweigspitzen und Blätter u. s. w. hergestellt und in backstein- oder ziegelartige Formen gepresst wird.

Bestandtheile.

Die Theeblätter enthalten: Wasser, Koffeïn (Theïn), Theophyllin ($C_7H_8N_4O_2$), eine dem Theobromin isomere Base, Spuren von Xanthin, (Adenin), Proteïnstoffe, ätherisches Oel, Fett, Chlorophyll, Wachs, Gummi, Dextrine, Gerbsäuren, Rohfaser, ferner stickstofffreie, nicht näher anzugebende organische Stoffe und Mineralstoffe. Der Gehalt an Koffeïn und Proteïnstoffen nimmt mit der voranschreitenden Wachsthumszeit ab, Tannin und Rohfaser nehmen zu, ebenso das Aetherextrakt, welches vorwiegend aus Koffeïn, Wachs und Gerbstoff besteht, welcher letzterer am Ende der Wachsthumszeit nahezu die Hälfte des Extraktes ausmacht.

Die Stickstoffsubstanz besteht zum grössten Theil aus Proteïnstoffen (70—80 % des Gesammtstickstoffs), während Koffeïn 16—18 %, und die Amidoverbindungen etwa 3—4 % des Gesammtstickstoffs ausmachen.

In Bezug auf den Gehalt an Mineralstoffen ist ein wesentlicher Unterschied zwischen älteren und jüngeren Blättern, soweit die Aschenmenge in Betracht kommt, nicht zu beobachten, wohl aber zeigen sich Verschiedenheiten in der chemischen Zusammensetzung, indem im Allgemeinen die wasserlöslichen Aschenbestandtheile (Kali, Phosphorsäure) mit dem Alter abnehmen, während Kalk, Magnesia, Eisen, Mangan, Natron und Schwefelsäure zunehmen, Chlor und Kieselsäure sich gleich bleiben.

Nachstehende Tabelle soll beiläufig die bis jetzt beobachteten Schwankungen für die Zusammensetzung der Theeblätter zur Anschauung bringen:

Wasser	4—16 %
Stickstoff	2,5— 6 -
Koffeïn	0,9— 4,5 -
Aetherisches Oel	0,5— 1 -
Fett, Chlorophyll, Wachs .	1,3—15,5 -
Gummi, Dextrine	0,5—10,0 -
Gerbstoff	8—26 -
Rohfaser	9,9—15,7 -
Asche	3,8— 8,4 -
Wasserlösliche Bestandtheile	24—40 -

Hierzu ist zu bemerken, dass die für Koffeïn, Gerbstoff und wasserlösliche Bestandtheile gefundenen Werthe nicht Anspruch auf volle Gültigkeit
machen können, da die Verfahren, nach welchen diese Zahlen erhalten wurden, nicht immer genau angegeben sind oder nicht genau übereinstimmende,
daher nicht vergleichbare Werthe ergeben haben. Auch sind Unterschiede
in der Zusammensetzung zwischen grünem und schwarzem Thee vorhanden.

Grüner Thee enthält mehr Gerbstoff, mehr wasserlösliche Bestandtheile und ätherisches Oel, als der schwarze Thee. Ausserordentlich
schwankend sind die Angaben über den Koffeïngehalt; diese Schwankungen
sind vielfach mit veranlasst durch die bei der Untersuchung angewendeten
Verfahren.

Die Zusammensetzung der Asche ist nach J. König im Mittel von
12 Analysen: 34,3 % K_2O, 10,20 % Na_2O, 14,82 % CaO, 5,01 % MgO,
5,48 % Fe_2O_3, 0,72 % Mn_2O_3, 14,97 % P_2O_5, 7,05 % SO_3, 5,04 % SiO_2,
1,84 % Cl. Von diesen Mineralstoffen ist mindestens die Hälfte in Wasser
löslich.

Zufällige Beimengungen und bis jetzt beobachtete Verfälschungen.

Während der Thee von Ceylon und Java ebenso wie die chinesischen
Sorten „gelber Thee" und „Blumenthee" ohne Zusätze in den Handel gebracht werden, soll der schwarze Thee einen Zusatz von duftenden Blumen
erhalten, die später wieder abgesiebt werden, um der Sorte irgend einen
besonderen, gewünschten angenehmen Geruch zu verleihen.

Bei grünem Thee, besonders den feinsten Sorten, werden zur Verpackung bisweilen Blüthen von Osmanthus fragrans und Aglaia odorata
mit verwendet, ohne jedoch unter den Thee gemischt zu werden. Als
Geschmacks-Verbesserungsmittel werden aber Rosenblätter, sowie die
riechenden Samen von Sternanis und die Achänen irgend einer Komposite,
die Tschucholi genannt werden, sowie junge Blätter von Viburnum
phlebotrichum Siebold et Zuccarini von den Chinesen angewendet.

Wirkliche Verfälschungen des Thees scheinen in China hauptsächlich durch Zusatz von Weidenblättern (Salix alba und pentandra)
und von Blättern des sogenannten wilden Thees, einer dem echten Thee
verwandten Pflanze, ausgeführt zu werden. In neuerer Zeit wurden in unzweifelhaft direkt bezogenen chinesischen Theesorten Blätter einer noch
nicht bekannten Stammpflanze gefunden, welche aus China unter der Bezeichnung Imperial-Thee, Peol-Thee, Canon-Theepulver ausgeführt
wird. Diese Blätter enthalten kein Koffeïn; ferner finden Blätter einer
Kamelie, die ebenfalls kein Koffeïn enthalten, Verwendung.

In russischen Theesorten wurden beobachtet: Blätter von Epilobium
angustifolium und hirsutum, Ulmus campestris, Prunus; im sogenannten
Warschauer Thee: Blätter von Prunus spinosa, Fragaria vesca, Fraxinus

excelsior, Ulmus campestris, Sambucus nigra, Rosa canina, Ribes nigrum, sowie bereits ausgekochte Blätter des echten Thees.

Zu den hauptsächlichsten Verfälschungsmitteln des russischen Thees gehört der sogen. Koporische Thee, Koporka oder Iwanthee, auch Iwan-Tschai, der wieder mit erschöpften Theeblättern, dem sogen. Rogoschkischen Thee gemengt wird.

Der Koporische Thee besteht der Hauptsache nach aus den Blättern von Epilobium angustifolium, von Spiraea ulmaria und aus dem jungen Laub von Sorbus aucuparia. Die getrockneten Blätter werden mit heissem Wasser aufgequellt, mit Humus durchgerieben, getrocknet, sodann mit schwacher Zuckerlösung besprengt, abermals getrocknet und schliesslich etwas parfümirt.

Ein hervorragendes Fälschungsmittel bildet aber unzweifelhaft der bereits erschöpfte Thee, dessen Auffärbung und Herrichtung in den stark theetrinkenden Ländern, wie Russland und England, ein Gegenstand der Hausindustrie geworden ist.

Kaukasischer Thee, Batum- oder Abchasischer Thee ist ein Gemenge von bereits erschöpften Theeblättern mit den Blättern von Vaccinium Arctostaphylos.

Der Armenische oder Imorentische Thee ist botanisch nicht bestimmt.

In Südrussland findet stellenweise die türkische Melisse, Dracocephalium moldavicum, Verwendung.

Böhmischer, kroatischer Thee, besteht aus den Blättern von Lithospermum officinale. Auch muss, wie beim kaukasischen Thee, noch auf die Blätter der Vaccinium-Arten hingewiesen werden, welche als Ersatzstoffe für Thee in neuerer Zeit auftreten.

Bourbonischer Thee, auch unter dem Namen Folia Faham vel Faam bekannt, besteht aus den Blättern der vanilleähnlichen, auf Bäumen schmarotzenden Orchidee: Angraecum fragrans, einheimisch auf Madagascar und den Maskarenen.

Als Farbstoffe, welche Anwendung zur Auffärbung des Thees finden, werden genannt:

Berlinerblau, Bleichromat, Karamel, Kampecheholz, Katechu, Indigo, Humus, Kino, Kurkuma, Graphit u. s. w.

Untersuchungsverfahren.

I. Chemische Untersuchung.

Die chemische Prüfung wird sich im Allgemeinen zunächst zu erstrecken haben auf die Bestimmung des Gehaltes an:

    a) Wasser,
    b) Mineralbestandtheilen (Asche und Bestimmung des in Wasser löslichen Theiles derselben),

c) Koffeïn,

d) auf den Nachweis künstlicher Färbung. — Ergänzend zur Seite stehen die Bestimmungen des Gerbstoffes und des wässerigen Extraktes.

a) Bestimmung des Wassers

durch Trocknen bei 100°. (Vergl. Vereinbarungen Heft I, 1.)

b) Bestimmung der Asche

und des in Wasser löslichen Antheils derselben. (Siehe Vereinbarungen Heft I, 17.)

c) Bestimmung des Koffeïns

ist nach den Verfahren von Forster und Riechelmann, oder Hilger und Juckenack auszuführen.

α) Verfahren von Forster und Riechelmann[1]).

20 g Thee werden im gemahlenen Zustande viermal mit Wasser ausgekocht, auf 1000 ccm gebracht, filtrirt und 600 ccm des Filtrates in einem Extraktionsapparat, der in der angegebenen Abhandlung abgebildet ist, in welchen man vorher etwas Chloroform gegeben hat, mit Natronlauge bis zur alkalischen Reaktion versetzt und 10 Stunden mit Chloroform ausgezogen.

Der Chloroformauszug wird in einen Kjeldahl-Kolben gebracht, das Lösungsmittel abdestillirt und die Stickstoffbestimmung nach Kjeldahl ausgeführt. Aus dem Stickstoffgehalt wird durch Multiplikation mit 3,464 das Koffeïn (wasserfrei) berechnet. (Der nach diesem Verfahren bestimmte Koffeïngehalt wird etwas zu hoch gefunden, da im Thee ausser Koffeïn noch kleine Mengen von Theophyllin enthalten sind.)

β) Verfahren von Hilger und Juckenack[2]).

20 g fein zerriebener Thee werden mit 900 g Wasser bei Zimmertemperatur in einem gewogenen Becherglase einige Stunden aufgeweicht und dann unter Ersatz des verdampfenden Wassers vollständig ausgekocht, wozu 1½ Stunden erforderlich sind. Man lässt dann auf 60—80° erkalten, setzt 75 g einer Lösung von basischem Aluminiumacetat (7,5—8%-ig) und während des Umrührens allmählich 1,9 g Natriumbikarbonat zu, kocht nochmals etwa 5 Minuten auf und bringt das Gesammtgewicht nach dem Erkalten auf 1020 g. Nun wird filtrirt, 750 g des völlig klaren Filtrates, entsprechend 15 g Substanz, werden mit 10 g gefälltem, gepulvertem Aluminiumhydroxyd und mit etwas mittels Wassers

---

[1]) Zeitschr. öffentl. Chem. 1897, **3**, 129.

[2]) Forschungsberichte über Lebensmittel etc. 1897, **4**, 49 und 151.

zum Brei angeschütteltem Filtrirpapier unter zeitweiligem Umrühren im Wasserbade eingedampft, der Rückstand im Wassertrockenschrank völlig ausgetrocknet und im Soxhlet'schen Extraktionsapparat 8—10 Stunden mit reinem Tetrachlorkohlenstoff ausgezogen. Als Siedegefäss dient zweckmässig ein Schott'scher Rundkolben von etwa 250 ccm, der auf freiem Feuer über einer Asbestplatte erhitzt wird. Der Tetrachlorkohlenstoff, der stets völlig farblos bleibt, wird schliesslich abdestillirt, das zurückbleibende ganz weisse Koffeïn im Wassertrockenschrank getrocknet und gewogen. Die so erhaltenen Zahlen sind in der Regel ohne Weiteres verwendbar, doch ist es sehr zu empfehlen, die Koffeïnbestimmung immer durch die Stickstoffbestimmung zu kontrolliren (vergl. unter c α).

d) Bestimmung des wässrigen Extraktes.

Falls die Extraktbestimmung geboten erscheint, ist dieselbe in Anlehnung an das von Krauch[1]) für die Unterscheidung von Kaffee und Kaffeeersatzstoffen vorgeschlagene Verfahren mit folgenden Abänderungen auszuführen. 20 g Thee werden auf dem siedenden Wasserbade einen halben Tag lang mit 400 ccm Wasser stehen gelassen, die Masse durch ein gewogenes Filter filtrirt und so lange mit Wasser nachgewaschen, bis die Menge der Filtrates ein Liter beträgt. Aus dem bei 100° getrockneten Filter-Rückstande wird die Extraktmenge unter Berücksichtigung des Wassergehaltes des Thees berechnet.

Es möge bemerkt werden, dass weder obengenanntes noch das von Tichomirow angegebene mikrochemische Verfahren zur Prüfung auf gebrauchten Thee mit Kupfer- und Ferriacetat in der Weise ausgebildet ist, dass es als eine Lösung dieser schwierigen Frage angesehen werden könnte. Auch sei hierbei noch auf die Arbeit von A. Nestler[2]): „Ein einfaches Verfahren des Nachweises von Theïn und seine praktische Anwendung", verwiesen.

e) Bestimmung des Gerbstoffes.

Es wird sich empfehlen, das Verfahren von Eder anzuwenden, da dieses erstens leicht ausführbar ist, keinerlei besonders vorbereiteter Lösungen bedarf und ferner in Hinsicht auf den Werth der Gerbstoffbestimmung in Handelstheesorten genügend genaue Ergebnisse liefert. 2 g Thee werden 3-mal mit je 100 ccm Wasser $\frac{1}{2}$—1 Stunde ausgekocht. Die vereinigten, heiss filtrirten Lösungen werden mit 20—30 ccm einer 4—5%-igen wässerigen Lösung von krystallisirtem Kupferacetat versetzt, der entstehende Niederschlag auf einem Filter gesammelt und mit heissem Wasser ausgewaschen. (Das Filtrat muss grün gefärbt sein, sonst ist zu wenig

---

[1]) Ber. d. deutschen chem. Ges. 1878. **11**. 277. — J. König, Chemie d. menschlichen Nahrungs- und Genussmittel, 3. Aufl. S. 1057.

[2]) Zeitschrift für Untersuchung der Nahrungs- und Genussmittel 1901, **4**, 289.

Kupferacetat angewendet worden.) Der Niederschlag wird getrocknet, ge-
glüht und entweder nach dem Befeuchten mit Salpetersäure durch aber-
maliges Glühen in Kupferoxyd oder durch Glühen mit Schwefel im Wasserstoffstrom in Kupfersulfür übergeführt. 1 g Cu O = 1,3061 Tannin.

f) Nachweis künstlicher Färbung.

Ein systematischer Gang der Untersuchung kann hier nicht angegeben
werden. Es möge auf die zumeist beobachteten S. 51 bereits angegebenen
Färbungsmittel aufmerksam gemacht werden: Berlinerblau, Kampecheholz,
Kurkuma, Bleichromat, Eisensulfat, Gyps, Graphit, Grünspahn, Katechu,
Humus u. s. w.

Theilweise wird sich die Gegenwart metallischer Färbemittel bei
Untersuchnng der Asche zu erkennen geben, welche schwach grünlich gefärbt sein soll (Mangan-Gehalt).

Als Vorproben wären neben der mikroskopischen Untersuchung die
altbekannten Verfahren zu empfehlen: 1. Reiben der feuchten Theeblätter
auf weissem Papier. 2. Reiben der einzelnen Theeblätter aneinander durch
gelindes Schütteln in einem Sieb, wodurch es vielfach gelingt, die an der
Oberfläche haftenden Färbungsmittel theilweise in das Absiebsel überzu-
führen. 3. Auch durch Behandeln der Blätter mit warmem Wasser können
die oberflächlich haftenden Farbtheilchen mitunter abgelöst werden. Man
hängt zu diesem Zweck den Thee in einem Gazebeutelchen in warmes
Wasser und befördert die Ablösung des Farbstoffs durch leichtes Drücken
des Beutelchens. Das auf eine dieser Arten erhaltene Absiebsel oder
der Bodensatz ist näher zu untersuchen.

Kampecheholz und Katechu werden nach Eder folgendermaassen
nachgewiesen: 2 g Thee werden mit Wasser aufgekocht, das Filtrat mit
3 ccm Bleiacetatlösung versetzt und zu diesem Filtrat Silbernitrat gegeben.
Bei Gegenwart von Katechu entsteht ein gelbbrauner, flockiger Niederschlag, während reiner Thee nur eine schwach braune Färbung giebt.

Wird Thee mit Wasser aufgeweicht, so löst sich ein Theil des Kam-
pechefarbstoffes auf; derselbe ist durch sein Verhalten gegen neutrales
Kaliumchromat (durch die schwärzlich blaue Färbung) zu erkennen. Auch
mikroskopisch ist er nachzuweisen.

II. Mikroskopisch-botanische Prüfung.

Für die Beurtheilung der Theeproben wird in den allermeisten
Fällen die botanische Prüfung in erster Linie in Betracht kommen.

Die anatomischen Kennzeichen des Theeblattes bezw. der Knospen
liegen unstreitig in dem Auftreten der Sklereïden und deren Entwickelung,
wobei daran gedacht werden muss, dass, jemehr Blattknospen die Theesorten (Pecco) enthalten, um so weniger Sklereïden zu beobachten sein

werden. Auch ist der Bau und die Beschaffenheit des Blattrandes, der einzelligen Haare für die Erkennung der reinen Waare sehr kennzeichnend. Es darf wohl behauptet werden: je besser die Theesorte ist, desto weniger Sklereïden sind vorhanden.

Kennzeichnung oder Merkmale des Theeblattes.

Da die feinsten Theesorten nur die Blattknospe und höchstens das erste Blatt, die mittleren Sorten dagegen Blatt 1 bis 3 und vereinzelte Knospen enthalten, während die geringsten Sorten aus dem zweiten bis vierten Blatt bestehen und Knospen darin nicht mehr vorkommen, so ist bei der mikroskopischen Prüfung auf die anatomischen Unterschiede dieser Blätter zu achten[1]).

Die Blätter der Blattknospe sind an ihrer Aussenseite von einem dichten Haarfilz bedeckt (daher der Name Pecco = Peh-hán, Milchhaar). Diese Haare, bei Pecco noch dünnwandig und lang, sind mit einem kegelförmigen Fuss der Epidermis eingefügt und biegen sich kurz über derselben im rechten Winkel nach oben, so dass sie der Blattfläche dicht anliegen. Da die Haare sich nicht mehr vermehren, so rücken sie mit zunehmendem Wachsthum der Blätter auseinander, sie stehen bei Blatt 1 schon locker; das ausgewachsene Blatt 4 erscheint dem freien Auge unbehaart und erst mit der Lupe erkennt man die vereinzelt und weit voneinander abstehenden Haare.

Da die längsten Haare späterhin abbrechen, so werden nur bei jungen Blättern Haare von 600—930 μ gefunden. Die Haare der jungen Blätter sind dünnwandig, während die Wand bei Blatt 4 (das besonders in der Sorte Congo sich reichlich findet) bis fast zum Verschwinden des Lumens verdickt ist.

Das Gewebe der jüngsten Blattanlage ist durchweg meristematisch, nur im Mittelnerv ist schon frühzeitig ein zartes Bündel wahrzunehmen, bei der viertjüngsten Blattanlage finden sich ausser dem Bündel der Mittelnerven auch schon einige Sekundärnerven, die Blattoberseite (Innenseite) zeigt bereits deutliche palissadenartige Streckung der subepidermialen Zellreihe. Stomata und Sklereïden sind noch nicht sichtbar, letztere aber in dem die Mittelrippe begleitenden Gewebe angedeutet.

Diese Entwicklung schreitet allmählich vor; die Sklereïden bilden sich, anfangs dünnwandig wie die Zellen des Parenchyms, zwischen welche sie sich einschieben und sie auseinander treiben, nur an der Mittelrippe, während bei Blatt 2 und 3 die Sklereïden nicht nur an der Mittelrippe weiter entwickelt und als Astro-Sklereïden erkennbar sind, sondern auch

---

[1]) Tschirch und Oesterle: Anatomischer Atlas der Pharmakognosie und Nahrungsmittelkunde. Leipzig 1893. Lief. 1 enthält eine ausführliche Beschreibung.

Tichomirow: Zur Frage der Expertise v. gefälschtem u. gebrauchtem Thee, Pharm. Ztg. für Russland. 1890. *29.* 449 u. s. f.

im Blattgewebe die erste Entstehung von Osteo-Sklereïden[1]) zu beobachten ist.

Im Blatt 4 finden sich die Sklereïden des Parenchyms der Mittelrippe bereits getüpfelt und verdickt, ebenso ist das ganze Mesophyll von
der Epidermis der Oberseite bis zur Epidermis der Unterseite von dünnwandigen Sklereïden durchzogen, deren Enden an der Blattoberseite im
Gegensatz zu denen der Unterseite nicht oder nur wenig gegabelt sind.
Für das älteste Blatt im Handelsthee (Blatt 4) ist daher eigenartig die
Gegenwart getüpfelter und stark verdickter Astrosklereïden um die Mittelrippe und trägerartiger, das Mesophyll durchsetzender dünnwandiger
Sklereïden im übrigen Blattgewebe. (Bei noch älteren Blättern treten
weitere Verdickungen auf, die sich bis auf die Sklereïden der Blattfacetten
erstrecken.)

Um sich von der Anwesenheit der Sklereïden zu überzeugen, genügt
es, die in Wasser gequollenen Blattstücke in Chloralhydratlösung einzu-
legen. Blatt 1 besitzt in den Blattfacetten noch keine Sklereïden, in Blatt
3 und 4 finden sie sich bereits in steigender Menge.

Der Blattoberseite fehlen die Haare und die Spaltöffnungen, ihre
Epidermis besteht aus ziemlich dickwandigen isodiametrischen Zellen. Die
Epidermis der Unterseite besteht aus dünnwandigen, kaum wellig ver-
bogenen Zellen, sie enthält zahlreiche Spaltöffnungen mit länglich ovalem,
scharf konturirtem Vorhof (kennzeichnend für Theeblätter). Das Mesen-
chym führt kleine Drüsen von Calciumoxalat.

Sehr kennzeichnend für das Theeblatt ist der Blattrand ausgebildet,
insofern die Blattzähne und die zu ihnen in Beziehung stehende Nervatur
so eigenartig sind, dass daran schon das Theeblatt erkannt werden kann.

Die Blattzähne werden als kleine Höcker angelegt, erscheinen aber
schon in der Knospe als lange keulenförmige Zotten, nehmen bei weiterem
Wachsthum (Blatt 3 u. 4) mehr kegelförmige Gestalt an, schrumpfen dann
öfters zu einem hyalinen Spitzchen ein, welches alsdann abfällt und eine
breite Narbe zurücklässt. Auf diese Zotte hin läuft von weither in
schräger Richtung ein Nerv, dessen Ende sich pinselförmig zertheilt. Die
Nervenendigungen selbst laufen gegen die Ansatzfläche der Zotte schräg
nach oben. Dieser Nerv steht mit den Randnerven des Blattes in anasto-
mosirender Verbindung.

(Bezüglich der botanischen Merkmale der am häufigsten bisher beobachteten als Fälschungsmittel dienenden Blätter sei auf J. Moeller:
Mikroskopie d. Nahrungs- u. Genussmittel. Berlin 1886 und Tichomirow
a. a. O. verwiesen.)

---

[1]) Tschirch: Angewandte Pflanzenanatomie 1889, 302.

Beurtheilung.

Handelsreine Theesorten müssen folgenden Ansprüchen genügen:

1. Fremde pflanzliche Beimengungen dürfen nicht vorhanden sein. Es ist aber selbstverständlich, dass man auf Grund einzelner fremder Bestandtheile einen Thee nicht beanstanden wird.

2. Der Wassergehalt soll 8—12% betragen.

3. Der Aschengehalt soll 8% nicht überschreiten; der in Wasser lösliche Theil der Asche muss mindestens 50% der Gesammtasche betragen.

4. Die Menge des in Wasser löslichen Bestandtheiles der Theeblätter schwankt für verschiedene Theesorten innerhalb sehr weiter Grenzen. Doch soll das wässerige Extrakt für grünen Thee mindestens 29%, für schwarzen Thee mindestens 24% betragen.

5. Der Koffeïngehalt der Handelssorten soll wenigstens 1,0% betragen.

Litteratur:

1. J. M. Eder, Ueber die Bestimmung des Gerbstoffes und die Analyse des Thees. Dingler's polyt. Journal 1878. *229*. 81. Zeitschrift für analytische Chemie 1880. *19*. 106.
2. Peckolt, Studien über den Theestrauch. Zeitschrift des österreichischen Apothekervereins 1884. Archiv der Pharmacie 1885. *223*. 195.
3. A. Hilger, Die Theïnbestimmung in den Theesorten des Handels. Archiv der Pharmacie 1885. *223*. 827.
4. Th. Waage, Vergleichende Bestimmung des Theïns. Archiv der Pharmacie 1887. *225*. 443.
5. A. Lösch, Zur Bestimmung des Theïns in den Theeblättern. Pharmaceutische Zeitung für Russland 1887. *26*. 177.
6. O. Kellner, Zusammensetzung der Theeblätter in verschiedenen Vegetationsstadien. Landwirthschaftliche Versuchsstationen 1887. *33*. 370.
7. A. Kossel, Ueber eine neue Base aus dem Pflanzenreiche (Theophyllin). Bericht der deutschen chemischen Gesellschaft 1888. *21*. 2164.
8. P. H. Paul und A. J. Cownley, Chemische Notizen über Thee. Pharm. Journal and Transactions 1888. (3). 924. Chemiker-Zeitung 1888. *12*. Rep. 225.
9. Bukowski und Alexandrow, Untersuchungen über Thee und dessen Verfälschungen. Revue internationale des falsifications 1888. *I*. 125. Vierteljahresschrift für Nahrungs- und Genussmittel 1888. *3*. 253.
10. Lubelski, Ueber die Kultur und die Verfälschungen des Thees. Revue internationale des falsifications 1889/90. *3*. 88.
11. D. Hooper, Ueber das Tannin im indischen und Ceylon-Thee. Chemical News 1889. *60*. 311.
12. Y. Kozai, Beziehung der Zusammensetzung der unpräparirten grünen und rothen Theeblätter. Journal Tokio Chem. Soc. 1889. *10*. No. 8. Chemiker-Zeitung 1890. *14*. Rep. 109.
13. Riche, Verfälschung des Thees in China. Journal de Pharmacie et de Chimie 1890. *21*. 6. Jahresbericht der Pharmacie 1890. *25*. 509.

14. A. Tichomirow, Zur Frage über die Expertise von gefälschtem und gebrauchtem Thee. Pharmaceutische Zeitung für Russland 1890. *29*. 449.

15. Paul und Cownley, Ueber den Theïngehalt in verschiedenen Theesorten. Pharm. Journal and Transactions 1890. *31*. No. 1048. 61. Jahresbericht der Pharmacie 1890. *25*. 602.

16. E. Collin, Fälschung des Thees in China. Journal de Pharmacie et de Chimie 1890. *21*. 8. Chemisches Centralblatt 1890. *I.* 491.

17. Niederstadt, Fälschungen in Deutschland — Thee. Revue internationale des falsifications 1890/91. *4*. 39.

18. G. L. Spencer, Ein neues Verfahren zur Bestimmung des Theïns im Thee. Journal of analytical Chemistry 1890. *4*. 158. Chemiker-Zeitung 1890. *14*. Rep. 175.

19. F. Vité, Kritische Studien über die Bestimmung des Koffeïns im Thee. Mittheilungen des pharmaceutischen Instituts Erlangen 1890. 3. Heft 113.

20. W. G. Boorsma, Die saponinhaltigen Bestandtheile der Samen von Thea assamica. Dissertation Utrecht. Chemisches Centralblatt 1891. *II.* 489.

21. P. Dvorkovitsch, Untersuchung chinesischer Thees. Berichte der deutschen chemischen Gesellschaft 1891. *24*. 1945.

22. Th. Waage, Komprimirte Vegetabilien und die Theefrage. Pharmaceutische Centralhalle 1891. *32*. 403.

23. Y. Kozai, Untersuchungen über die Bereitung und Analysen verschiedener Theesorten. The Chemist and Druggist 1891. *38*. 832. Jahresbericht der Pharmacie 1891. *26*. 674.

24. B. H. Paul, Ueber die Bestimmung des Koffeïns. Pharm. Journal and Transactions 1891. *21*. 882. Jahresbericht der Pharmacie 1891. *26*. 675.

25. Kornauth, Zur Untersuchung des Thees. Zeitschrift für Nahrungsmittel-Untersuchung, Hygiene und Waarenkunde 1891. *5*. 304.

26. P. Siedler, Bemerkungen zur Bestimmung des Koffeïngehaltes nach B. H. Paul. Pharmaceutische Zeitung 1891. *36*. 364.

27. Th. Waage, Bemerkungen zur Bestimmung des Koffeïngehaltes nach B. H. Paul. Pharmaceutische Centralhalle 1891. *32*. 95.

28. Ed. Hanausek, Zur Prüfung von erschöpftem oder gebrauchtem Thee. Zeitschrift für Nahrungsmittel-Untersuchung, Hygiene und Waarenkunde 1892. *6*. 100 und 231.

29. A. Domergue und A. Nicolas, Analytische Grundlagen für das Studium des Thees und Kaffees. Journal de Pharmacie et de Chimie 1892. 302.

30. W. Seifert, Untersuchung von Theebruch. Zeitschrift für Nahrungsmitteluntersuchung, Hygiene und Waarenkunde 1892. *6*. 100.

31. Th. Waage, Die Beziehungen von Werth und Theïngehalt des Thees. Pharmaceutische Centralhalle 1892. *33*. 503.

32. W. A. Tichomirow, Die Kultur und Gewinnung von Thee auf Ceylon, Java und in China. Pharmaceutische Zeitung für Russland 1892. *31*. 209; 1893. *32*. 209. Vierteljahresschrift für Nahrungs- und Genussmittel 1892. 7. 426.

33. A. H. Allen, Untersuchungen über das Alkaloid des Thees. Pharm. Journal and Transactions 1892. *33*. No. 1159. 213.

34. N. W. Sokolow, Untersuchung und Bestimmung des Theïns im Thee. Chemiker-Zeitung 1892. *16*. 506.

35. P. Cazeneuve und A. Bietrix, Zur Bestimmung des Theïns im Thee. Moniteur scientif. 1892. *6*. 253. Chemiker-Zeitung 1892. *16*. Repert. 133.

36. Jos. Geisler, Eine Analyse von Pekoe-Ceylon Thee. Jahresbericht der Pharmacie 1892. *27*. 727.

37. M. A. Vordermann, Theefälschungen in den niederländischen Kolonien. Revue internationale des falsifications 1892. *5*. 129.

38. Ueber Theefälschungen in Russland. Russkija Wjedomosti 1892. No. 52. Schweizerische Wochenschrift für Chemie und Pharmacie 1892. *30*. 142.

39. A. Bukowsky, Ueber die Fälschung des Thees und ein neues Surrogat desselben. Zeitschrift für Nahrungsmittel-Untersuchung, Hygiene und Waarenkunde 1893. *7*. 340.

40. Ed. Hanausek, Ueber „erschöpften" oder „gebrauchten" Thee und seine Erkennung. Zeitschrift des österreichischen Apothekervereins 1893. *31*. 458. Vierteljahresschrift für Nahrungs- und Genussmittel 1894. *8*. 234.

41. F. A. Flückiger, Neuere Berichte über die Theekultur in China, Ceylon und Java. Forschungsberichte über Lebensmittel 1894. *1*. 196.

42. A. Hilger und A. Tretzel, Der Gerbstoff der Theeblätter. Forschungsberichte über Lebensmittel 1894. *1*. 40.

43. Theefälschung in England. Revue internationale des falsifications 1894/95. *8*. 37.

44. A. Stackmann, Kaukasischer Thee aus Kutais. Zeitschrift für analytische Chemie 1895. *34*. 49.

45. Untersuchung und Beurtheilung von Thee nach dem Entwurf für den Codex alimentarius Austriacus. Zeitschrift für Nahrungsmittel-Untersuchung, Hygiene und Waarenkunde 1895. *9*. 85.

46. Untersuchung und Beurtheilung von Thee nach den Beschlüssen des Vereines Schweizer analytischer Chemiker. Schweizerische Wochenschrift für Chemie und Pharmacie 1895. *33*. 422.

47. Herlant, Ueber die Bestimmung des Theïns in Theeblättern. Documents sur la composition normale des principaux denrées alimentaires. Bruxelles 1895. 204.

48. van Ledden-Hülsebosch, Eine neue Methode zur Bestimmung des Koffeïns im Thee. Pharmaceutische Centralhalle 1895. *16*. 742.

49. Thal, Chemische Untersuchung von Tafelthee. Pharmaceutische Zeitschrift für Russland 1895. *34*. 353.

50. R. Petit und P. Terrat, Ueber die Bestimmung des Koffeïns im Thee. Journal de Pharmacie et de Chimie 1896. *3*. 529. Bulletin de la société chimique 1896. *15*. 811.

51. Ed. Spaeth, Ueber die Fortschritte auf dem Gebiete der Untersuchung und Beurtheilung von Thee, Kakao und Chokolade. Forschungsberichte über Lebensmittel 1896. *3*. 448.

52. Delacour, Eine schnelle Bestimmung des Koffeïns. Journal de Pharmacie et de Chimie 1896. *4*. 11. Jahresbericht der Pharmacie 1896. *31*. 753.

53. Georges, Eine Methode zur Bestimmung des Koffeïns. Journal de Pharmacie et de Chimie 1896. *4*. 58. Jahresbericht der Pharmacie 1896. *31*. 754.

54. E. H. Ganse, Ueber die Bestimmung des Koffeïns im Thee. Journal of the society of chemical industry 1896. *15*. 95. Jahresbericht der Pharmacie 1896. *31*. 754.

55. M. Gomberg, Ueber die Einwirkung von Wagner's Reagens auf Koffeïn und eine neue Methode von Koffeïnbestimmung. Journal of the American chemical society 1896. *18*. 331. Chemisches Centralblatt 1896. *1*. 1084.

56. M. Boukowski, Ueber gefälschten russischen Thee. Revue internationale des falsifications 1896. *9*. 131.

57. G. L. Spencer, Analysen und Prüfung des Thees und seiner Verfälschungen. Revue internationale des falsifications 1897. *10*. 15.

58. C. C. Keller, Bestimmung des Koffeïns im Thee. Berichte der deutschen Pharmaceutischen Gesellschaft 1897. *7*. 105.

59. J. Delaite und H. Lonay, Neue Theefälschung. Revue internationale des falsifications 1897. *10*. 115.

60. F. F. Hanausek, Ueber kaukasischen Thee, nebst Beiträgen zur vergleichenden Anatomie der Vacciniumblätter. Chemiker-Zeitung 1897. *21*. 115.

61. A. Hilger und A. Juckenack, Bestimmung des Koffeïns im Kaffee und Thee. Forschungsberichte über Lebensmittel 1897. *4*. 49.

62. A. Hilger und A. Juckenack, Studien über die Bestimmung des Koffeïns in den Samen der Kaffeepflanze und in den Theeblättern. Forschungsberichte über Lebensmittel 1897. *4*. 145.

63. L. Graf, Ueber den Zusammenhang von Koffeïngehalt und Qualität bei chinesischem Thee. Forschungsberichte über Lebensmittel 1897. *4*. 88.

64. J. Zolcinski, Chemische und pharmakognostische Untersuchung einiger billiger Sorten schwarzen chinesischen Thees. Zeitschrift für analytische Chemie 1898. *37*. 365.

65. K. B. Lehmann und B. Tendlau, Kommt den flüchtigen aromatischen Bestandtheilen des Thees (Theeöl) eine nachweisbare Wirkung auf den Menschen zu? — Archiv für Hygiene 1898. *32*. 327. Zeitschrift für Untersuchung der Nahrungs- und Genussmittel etc. 1898. *1*. 708.

66. P. van Romburgh und C. E. F. Lohmann, Untersuchungen über den auf Java kultivirten Thee IV. — Verslag omtrent den Staat van's Lands Plantentuinte Buitenzorg over het jaar 1896. Batavia 1897. Bijlage I, II. Zeitschrift für Untersuchung der Nahrungs- und Genussmittel etc. 1898. *1*. 213; 1899. *2*. 290.

67. E. F. Ladd, Vergleich der Methoden der Koffeïnbestimmung. Americ. Chem. Journal 1898. *20*. 866.

68. Gadamer, Ueber Koffeïnbestimmungen in Thee, Kaffee und Kola. Archiv der Pharmacie 1899. *237*. 58.

69. Charles Estcourt, Ueber Kaperthee. Analyst 1899. *24*. 30. Zeitschrift für Untersuchung der Nahrungs- und Genussmittel etc. 1899. *2*. 890.

70. H. Trillich, Ueber Fa-am Thee. Zeitschrift für Untersuchung der Nahrungs- und Genussmittel etc. 1899. *2*. 348.

71. J. White, Ueber Kaperthee. Analyst 1899. *24*. 117. Zeitschrift für Untersuchung der Nahrungs- und Genussmittel etc. 1900. *3*. 257.

72. A. Beythien, P. Borisch und J. Deiter, Beiträge zur chem. Untersuchung des Thees. Zeitschrift für Untersuchung der Nahrungs- und Genussmittel etc. 1900. *3*. 145.

73. Eugen Collin, Ueber chinesischen Thee und einige Surrogate desselben. Journal de Pharmacie et de Chimie 1900 (6). *11*. 15 u. 52.

74. A. Nestler, Einfaches Verfahren des Nachweises von Theïn und seine praktische Anwendung. Zeitschrift für Untersuchung der Nahrungs- und Genussmittel etc. 1901. *4*. 289.
75. A. Nestler, Der direkte Nachweis des Cumarins und Theïns durch Sublimation. Berichte der Deutschen Botanischen Gesellschaft 1901. *19*. 350.

Lehr- und Handbücher.

76. J. Moeller, Mikroskopie der Nahrungs- u. Genussmittel. Berlin 1886. J. Springer.
77. F. A. Flückiger, Pharmakognosie des Pflanzenreichs. 3. Aufl. Berlin 1891. Gärtner.
78. A. Tschirch, Indische Heil- und Nutzpflanzen und deren Kultur. Berlin 1892.
79. P. Watt, Die Theekultur in Britisch Indien. Dictionary of the Economic Products of India. London 1893. VI. Part 3, 417. [Von E. Watt auch monographisch bearbeitet.]
80. W. A. Tichomirow, Die Kultur und Gewinnung des Thees auf Ceylon und in China. Moskau 1893.
81. K. W. van Gorkom, Thee. Koloniaal Museum. 2. Aufl. Haarlem. De Erven Loosjes. 1897.
82. David Crole, Tea, a text book of tea planting and manufacture. London 1897. Crosby Lockwood & son.
83. Tschirch und Oesterle, Anatomischer Atlas der Pharmakognosie und Nahrungsmittelkunde. Leipzig 1900. Tauchnitz
84. A. Beitter, Neuere Erfahrungen über Koffeïnbestimmungen. Berichte der Deutschen pharmaceutischen Gesellschaft 1901, **11**, 339.

Mate oder Paraguay-Thee.

Referent des Ausschusses: **A. Hilger.**
Verfasser: **Dr. W. Busse.**
Nächstbetheiligtes Mitglied: **Dr. J. Mayrhofer.**

Unter „Mate" versteht man ein theeartiges Getränk, welches sich in Südamerika, besonders in Paraguay, Argentinien und Brasilien einer weiten Verbreitung und grossen Beliebheit erfreut und welches vornehmlich aus den Blättern und jungen Zweigen einer Aquifoliacee, Ilex paraguayensis St. Hil., der sogenannten „Herva" oder „Yerba Mate" hergestellt wird. Im weiteren Sinne werden auch die Pflanzentheile, welche zur Bereitung des Mategetränkes dienen, kurzweg als „Mate"[1]) bezeichnet. Während der Mate in Südamerika sowohl von den Eingeborenen, wie auch von den eingewanderten Europäern in grossem Umfange genossen wird, spielt er in Europa nur eine untergeordnete Rolle.

Verschiedene Sorten. Die im europäischen Handel auftretenden Matesorten bestehen nicht, wie man früher allgemein annahm, ausschliesslich aus Blättern und Stengeln von Ilex paraguayensis St. Hil., der sogenannten „echten" Matepflanze, sondern auch andere, ungefähr in den gleichen Gebieten Südamerikas heimische Arten der Gattung Ilex sind an der Lieferung dieses Erzeugnisses betheiligt. Doch wird allgemein angenommen, dass die Blätter von Ilex paraguayensis die werthvollsten seien. Der echte Matebaum ist zu Hause in den südbrasilianischen Provinzen Rio Grande do Sul, Sta. Catharina, Paraná, St. Paulo und Minas Geraes, auch im südlichen Matto Grosso, ferner in der argentinischen Provinz Corrientes und anderen Gebietstheilen Argentiniens, und vor Allem in Paraguay. Die von der Matepflanze häufig gebildeten Wälder oder Haine werden „Yerbales", in Brasilien „Hervaes" genannt. Als volksthümliche Benennungen sind in Brasilien ausser den schon genannten noch gebräuchlich: „Congonha", „Herva da Congonha", „Congonhas", in Argentinien: „Congoin", „Concoinfé", in Paraguay: „Caaguazu" (Caa = Blatt).

---

[1]) Ursprünglich war „Mate" nur der Name des Gefässes (einer Calebasse), welches zur Bereitung des Getränkes verwendet wurde.

Ausser Ilex paraguayensis St. Hil. kommen noch etwa 12 Ilex-Arten als Matepflanzen in Betracht, welche sämmtlich aufzuführen hier nicht erforderlich ist, da ihre Erzeugnisse nur in bescheidenstem Umfange nach Deutschland gelangen und über die Ausdehnung ihres Gebrauches überhaupt nur ungenügende Mittheilungen vorliegen. Gegebenen Falles wird man in den ausgezeichneten Studien Loesener's (s. u.) die nöthigen Auskünfte finden.

Die Bereitung des Mate für den Gebrauch beschränkt sich in Paraguay im Wesentlichen auf einen mehrtägigen Röstvorgang, welcher durch ein unter den frisch gesammelten Zweigen unterhaltenes Holzfeuer bewirkt wird. In Brasilien lässt man die Blätter zuerst anwelken, indem man die Zweige schnell durch ein offenes Feuer zieht; dann werden die Blätter abgestreift und ebenfalls über freiem Feuer einem Schwitzvorgang unterworfen. Die trockene Waare wird darauf entweder zerstampft oder mit Holzschlägern zerschlagen oder auch in besonderen Mühlen fabrikmässig zerkleinert. In neuerer Zeit hat man in einigen Mate-Bezirken, z. B. in Paraná, das alteingebürgerte Verfahren der Matebereitung durch eine Behandlung ersetzt, wie sie bei der Erntebereitung des grünen chinesischen Thees gehandhabt wird und welche einen wesentlichen Fortschritt darstellt. Das offene Holzfeuer wird dabei durch eiserne Pfannen ersetzt. Durch das mehrtägige Erhitzen über freiem Feuer erhält nämlich die Waare meist einen unangenehmen rauchigen Beigeschmack, der beim Rösten auf Pfannen kaum entstehen kann, und gerade dieser ist in erster Linie die Ursache, weshalb die allgemeinere Einführung des Mategetränkes in Europa sich bisher nicht hat ermöglichen lassen.

Die Handelswaare stellt entweder ein grobes Pulver dar oder sie besteht aus feiner oder gröber zerkleinerten Blättern, Stielen und Stengeltheilen. Die besten Sorten bestehen vorwiegend aus den Seitentheilen jüngerer Blätter und enthalten nur wenig Blattrippen und Stieltheilchen, während in den geringeren Sorten ältere Blätter einschliesslich der Mittelrippen und Stiele vorherrschen. Niemals kommen ganze oder in grössere Stücke zerbrochene Blätter in der Handelswaare vor.

Zufällige Beimengungen und bis jetzt beobachtete Verfälschungen.

Bisweilen finden sich im Mate die pfefferkorngrossen Früchte von Ilex paraguayensis vor. Auch die Blätter anderer Ilex-Arten werden in vielen Fällen als unabsichtliche Beimengungen zu betrachten sein. Von den in der Litteratur aufgeführten Verfälschungen fremder Abstammung sind in neuerer Zeit mit Sicherheit nachgewiesen worden: die Blätter von Villarezia Gongonha (DC.) Miers, einer Pflanze aus der Familie der Icacinaceen, welche in einigen Gebieten Südamerikas unter dem Namen „Gongonha" oder „Congonha", „Yapon", „Mate" oder „Yerva de palos" bekannt ist, und ferner eine Reihe von Symplocus-Arten. Auch Myrsine- und Canella-Arten können noch in Frage kommen.

Chemische Bestandtheile.

Die Blätter von Ilex paraguayensis enthalten als wichtigsten Bestandtheil Koffeïn, ferner Kaffeegerbsäure, verschiedene Harze, Fett und Wachs, Stärke, Proteïnstoffe, Glukose, Citronensäure (Kletzinsky), Cholin (Kunz-Krause), geringe Mengen eines amorphen Glukosids (Byasson), Spuren ätherischen Oeles, Vanillin (Polenske und Busse) und erhebliche Mengen von Mineralstoffen. Der Koffeïngehalt der Mateblätter bewegt sich nach den vorliegenden Analysen zwischen weiten Grenzen: 0,13 bis 1,85 %. In den Stengeln von Ilex paraguayensis fand Siedler 0,52 % Koffeïn.

Der Gerbstoff der Mateblätter, welcher von einzelnen Untersuchern für eine besondere „Mategerbsäure" gehalten wurde, ist nach den Untersuchungen von Rochleder und von Kunz-Krause die nämliche Gerbsäure wie die Kaffeegerbsäure. Nach früheren Analysen schwankt der Gerbsäuregehalt zwischen 4—20 %; neuerdings fanden Polenske und Busse in vier Proben 6,68—9,59 % und Alexander-Katz in zwei Proben 7,60 und 7,74 % Gerbstoff.

Der Aschengehalt[1]) schwankt nach den vorliegenden Untersuchungen zwischen 4 und 10 %; die Asche ist reich an Mangan. Mate ist überaus reich an wasserlöslichen Bestandtheilen, welche von verschiedenen Untersuchern zu 30—36 % bestimmt wurden; der wässerige Auszug enthält 4—5 % wasserlösliche Mineralbestandtheile, vorwiegend aus Kalium- und Magnesiumsalzen bestehend. Analysen der Blätter von Ilex paraguayensis und von Matesorten des Handels finden sich bei König (Chemie der menschlichen Nahrungs- und Genussmittel Bd. I, 4. Aufl., 1018) und in den unten genannten Arbeiten von Peckolt, Kunz-Krause, Siedler, Polenske und Busse, sowie Alexander-Katz. Untersuchungen von Blättern anderer Matepflanzen sind bisher nur von Peckolt ausgeführt worden. Er fand in den Blättern von Ilex cuyabensis Reiss., der „Congonha de folha grande" der Brasilianer, nur 0,05 % Koffeïn und gewann aus diesen Blättern eine neue Säure „Congonhasäure", ferner auch Saponin[2]).

Untersuchung und Beurtheilung.

I. Die chemische Prüfung wird sich in den meisten Fällen auf die Bestimmung des Koffeïns und des Gerbstoffes, allenfalls noch des wässe-

---

[1]) Aschenanalysen s. Kunz-Krause, S. 625 der unten citirten Arbeit.

[2]) Die von Peckolt analysirte Ilex sorbilis Reiss. ist gleich I. paraguayensis St. Hil.

rigen Extraktes und der Asche zu erstrecken haben. Bezüglich der Koffeïn-bestimmung sei auf das im Abschnitte „Thee", S. 52, Gesagte verwiesen. (Vergl. dazu auch Siedler und Polenske-Busse.) Für die Gerbstoff-bestimmung lässt sich das beim Thee gebräuchliche Eder'sche Verfahren nicht anwenden, da die Mategerbsäure keine Kupfersalze von einheit-licher Zusammensetzung, sondern stets Gemische verschiedener Verbin-dungen liefert; dasselbe gilt für die Bleisalze. Daher benutzt man am besten das bewährte gewichtsanalytische Verfahren v. Schroeder's[1]), das auf der Bindung des Gerbstoffs durch Hautpulver beruht und bei sorgfältiger Ausführung die zuverlässigsten Ergebnisse liefert.

Grenzzahlen für die Beurtheilung von Mateproben lassen sich vor-läufig nicht aufstellen, da die bisherigen Untersuchungen theilweise nach unzuverlässigen Verfahren ausgeführt worden sind.

II. Bei der mikroskopischen Prüfung handelt es sich in den meisten Fällen nur darum, nachzuweisen, ob die Waare lediglich aus Theilen der Matepflanzen besteht oder ob sie fremde Beimengungen enthält.

Die Blätter von Ilex paraguayensis sind länglich oder verkehrt eiförmig, selten unter 5 cm lang, keilförmig in den Blattstiel verschmälert, am Rande entfernt kerbig gesägt. Die Mittelrippe ist oberseits gar nicht oder nur wenig eingedrückt, die Oberseite ist nur wenig dunkler als die Unter-seite, schwarze Punkte („Korkpunkte") auf der Unterseite fehlen entweder ganz oder sind nur selten vorhanden. Die jungen Aeste und Blätter sind manchmal unterseits mehr oder weniger behaart, sonst kahl.

Als mikroskopische Merkmale sind zu erwähnen:

Die Epidermis der Blattoberseite stellt sich auf dem Flächen-schnitte als aus vier- bis achteckigen Zellen mit geraden oder wenig ge-bogenen Zellen bestehend dar. Die Cuticula ist mehr oder weniger ge-streift; die Streifen laufen unregelmässig maschenförmig oder wellenförmig über mehrere Zellen hinweg. Ueber den Nerven ordnen sich die Epi-dermiszellen zu regelmässigen Reihen an und die Cuticulastreifen laufen fast parallel in der Längsrichtung. Auf Querschnitten erscheint die Epi-dermis vorwiegend einschichtig, die Zellen sind meist höher als breit oder ungefähr quadratisch. Die Cuticula ist deutlich dünner als die Lumina der Epidermiszellen in senkrechter Richtung. Die Dicke der ganzen Epidermis beträgt meist weniger als die Hälfte der Dicke des Assimilationsgewebes. Letzteres ist vorwiegend zweischichtig, bei alten Blättern auch 3—4-schichtig. Das Schwammparenchym führt an der Grenze des Palissadenparenchyms häufig Calciumoxalatdrusen. Die Epidermis der Blattunterseite zeigt auf Flächenschnitten 4—6-eckige Zellen mit meist geraden, wenig verdickten Wänden und abgerundeten Ecken und meist dicht und unregelmässig ver-

---

[1]) Vergl. Böckmann, Chemisch-Technische Untersuchungsmethoden, 3. Aufl., Bd. II, S. 528 ff.

laufende Cuticulastreifen. Die Schliesszellen der Spaltöffnungen besitzen 3—6 Nebenzellen.

Die dem Mate beigemischten Stengeltheile besitzen eine verhältnissmässig schmale Rinde ohne Korkbildung und einen breiten strahligen Holzkörper. Die Rinde wird von einer Epidermis begrenzt, deren Zellen eine stark verdickte Aussenwand besitzen. In der Rinde erkennt man einen schmalen Ring abwechselnder Gruppen von Bastfasern und Sklereïden. Die Zellen des Markkörpers sind dickwandig und reich getüpfelt.

Die mikroskopische Unterscheidung der Blätter von anderen, bisher im Mate gefundenen Ilexarten wird im Allgemeinen für den Nahrungsmittelchemiker nicht von Belang sein. Wer sich damit zu beschäftigen hat, wird den von Loesener[1]) ausgearbeiteten Bestimmungsschlüssel nicht entbehren können. Gegebenen Falles könnte der Nachweis der Ilex amara, der sogenannten „falschen Matepflanze" oder „Caúna" von einiger Bedeutung sein; denn der Thee aus den Blättern dieser Art soll schädliche Wirkungen auf den Organismus (Uebelkeit und Leibschmerzen) hervorrufen, weshalb die Beimischung der „Caúna" in einigen Gebieten Brasiliens bei Strafe verboten ist. Selten dürfte der Nachweis fremdartiger Beimengungen (Villarezia- und Symplocus-Blätter u. a.) in Frage kommen. Auch hierfür giebt Loesener Anhaltspunkte; die anatomischen Verhältnisse der Blätter von Villarezia Gongonha sind neuerdings auch von A. Vogl ausführlich beschrieben worden[2]).

Litteratur:

1. Rochleder. Ueber die Säure der Blätter von Ilex paraguayensis. Liebig's Annalen 1848, *66*, 39.

2. Th. Peckolt. Mate. Paraguaythee. Zeitschrift des Allgemeinen Oesterreichischen Apotheker-Vereins 1882. No. 19 ff.

3. J. Moeller. Mikroskopie der Nahrungs- und Genussmittel. 1886. 43. J. Springer.

4. Collin. Du maté ou du thé du Paraguay. Journal de Pharmacie et de Chimie. 1891. *24*, 337. Jahresberichte der Pharmacie 1891, *26*, 34.

5. Kunz-Krause. Beitrag zur Kenntniss von Ilex paraguayensis (Mate) und ihrer chemischen Bestandtheile. Archiv der Pharmacie 1893, *231*, 613.

6. Alexander-Katz. Zur Untersuchung von Mate. Centralblatt für Nahrungs- und Genussmittelchemie. 1896, *2*, 261.

7. Th. Loesener. Beitrag zur Kenntniss der Matepflanzen. Berichte der Deutschen Pharmaceutischen Gesellschaft 1896, *6*, 203.

8. Th. Loesener. Ueber Ilex paraguayensis St. Hil. und einige andere Matepflanzen. Notizblatt des Botanischen Gartens und Museums. Berlin. 1897, *1*, 314.

9. Th. Loesener. Nachträge zu meiner früheren Arbeit. Daselbst 1898, *2*, 12.

---

[1]) Berichte der Deutschen Pharmaceutischen Gesellschaft 1896, 232 ff. Vergl. auch Polenske-Busse und Cador.

[2]) A. Vogl: Die wichtigsten vegetabilischen Nahrungs- und Genussmittel S. 269.

10. Warburg. Yerba Mate. In Semler's „Tropische Agrikultur" 2. Aufl. Bd. I. 567. Hinstorf, Wismar 1897.

11. C. Jürgens. Ueber Kultur und Gewinnung des Mate. Notizblatt des Botanischen Gartens und Museums. Berlin 1898, *2*, No. 11.

12. P. Siedler. Zur Einführung des Paraguay-Thees. Berichte der Deutschen Pharmaceutischen Gesellschaft 1898, *8*, 328.

13. Polenske und Busse. Beitrag zur Kenntniss der Matesorten des Handels. Arbeiten aus dem Kaiserlichen Gesundheitsamt 1898, *15*, 171.

14. A. Vogl. Die wichtigsten vegetabilischen Nahrungs- und Genussmittel. (Berlin und Wien 1899) 267.

15. L. Cador. Anatomische Untersuchung der Mateblätter unter Berücksichtigung ihres Gehaltes an Theïn. Botanisches Centralblatt. 1900, *84*, 241.

16. M. Kendrick und D. Harris. Beobachtungen über Mate oder Paraguaythee. Pharm. Journal 1898, 1464, 53. Zeitschrift für Untersuchung der Nahrungs- u. Genussmittel 1899, *2*, 290.

17. — Ueber den Paraguay-Thee (auch Yerba Mate genannt). Pharmaceutisches Centralblatt 1900, *41*, 638.

Kakao und Chokolade.

Referent des Ausschusses: **Dr. Hilger.**
Verfasser: **Dr. Beckurts.**

Vorbemerkungen.

1. Die sog. Kakaobohnen sind die Samen des Kakaobaumes (Theobroma Cacao). Dieselben, liegen in einer gurkenähnlichen, 10—15 cm langen und 5—7 cm dicken Frucht zu etwa 25 in einem röthlichgelben Fruchtmuse eingebettet, sind im frischen Zustande weiss und werden beim Trocknen braun. Die vom Fruchtfleische befreiten Samen werden entweder direkt an der Sonne getrocknet oder zuvor in Haufen, auch in Butten, aufeinander geschichtet, einer Gährung, dem sogenannten Rotten, unterworfen und dann getrocknet.

Die nur getrockneten Samen besitzen einen etwas herben und bitteren Geschmack, während der Geschmack der zuvor gerotteten Bohnen ein milder, aromatischer ist.

Zu den wichtigsten Bestandtheilen der Kakaobohne gehören: Theobromin, Koffeïn, Fett, Proteïnstoffe, Stärke, Gerbstoff, Farbstoff, Mineralbestandtheile. Farbstoff, Theobromin und Koffeïn dürften nicht als solche vorgebildet in den Kakaobohnen vorhanden sein, sondern beim Rösten der Bohnen aus einem Glykoside entstehen, welches nach A. Hilger durch heisses Wasser, verdünnte Säuren und diastatisches Ferment in Glukose, Kakaoroth und ein Gemenge von Theobromin und Koffeïn gespalten wird.

Nach H. Weigmann[1]) besitzen die Kakaobohnen die folgende durchschnittliche Zusammensetzung:

---

[1]) Vergl. J. König: Chemie d. menschl. Nahrungs- u. Genussmittel. I. Bd. 1889. S. 1019. — Beiträge zur chemischen und pharmakognostischen Kenntniss der Kakaobohnen von H. Beckurts u. C. Hartwich. Archiv der Pharmacie 1892, **230**, 589. — Beiträge zur chemischen Kenntniss der Kakaobohnen von H. Beckurts: Archiv der Pharmacie 1893, **231**, 687.

	Rohe, ungeschälte Bohnen	Ungeschälte, gebrannte Bohnen	Geschälte u. gebrannte Bohnen	Verknetete Kakaobohnen- masse
Wasser	7,93 %	6,79 %	5,58 %	4,16 %
Stickstoffsubstanz (einschl. Theobromin)	14,19 -	14,13 -	14,13 -	13,97 -
Theobromin + Koffeïn . .	1,49 -	1,58 -	1,55 -	1,56 -
Fett	45,57 -	46,19 -	50,09 -	53,03 -
Stärke	5,85 -	6,06 -	8,77 -	9,02 -
Sonstige stickstofffreie Extraktstoffe	17,07 -	18,07 -	13,91 -	12,79 -
Rohfaser	4,78 -	4,63 -	3,93 -	3,40 -
Asche	4,61 -	3,87 -	3,45 -	3,46 -

Der Gehalt an Theobromin ist, wohl je nach dem angewendeten Verfahren, sehr verschieden angegeben — nach Wolfram's und Weigmann's Verfahren schwankt er zwischen 1,2—1,7 % in den enthülsten Bohnen, nach Beckurts' Verfahren zwischen 0,8 und 2,2 %. Der Fettgehalt der rohen ungeschälten Bohnen beträgt 41—48 %, der geschälten und gebrannten Bohnen 48—55 %; in letzteren schwankt der Stärkegehalt zwischen 7—10 %.

Kakao wird aus den Bohnen hergestellt, welche nach dem Rösten von den Keimen und Schalen befreit und unter Erwärmen auf 70—80° zu einer gleichförmigen Masse, der sogenannten Kakaomasse, dem Ausgangsstoff für die verschiedenen Kakaowaaren, sehr fein verrieben werden.

Kakaomasse ist demnach ein durch Erwärmen und Mahlen aus den gerösteten und enthülsten Kakaobohnen hergestelltes und in Formen gebrachtes Erzeugniss.

Entölter Kakao, Kakaopulver, löslicher Kakao, aufgeschlossener Kakao sind fast gleichbedeutende Bezeichnungen für eine in Pulverform gebrachte Kakaomasse, nachdem dieser durch Auspressen bei gelinder Wärme ungefähr die Hälfte des ursprünglichen Fettgehaltes entzogen wurde. Indessen wird nur ausnahmsweise dieses unveränderte Kakaopulver in den Handel gebracht. Fast in allen Kakaofabriken wird die Masse mit kohlensaurem Natrium oder kohlensaurem Kalium (holländisches Verfahren) oder mit Ammoniak, kohlensaurem Ammonium oder einem Gemenge dieser verschiedenen Alkalien und Magnesia verrieben; auch wird mittels Dampfdruckes und anderer geeigneter Verfahren diese sogen. Aufschliessung herbeigeführt. Hierdurch wird eine Aenderung der mechanischen Struktur des Kakaos bewirkt, es setzen sich nach dem Uebergiessen des Kakaopulvers mit kochendem Wasser die unlöslichen Bestandtheile nicht so schnell zu Boden, als ohne jede Behandlung mit Alkalien; diese veränderte Eigenschaft des Kakaos wird von den Fabrikanten als „Löslichkeit" bezeichnet. Einzelne Fabriken setzen die mechanisch vorbereiteten Bohnen einem hohen Dampfdrucke aus und bewirken hierdurch nicht nur eine bessere

Löslichkeit in dem soeben erwähnten Sinne, sondern es werden die Nähr-stoffe dadurch thatsächlich zum Theil in eine löslichere Form übergeführt.

Chokolade ist eine Mischung von Kakaomasse mit Zucker nebst einem bis zu 1 % ansteigenden Zusatz von Gewürzen.

Manche Sorten von Chokolade erhalten ausserdem einen Zusatz von Kakaoöl (Kakaobutter).

2. Zufällige Beimengungen und Verfälschungen.

Puder-Kakao und billigere Chokoladensorten werden, ohne dass dies aus der Bezeichnung hervorgeht, wie es bei anderen Sorten, z. B. beim Sago-Kakao, Hafer-Kakao, Eichel-Kakao u. s. w. der Fall ist, bisweilen mit Mehl versetzt und bei grösseren Zusätzen von Mehl bisweilen ausserdem mit Bolus oder Eisenoxyd (Oker) oder sonstigem Farbstoff gefärbt. Ferner dienen fein zerriebene Kakaoschalen zur Fälschung von Choko-lade. Weit häufiger kommt ein theilweiser Ersatz des Kakaofettes bei der Bereitung von Chokolade durch billigere Fette vor, z. B. durch thierische Fette (wie den flüssigen Antheil von Rindstalg) und pflanzliche Fette aller Art (Kokosbutter, Sesamöl, Baumwollsaatöl) oder durch Gemische daraus (Margarine). Auch ein übermässiger Zusatz von Zucker kann unter Um-ständen als Fälschung der Chokolade angesehen werden. Während die besseren Sorten von Chokolade 50 % Kakaomasse enthalten, sinkt dieser Gehalt bei den billigeren Chokoladen wesentlich unter diese Grenze.

Von Gewürzen werden sehr verschiedene Stoffe genommen. An Stelle der Vanille oder des Vanillins verwendet man nicht selten: Perubal-sam, Tolubalsam, Storax, Benzoë.

Gesichtspunkte für die Untersuchung.

Die chemische Untersuchung wird sich zumeist erstrecken auf die Bestimmung des Gehaltes an Wasser, Asche, Fett und dessen Reinheit, Stärke, event. Zucker. Diesen Bestimmungen wird sich von Fall zu Fall anreihen die Feststellung des Gehaltes an Theobromin (Koffeïn), Gerbstoff, Rohfaser, und die mikroskopische Untersuchung.

I. Ausführung der chemischen Untersuchung, Probenentnahme.

Die Probenentnahme hat an verschiedenen Stellen oder von ver-schiedenen Stücken bezw. aus dem Inhalt verschiedener Gefässe des Vor-raths so zu erfolgen, dass die entnommene Probe einem guten Durchschnitt entspricht. Die Verpackung geschieht in kleinen Pappschachteln oder Gläsern mit Korkstöpseln, so dass während des Versandes und der Auf-bewahrung weder Wasserverlust eintreten, noch Feuchtigkeit angezogen werden kann.

Bei der chemischen Untersuchung ist darauf zu achten, dass die zur Untersuchung gelangende Probe möglichst fein gepulvert ist.

a) *Bestimmung des Wassers.* 5 g der Substanz werden nach den Allgemeinen Untersuchungsmethoden (Heft I S. 1) getrocknet.

b) *Bestimmung der Asche.* Bei der Aschenbestimmung gelten die allgemeinen Bestimmungen Heft I S. 17, wobei noch zu erwähnen ist, dass ein nochmaliges Glühen der Asche nach vorherigem Befeuchten mit kohlensäurehaltigem Wasser hier zweckmässig ist.

c) *Bestimmung des Fettes.* 5 — 10 g Kakaopulver werden mit gleichen Theilen Sand verrieben nach Heft I S. 5 mindestens 16 Stunden lang mit Aether ausgezogen. Bei zuckerreichen Kakaowaaren wird der Zucker zweckmässig zuvor auf einem Filter durch Auswaschen mit Wasser beseitigt, der Filterinhalt nach dem Trocknen mit dem Filter in die Patrone gegeben und mit Aether wie vorhin ausgezogen. Die geringen Mengen von Theobromin, welche durch den Aether gelöst werden, bleiben unberücksichtigt. Es wird sich in allen Fällen empfehlen, durch nochmaliges Ausziehen zu prüfen, ob das Fett thatsächlich entfernt ist.

An die Bestimmung des Fettgehaltes hat sich bei Chokolade und Kakaomasse eine Untersuchung desselben auf Reinheit anzuschliessen. Dieselbe erstreckt sich auf:

1. Bestimmung des Schmelzpunktes

(vergl. Heft I S. 83). Reines Kakaofett schmilzt bei 32—34°. (Die mit dem Kakaofett gefüllte Kapillare muss mindestens 24 Stunden vor der Schmelzpunktbestimmung an einem kühlen Orte aufbewahrt sein.)

2. Bestimmung des Brechungsindex

(vergl. Heft I S. 83). Der Brechungsindex liegt bei 40° zwischen 46 und 47,8.

3. Bestimmung der Jodzahl.

Die Bestimmung der Jodzahl ist nach dem im Kapitel „Fette" beschriebenen Verfahren von von Hübl (Heft I S. 87) auszuführen. Die Jodzahl von reinem Kakaofett ist in der Regel 33—38[1]).

4. Bestimmung der Verseifungszahl.

Die Verseifungszahl beträgt 190—200, meistens 194—195.

Zur Bestimmung der Verseifungszahl sind eine $1/_2$ Normal-Salzsäure und eine alkoholische $1/_2$ Normal-Kalilauge erforderlich. Man wägt 1 bis 2 g Fett in einem Kolben von Jenaer Glase ab, setzt 25 ccm der titrirten Kalilauge hinzu, verschliesst mit einem durchbohrten Kork, in dessen Oeffnung ein ungefähr 1 m langes und 20 mm weites Kühlrohr gesteckt ist, und erhitzt auf dem kochenden Wasserbade 15 Minuten zum Sieden, wobei häufig umgeschüttelt wird. Sobald der Kolbeninhalt eine gleichmässige klare Flüssigkeit darstellt, ist die Verseifung beendet. Man versetzt

---

[1]) Eine höhere Jodzahl als 38 ist bei reinem Kakaofett nur vereinzelt beobachtet worden.

nun mit zehn Tropfen Phenolphtaleïnlösung und titrirt sofort mit $\frac{1}{2}$ Normal-Salzsäure das überschüssige Alkali zurück. Aus der Differenz der Salzsäure, welche 25 ccm Kalilauge entspricht, und der beim Zurücktitriren verbrauchten Säure berechnet man die mg Kaliumhydroxyd, welche zur Verseifung von 1 g Fett verbraucht sind. 1 ccm $\frac{1}{2}$ Normal-Salzsäure gleich 0,028 mg KOH.

5. Nachweis von Sesamöl

mit Hülfe der Baudouin'schen Reaktion (s. Heft I S. 102).

Es leisten für die Feststellung der Reinheit des Fettes ferner auch gute Dienste:

α) Die Björklund'sche Aetherprobe.

3 g Fett werden mit 6 ccm Aether in einem verschlossenen Reagensglase auf 18^0 erwärmt. Bei Gegenwart von Wachs ist die Flüssigkeit getrübt. Ist die Lösung klar, so stellt man das Röhrchen in Wasser von 0^0 und beobachtet die Zeit, nach welcher eine Trübung eintritt. Bei Gegenwart von Rindstalg tritt bereits vor 10 Minuten eine deutliche Trübung ein, während bei reinem Kakaofett erst nach 10—15 Minuten eine Trübung zu beobachten ist. Beim Erwärmen auf $18—20^0$ verschwindet dieselbe wieder.

β) Die Filsinger'sche Alkohol-Aetherprobe.

2 g Fett werden in einem graduirten Röhrchen geschmolzen und mit 6 ccm einer Mischung aus 4 Theilen Aether und 1 Theil Alkohol geschüttelt und bei Zimmertemperatur bei Seite gestellt. Reines Kakaofett liefert eine klarbleibende Lösung.

Es muss noch daran erinnert werden, dass bei Verwendung der Kakaoschalenbutter, Kakaobutter IIa, welche oft ranzig ist, unter Umständen die Bestimmung der Säurezahl des Fettes nothwendig wird.

d) ***Bestimmung des Theobromins und Koffeïns.*** Das Koffeïn, welches nur in sehr geringer Menge vorhanden ist, kann bei der Bestimmung des Theobromingehaltes in der Regel vernachlässigt werden, wie überhaupt die Bestimmung dieser beiden Körper nur dann zu erfolgen hat, wenn bei der Bestimmung von Wasser, Fett, Asche, Stärke event. Zucker der Verdacht einer Verfälschung oder Abweichung von der vereinbarten Anforderung für Kakao und dessen Präparate hervortritt oder wenn ein bestimmter Gehalt ausbedungen ist.

Theobromin und Koffeïn können nach dem Verfahren von A. Hilger und A. Eminger[1], H. Beckurts[2] und W. E. Kunze[3] bestimmt werden.

Nach dem Verfahren von Hilger und Eminger werden 10 g des Kakaopulvers in einem Glaskolben mit 150 g Petroläther übergossen und unter losem Verschluss und öfterem Umschütteln ungefähr 12 Stunden bei Zimmertemperatur stehen gelassen. Hierauf wird der Petroläther

---

[1] Forschungsberichte über Lebensmittel 1894, **1**, 292.
[2] Archiv der Pharmacie 1893, **231**, 687.
[3] Zeitschrift für analytische Chemie 1894, **33**, 1.

vom Rückstande getrennt, und dieser getrocknet. Der Rückstand wird mit 100 ccm 3 bis 4 %-iger Schwefelsäure am Rückflusskühler ³/₄ Stunden gekocht. Dann wird der Inhalt des Kolbens in ein Becherglas gespült und in der Siedehitze mit in Wasser aufgeschlemmtem Baryumhydroxyd genau neutralisirt. Die Neutralisation kann so genau geschehen, dass ein Einleiten von Kohlensäure unnöthig ist. Die neutralisirte Masse wird dann in einer Schale, deren Boden mit gewaschenem Quarzsand beschickt ist, abgedampft, und der Rückstand in einem geeigneten Extraktions-Apparate mit Chloroform bis zur Erschöpfung ausgezogen. Das Chloroform wird abdestillirt, der Rückstand bei 100° getrocknet, hierauf mit 100 g Tetrachlorkohlenstoff, dem Lösungsmittel für Fett und Koffeïn, bei Zimmertemperatur unter zeitweiligem Umschütteln eine Stunde stehen gelassen. Die filtrirte Lösung wird durch Destillation vom Tetrachlorkohlenstoff befreit, der Rückstand wiederholt mit Wasser ausgekocht, die wässerige Lösung in einer gewogenen Schale eingedampft und bei 100° getrocknet (Koffeïn). Das Theobromin, welches sich noch im Kolben ungelöst befindet, sowie das Filter werden ebenfalls mit Wasser wiederholt ausgekocht, dieses verdampft, der Rückstand bei 100° getrocknet, und so das Theobromin frei von allen Beimengungen erhalten.

e) *Bestimmung der Stickstoffsubstanz.* Diese geschieht nach Heft I S. 2 ff.

f) *Bestimmung der Stärke.* In 5 g Kakao, bezw. 10 g Chokolade, welche durch Aether von Fett und durch verdünnten Alkohol von Zucker befreit sind, wird die Stärke nach den bei den „Allgemeinen Untersuchungsmethoden" (Heft I S. 14 u. 15) angegebenen Verfahren bestimmt.

g) *Bestimmung der Rohfaser.* 5 g werden entfettet und das entfettete Pulver wird nach dem Verfahren Heft I S. 16 behandelt.

h) *Bestimmung des Zuckers.* Die Bestimmung des Zuckers in der Chokolade kann auf polarimetrischem und gewichtsanalytischem Wege geschehen.

1. Zur Ausführung der polarimetrischen Bestimmung werden 13,024 g Chokolade (= Halbnormalgewicht für den Polarisationsapparat Soleil-Ventzke oder für den Halbschattenapparat von Schmidt und Hänsch mit Zuckerskala) abgewogen; bei Benutzung eines anderen Apparates mit Zuckerskala müsste das diesem Apparat entsprechende Halbnormalgewicht abgewogen werden (vergl. Heft I S. 8). Die abgewogene Menge wird zunächst mit Alkohol angefeuchtet, um die Benetzung mit Wasser zu erleichtern, mit 30 ccm Wasser übergossen und 10—15 Minuten auf dem Wasserbad erwärmt. Sodann wird heiss filtrirt, wobei die Flüssigkeit ohne Schaden trübe durchgehen kann, und der Rückstand mit heissem Wasser nachgewaschen, bis das Filtrat etwa 100 ccm beträgt. Stärkehaltige Präparate dürfen nur mit Wasser in der Kälte ausgezogen werden. Zum Zwecke der Klärung versetzt man mit 5 ccm Bleiessig, lässt ¼ Stunde stehen, fügt einige Tropfen Alaunlösung sowie feuchtes Thonerdehydrat

hinzu, füllt mit Wasser auf 110 ccm auf, schüttelt gut durch und filtrirt. Das klare Filtrat wird im 200 mm-Rohr polarisirt; der Polarisationsbetrag ist um $^1/_{10}$ zu vermehren und, weil Halbnormallösung vorgelegen, zu verdoppeln. Auch der Vorschlag für die polarimetrische Zuckerbestimmung von Woy[1]) ist empfehlenswerth.

2. Zur Ausführung der gewichtsanalytischen Bestimmung entfettet man eine abgewogene Menge Chokolade mit Aether, zieht sodann bei Zimmertemperatur den Zucker mit verdünntem Alkohol aus und wiegt den nach dem Verjagen des Alkohols verbleibenden Rückstand vom alkoholischen Auszuge, um darnach eine annähernd 1 %-ige Lösung herzustellen. Ein Theil dieser Lösung wird nach Heft I S. 7 invertirt, mit Bleiessig entfärbt, mit Natriumsulfat entbleit und der Invertzucker nach Allihn bestimmt.

Bezüglich der Bestimmung von vergütungsfähigem Zucker in der Chokolade wird auf das Gesetz vom 27. Mai 1896, betr. die Besteuerung des Zuckers, nebst den vom Bundesrath erlassenen Ausführungsbestimmungen zum Zuckersteuergesetz vom 9. Juli 1896, Anlage D und E[2]) hingewiesen.

II. Mikroskopisch-botanische Untersuchung.

Kakao ist in seinen Zubereitungen anatomisch nur schlecht gekennzeichnet. Bei der mikroskopischen Untersuchung ist das Hauptaugenmerk auf die fett-, aleuron- und stärkeführenden Parenchymzellen, sowie Pigmentzellen zu richten. Die Epidermis mit ihren Farbstoffkörnern bleibt kennzeichnend, sowie bei den Schalen die eigenthümlichen Epidermiszellen, Sklereïden und Gefässbündelelemente. Die Entfettung der Proben mit Aether-Alkohol ist vor der mikroskopischen Untersuchung zu empfehlen. Zur Erkennung fremder Stärke ist nur der mikroskopische Nachweis geeignet; der Vergleich mit Zählpräparaten kann eine annähernde Schätzung der Menge der Stärke ermöglichen.

Da an den Sachverständigen die Frage herantreten kann, festzustellen, wie viel Kakaoschalen in den Kakaofabrikaten enthalten sind, so sei noch auf den Vorschlag von F. Filsinger (Zeitschrift für öffentliche Chemie 1899. 5. 27) hingewiesen, welcher sich darauf gründet, durch ein entprechendes Schlemmverfahren die specifisch schwereren Schalentheile von der Kakaosubstanz zu trennen.

Anhaltspunkte zur Beurtheilung.

1. Kakaomasse, Kakaopulver (entölter, löslicher Kakao), ebenso Chokolade dürfen keinerlei fremde pflanzliche Beimengungen (Stärke,

---

[1]) Zeitschrift für öffentliche Chemie 1898, **4**, 224—226.
[2]) Reichs-Gesetzblatt 1896, S. 117 und Centralblatt für das Deutsche Reich 1897, S. 313. Vergl. Zeitschr. f. analyt. Chem. 1893, **32**, Anhang S. 15.

Mehl etc.), keine Zusätze von Kakaoschalen und keine fremden Mineralbestandtheile (soweit sie nicht durch das Aufschliessen hereingelangen) und
keine fremden thierischen oder pflanzlichen Fette enthalten. Bei Chokolade
ist ein bis 1 % steigender Zusatz von Gewürzen gestattet.

2. Kakaomasse enthält 2—5 % Asche und 48—54 % Fett.

3. Kakaopulver enthält wechselnde, d. h. willkürliche Mengen Fett
und wird daher, je nachdem mehr oder weniger Fett entzogen wurde, der
Aschengehalt grösser oder kleiner sein. Deshalb ist der gefundene Aschengehalt auf Kakaomasse (mit ca. 50 % Fett) oder auf fettfreie Kakaomasse
umzurechnen, und wird daher der Aschengehalt nach dieser Umrechnung

    a) bei nicht mit Alkalien aufgeschlossenem Kakaopulver derselbe
       sein müssen, wie bei Kakaomasse,

    b) bei mit kohlensauren Alkalien aufgeschlossenem Kakao ein grös-
       serer sein, doch darf die Zunahme 2 % des entölten Pulvers nicht
       übersteigen.

4. Chokoladen (auch Kouvertüren) enthalten wechselnde Mengen
von Zucker und Fett. Ihr Aschengehalt soll nicht unter 1 % und nicht
über 2,5 % betragen.

Zucker und Fett sollen in guter Chokolade zusammen nicht mehr
als 85 % betragen.

Chokoladen, welche Mehl enthalten, müssen mit einer diesen Zusatz
anzeigenden, deutlich erkennbaren Bezeichnung versehen sein.

Litteratur:

1. P. Trojanowsky, Beiträge zur pharmakognostischen und chemischen Kenntniss des Kakaos. Dissertation Dorpat 1875; Jahresbericht über die Fortschritte der Pharmakognosie, Pharmacie und Toxikologie 1875. *10*. 151.

2. F. Filsinger, Ein neues Verfahren der Fabrikation von entöltem löslichen
Kakaopulver. Chemiker-Zeitung 1886. *10*. 1431.

3. H. Hager, Unterscheidung der Kakaobutter von der Kokosbutter und Verfälschung der Kakaobutter mit Kokosbutter. Pharmaceutische Zeitung
1886. *31*. 274.

4. P. Soltsien, Zur Prüfung von Kakaopräparaten auf fremde Stärke. Che-
misch-technischer Centralanzeiger 1886. *4*. 177. Vierteljahresschrift über
die Fortschritte auf dem Gebiete der Chemie der Nahrungs- und Genussmittel 1886. *1*. 214.

5. Dubois und Padé, Ueber Kakaobutter. Bull. soc. chim. *45*. 161. Vierteljahresschrift über die Fortschritte auf dem Gebiete der Chemie der Nah-
rungs- und Genussmittel 1886. *1*. 216.

6. A. Petermann, Ueber die Schalen einiger Samenkörner. Bull. de la
Stat. agricole expérimentale à Gembloux 1887. No. 38, 9. Chemisches
Centralblatt 1887. 880.

7. A. Tschirch, Ueber Eichelkakao. Pharmaceutische Zeitung 1887. *32*. 190.

8. G. Pennetier, Bestimmung von Getreidemehl in Chokolade. Mon. scientif.
1887. *31*. 249. Chemiker-Zeitung 1887. *11*. Repert. 29.

9. Ziurek, Kakaountersuchung. Repert. anal. Chim. 1887. 7. 341. Referat: Vierteljahresschrift über die Fortschritte auf dem Gebiete der Chemie der Nahrungs- und Genussmittel 1887. 2. 227.

10. T. F. Hanausek, Holländischer Eichelkakao. Zeitschrift für Nahrungsmittel-Untersuchung, Hygiene und Waarenkunde 1887. 1. 247.

11. Millard, Untersuchung von Kakaobutter. British Pharm. Conference 1887. 6. Chemisches Centralblatt 1887. 1409.

12. Paul Zipperer, Nachweis von Sesamöl in Kakaobutter. Chemiker-Zeitung 1887. 11. 1600.

13. P. Soltsien, Zur Bestimmung und Verwerthung von Kakaofett. Pharmaceutische Zeitung 1887. 32. 236.

14. Künstliche Farbstoffe, welche der Kakaoindustrie angeboten werden. Revue internationale des falsifications 1887/88. 1. 58.

15. Ant. Belohoubek, Bericht über die Untersuchung von holländischem, löslichem Kakao. Böhmische pharmaceutische Zeitschrift 1888. 7. 311. Chemisches Centralblatt 1888. 1561 und 1890. I. 131.

16. L. Legler, Zur mikroskopischen Untersuchung der Kakaobohnen. 14. bis 17. Jahresbericht der königlichen chemischen Centralstelle für öffentliche Gesundheitspflege. Dresden 1886—88. Chemisches Centralblatt 1888. 1627.

17. O. Schweissinger, Untersuchung von Kakaoproben. Pharmaceutische Centralhalle 1888. 29. 61.

18. Paul Graf, Die Bestandtheile des Kakaofettes. Archiv der Pharmacie 1888. 26. 830.

19. Paul Zipperer, Ueber den Werth der mikroskopischen Untersuchung bei Bestimmung fremden Stärkemehls in Chokolade. Chemiker-Zeitung 1888. 12. 26.

20. C. Hartwich, Zur Nachweisung fremder Stärkemehle in der Chokolade. Chemiker-Zeitung 1888. 12. 375.

21. Ueber löslichen Kakao. Vierteljahresschrift über die Fortschritte auf dem Gebiete der Chemie der Nahrungs- und Genussmittel 1888. 3. 33.

22. Schumacher-Kopp, Ein neues Saccharinpräparat (Saccharinkakao). Chemiker-Zeitung 1888. 12. 106.

23. M. Mansfeld, Die Bestimmung des Mehlzusatzes in Chokoladen. Zeitschrift für Nahrungsmittel-Untersuchung, Hygiene und Waarenkunde 1888. 2. 2.

24. C. G. Bernhard, Ueber Kakao und dessen Präparate. Chemiker-Zeitung 1888. 12. 445.

25. Samelson, Verfälschung das Kakaopulvers. Chemiker-Zeitung 1888. 12. 722.

26. P. Zipperer, Beiträge zur Mikrochemie des Thees und des Kakao. Vortrag, gehalten auf der 7. Versammlung der freien Vereinigung bayerischer Vertreter der angewandten Chemie. Speyer 1888.

27. F. Rathgen, Ueber die Bestimmung des Rohrzuckers in Chokoladen. Zeitschrift für analytische Chemie 1888. 27. 444.

28. Weigle, Ueber Ammoniakgehalt verschiedener Kakaosorten. Vortrag, gehalten auf der 7. Versammlung der freien Vereinigung bayerischer Vertreter der angewandten Chemie. Speyer 1888.

29. Coster, Hoorn und Mazura, Bericht über die Verfälschung der Nahrungsmittel in Amsterdam. Revue internationale des falsifications 1888. 1. 162.

30. H. Hager, Ueber Eichelkakao und Chokolade. Pharmaceutische Zeitung 1888. 33. 511.

31. H. Michaelis, Eichelkakao, Eichelchokolade. Pharmaceutische Zeitung 1888. *33*. 568.

32. Zur Frage der Untersuchung der Kakaoerzeugnisse. Korrespondenzblatt des Verbandes deutscher Chokoladenfabrikanten 1888. *9*. No. 2. Chemiker-Zeitung 1889. *13*. Rep. 41.

33. C. G. Bernhard, Kakao und dessen Präparate. Chemiker-Zeitung 1889. *13*. 32.

34. Kakaokultur in Columbien. Pharmac. Journal and Transact. 1889. 971. Archiv der Pharmacie 1889. *17*. 425.

35. F. Filsinger, Die chemische Untersuchung von Kakaoerzeugnissen. Korrespondenzblatt des Verbandes deutscher Chokoladenfabrikanten 1889. *10*. No. 5. Vierteljahresschrift über die Fortschritte auf dem Gebiete der Chemie der Nahrungs- und Genussmittel 1889. *4*. 299.

36. Van Hamel Roos, Neue Verfälschung der Kakaobutter. Revue internationale des falsifications 1888/1889. *2*. 203.

37. Ueber Verfälschung der Kakaobutter. Zeitschrift für Nahrungsmittel-Untersuchung, Hygiene und Waarenkunde 1889. *3*. 249.

38. F. Filsinger, Zur Verfälschung von Kakaofabrikaten, besonders der Chokoladen. Chemiker-Zeitung 1890. *14*. 507 und 716.

39. Beschlüsse des Vereins schweizerischer analytischer Chemiker, betreffend die Untersuchung und Beurtheilung von Kakao und Chokolade. Zeitschrift für Nahrungsmittel-Untersuchung, Hygiene und Waarenkunde 1890. *4*. 102.

40. C. G. Bernhard, Ueber die Untersuchung von Kakao und Chokolade. Zeitschrift für Nahrungsmittel-Untersuchung, Hygiene und Waarenkunde 1890. *4*. 121.

41. Eugen Dieterich, Zur Verfälschung der Kakaobutter. Helfenberger Annalen 1889. 104. Referat: Vierteljahresschrift über die Fortschritte auf dem Gebiete der Chemie der Nahrungs- und Genussmittel 1890. *5*. 174.

42. M. Mansfeld, Ueber die Untersuchung von Kakaopräparaten. Zeitschrift des allgemeinen österreichischen Apothekervereins 1890. *28*. 329. Vierteljahresschrift über die Fortschritte auf dem Gebiete der Chemie der Nahrungs- und Genussmittel 1890. *5*. 297.

43. A. Stutzer, Neues aus der Röst-, Darr- und Trocknungs-Industrie: 1. Die Verarbeitung von Kakao. Zeitschrift für angewandte Chemie 1891. 368. Vergl. auch Pharmaceutische Centralhalle 1892. *33*. 291.

44. Beschlüsse der Nahrungsmittelchemiker- und Mikroskopiker-Versammlung in Wien, betreffend die Untersuchung von Kakao und Chokolade. Zeitschrift für Nahrungsmittel-Untersuchung, Hygiene und Waarenkunde 1891. *5*. 305.

45. N. Zuntz, Kraftchokolade. Zeitschrift für Nahrungsmittel-Untersuchung, Hygiene und Waarenkunde 1891. *5*. 26.

46. M. Schröder, Untersuchungen über die Bestimmungen des Zuckers in den Kakaowaaren. Zeitschrift für angewandte Chemie 1892. 173 und 362.

47. A. Stutzer, Die Ermittelung der löslichen Bestandtheile des Kakaos und der Nachweis eines Zusatzes von fixen Alkalien oder von Ammoniak. Zeitschrift für angewandte Chemie 1892. 510.

48. A. Hilger, Zur chemischen Charakteristik der Bestandtheile der Kakaobohne. Apotheker-Zeitung 1892. *7*. 469.

49. Paul Zipperer, Die Neuerungen in der Fabrikation von Chokoladen und diesen verwandten diätetischen Präparaten. Chemiker-Zeitung 1892. *16*. 1027.

50. Die Bereitung des Kakaopulvers. Berichtigung vom Vorstande des Verbandes deutscher Chokoladenfabrikanten auf die Arbeit von A. Stutzer: Die Verarbeitung des Kakaos. Pharmaceutische Centralhalle 1892. *33*. 440.

51. A. Stutzer, Erwiderung auf die Einwände betreffend die Bereitung des Kakaopulvers. Chemiker-Zeitung 1892. *16*. 1185.

52. W. A. Tichomirow, Ueber die Kakaokultur auf Ceylon. Pharmaceutische Zeitschrift für Russland 1892. *31*. 260. Vierteljahresschrift über die Fortschritte auf dem Gebiete der Chemie der Nahrungs- und Genussmittel 1892. 7. 433.

53. H. Beckurts und C. Hartwich, Beiträge zur chemischen und pharmakognostischen Kenntniss der Kakaobohnen. Archiv der Pharmacie 1892. *230*. 589.

54. P. Süss, Ueber die quantitative Bestimmung des Theobromins in den Kakaobohnen. Zeitschrift für analytische Chemie 1893. *32*. 57.

55. H. Beckurts, Beiträge zur chemischen Kenntniss der Kakaobohnen. Archiv der Pharmacie 1893. *231*. 687.

56. H. Brunner und H. Leins, Zur quantitativen Trennung von Theobromin und Koffeïn. Schweizerische Wochenschrift für Chemie und Pharmacie 1893. *31*. 85.

57. P. Zipperer, Fortschritte in der Fabrikation von Chokoladen und diesen verwandten diätetischen Präparaten. Chemiker-Zeitung 1893. *17*. 986.

58. William Kunze, Ueber die quantitative Bestimmung und Trennung der Kakao-Alkaloide. Zeitschrift für analytische Chemie 1894. *33*. 1.

59. De Negri und Fabris, Ueber Kakaobutter. Zeitschrift für analytische Chemie 1894. *33*. 569.

60. T. F. Hanausek, Zur Werthbestimmung von Kakaobohnen. Chemiker-Zeitung 1894. *18*. 441.

61. Ed. Spaeth, Verfälschung von Kakao. Forschungsberichte über Lebensmittel u. s. w. 1894. *1*. 344.

62. Depaire, Fälschung von Kakao und Chokolade. Revue internationale des falsifications 1894/95. *8*. 22.

63. H. Cohn, Kakao als Nahrungsmittel. Zeitschrift für physiologische Chemie 1894. *20*. 1. Vierteljahresschrift über die Fortschritte auf dem Gebiete der Chemie der Nahrungs- und Genussmittel 1894. *9*. 520.

64. A. Hilger und A. Eminger, Die quantitative Bestimmung des Theobromins im Kakaosamen und dessen Präparaten. Forschungsberichte über Lebensmittel u. s. w. 1894. *1*. 292.

65. J. Thiel, Ueber die quantitative Bestimmung von Theobromin in den Kakaopräparaten. Forschungsberichte über Lebensmittel u. s. w. 1894. *1*. 108.

66. H. Thiel, Zur Histologie und Physiologie der Kakaosamen. Forschungsberichte über Lebensmittel u. s. w. 1894. *1*. 219.

67. R. Pfister, Eine neue Chokoladenfälschung. Forschungsberichte über Lebensmittel u. s. w. 1894. *1*. 543.

68. E. S. Basting, Die Stärkekörner in den verschiedenen Kakaosorten des Handels. Americ. Journ. of Pharm. 1894. *66*. 369. Vierteljahresschrift über die Fortschritte auf dem Gebiete der Chemie der Nahrungs- und Genussmittel 1894. *9*. 520.

69. Belgisches Gesetz betr. den Verkehr mit Kakao und Chokolade vom 18. 11. 1894. Vierteljahresschrift über die Fortschritte auf dem Gebiete der Chemie der Nahrungs- und Genussmittel 1895. *10*. 198.

70. W. E. Ridenour, Chemische Untersuchung verschiedener Kakao-Handelssorten Americ. Journ. of Pharm. 1895. *67*. 207. Vierteljahresschrift über die Fortschritte auf dem Gebiete der Chemie der Nahrungs- und Genussmittel 1895. *10*. 39.

71. Entwürfe für den Codex alimentarius Austriacus. Kakaobohnen und Kakaofabrikate. Zeitschrift für Nahrungsmittel-Untersuchung, Hygiene und Waarenkunde 1895. *9*. 101.

72. Florence Yaple, Untersuchung einiger Sorten Handels-Kakao. Americ. Journ. of Pharm. 1895. *67*. 318. Chemiker-Zeitung 1895. *19*. Rep. 240.

73. F. Filsinger, Zur Definition des Begriffes „Chokolade". Forschungsberichte über Lebensmittel u. s. w. 1895. *2*. 255.

74. F. Filsinger, Ueber Kakaoschalen-(Abfall-)Butter. Forschungsberichte über Lebensmittel u. s. w. 1895. *2*. 421.

75. E. Guenez, Mikroskopische Prüfung von Chokolade. Revue internationale des falsifications 1894/95. *8*. 83. Jahresbericht der Pharmacie 1895. *30*. 714.

76. A. Strohl, Jodzahl und Brechungsindex der Kakaobutter. Zeitschrift für analytische Chemie 1896. *35*. 166.

77. F. Filsinger, Zur Jodzahl der Kakaobutter. Zeitschrift für analytische Chemie 1896. *35*. 517.

78. A. Eminger, Die Methoden der Theobrominbestimmung in Kakaopräparaten. Forschungsberichte über Lebensmittel u. s. w. 1896. *3*. 275.

79. Rocques, Zur Bestimmung des Zuckers in der Chokolade. Annal. chim. anal. appliq. 1896. *1*. 288. Chemiker-Zeitung 1896. *20*. Rep. 229.

80. Kakao-Analysen. Untersuchungen, ausgeführt im Laboratorium des allgemeinen österreichischen Apothekervereins. Zeitschrift für angewandte Chemie 1896. 121. Vierteljahresschrift über die Fortschritte auf dem Gebiete der Chemie der Nahrungs- und Genussmittel 1896. *11*. 45.

81. H. Beckurts, Die Jodzahl des Kakaoöls. Apotheker-Zeitung 1896. *11*. 367.

82. E. Spaeth, Ueber Fortschritte auf dem Gebiete der Untersuchung und Beurtheilung von Thee, Kakao und Chokolade. Forschungsberichte über Lebensmittel u. s. w. 1896. *3*. 448.

83. M. Depaire, Alkalische Verbindungen im Kakao. Bull. Soc. de pharm. de Brux. 1896. 233. Revue internationale des falsifications 1897. *10*. 92.

84. M. Maercker, Ueber den Futterwerth der Kakaoschalen. Mittheilungen des Verbandes deutscher Chokoladen-Fabrikanten 1896. 32. Vierteljahresschrift über die Fortschritte auf dem Gebiete der Chemie der Nahrungs- und Genussmittel 1897. *12*. 49.

85. A. Lam, Einiges aus der Praxis der Nahrungsmitteluntersuchung (Kakao- und Chokolade-Untersuchung). Chemiker-Zeitung 1897. *21*. 76.

86. F. Filsinger, Die chemische Untersuchung der Kakaobutter. Zeitschrift für öffentliche Chemie 1897. *3*. 34.

87. D. Holde, Die Jodzahl der Kakaobutter. Zeitschrift für analytische Chemie 1897. *36*. 163 und 381.

88. F. Filsinger, Zur Jodzahl der Kakaobutter. Zeitschrift für öffentliche Chemie 1897. *3*. 241.

89. K. Dieterich, Zur Untersuchung von Kakaobutter. Zeitschrift für öffentliche Chemie 1897. *3*. 245.

90. H. Wefers Bettink und J. van Eijk, Untersuchung von Kakaopräparaten.
Nederl. Tijdschr. Pharm. 1897. *9.* 277. Vierteljahresschrift über die Fortschritte auf dem Gebiete der Chemie der Nahrungs- und Genussmittel
1897. *12.* 381.

91. F. Filsinger, Ist Zusatz von Kakaobutter zur Chokolade als eine Fälschung
zu betrachten? Zeitschrift für öffentliche Chemie 1897. *3.* 80.

92. F. Filsinger, Ueber Mehlchokoladen. Zeitschrift für öffentliche Chemie
1897. *3.* 273.

93. L. de Koningh, Bestimmung von Zucker in Kakaopräparaten. Zeitschrift
für angewandte Chemie 1897. 713.

94. Bilteryst, Nachweis von Erdnuss und Erdnusskuchen in Chokolade.
Journal de Pharmacie et de Chimie 1897. *6.* 29. Vierteljahresschrift über
die Fortschritte auf dem Gebiete der Chemie der Nahrungs- und Genussmittel 1897. *12.* 381.

95. L. Maupy, Die Bestimmung des Theobromins in Kakao und Chokolade.
Journal de Pharmacie et de Chimie 1897. *5.* 329. Vierteljahresschrift über
die Fortschritte auf dem Gebiete der Chemie der Nahrungs- und Genussmittel 1897. *12.* 210.

96. M. White und M. Oldham, Ueber Kakaobutter. Brit. and Colon. druggist
1897. No. 21. Jahresbericht der Pharmacie 1897. *32.* 756.

97. G. Possetto, Ueber den Nachweis der Stärke in der Chokolade. Giornal
di Farmacia, di Chimie 1897. *48.* 5. Zeitschrift für Untersuchung der Nah-
rungs- und Genussmittel 1898. *1.* 425.

98. H. W. Wiley, Zuckerbestimmung in Milch, Chokolade und Honig. Journ.
of the American chemical Society 1897. *18.* 428. Zeitschrift für analytische
Chemie 1899. *38.* 188.

99. F. Filsinger, Zur Definition der Begriffe Chokolade, Kakaomasse und
Kakaopulver. Zeitschrift für öffentliche Chemie 1898. *4.* 809.

100. R. Woy, Bestimmung von Zucker in Chokolade. Zeitschrift für öffentliche
Chemie 1898. *4.* 224.

101. M. P. Carles, Zur Prüfung des Zuckers in der Chokolade. Journ. de
Pharm. et de Chim. 1898. *8.* 245. Zeitschrift für Untersuchung der Nah-
rungs- und Genussmittel 1899. *2.* 288.

102. P. Welmans, Zur Prüfung von Chokolade auf den Gehalt an Zucker.
Pharmaceutische Zeitung 1898. *43.* 846.

103. P. Onfroy, Nachweis von Gelatine in Chokolade. Journal de Pharmacie
et de Chimie 1898. *8.* 7. Zeitschrift für Untersuchung der Nahrungs- und
Genussmittel 1899. *2.* 288.

104. G. Paris, Ueber die Verwerthung von Kakaoschalen. Zeitschrift für
Untersuchung der Nahrungs- und Genussmittel 1898. *1.* 389.

105. H. Rocques, Ueber den Charakter der Kakaobutter. Zeitschrift für angewandte Chemie 1898. 116.

106. M. Mansfeld, Somatose-Chokolade und -Kakao. Pharmaceutische Post
1898. *31.* 214. Zeitschrift für Untersuchung der Nahrungs- und Genussmittel 1898. *1.* 710.

107. M. White, Das Specifische Gewicht des Kakaoöles. Pharmac. Journ.
1898. 69. Zeitschrift für Untersuchung der Nahrungs- und Genussmittel
1898. *1.* 424.

108. M. Brissemoret, Löslichkeit des Theobromins in wässerigen Alkalilösungen. Journal de Pharmacie et de Chimie 1898. 7. 177. Zeitschrift für Untersuchung der Nahrungs- und Genussmittel 1898. *1.* 424.

109. J. N. Organow, Das Ranzigwerden der Kakaobutter. Farmaz. Journ. 1898. *20.* 255. Zeitschrift für Untersuchung der Nahrungs- und Genussmittel 1899. *2.* 289.

110. F. Filsinger, Zur Untersuchung der Kakaofabrikate auf Gehalt an Kakaoschalen. Zeitschrift für öffentliche Chemie 1899. *5.* 27 und 391.

111. J. Lewkowitsch, Notizen über Kakaobutter. Journal of the Society of Chemical Industry 1899. *18.* 556. Zeitschrift für Untersuchung der Nahrungs- und Genussmittel 1900. *3.* 256.

112. A. Ruffin, Analyse der Kakaobutter und Nachweis ihrer Verfälschungen. Annal. chim. anal. appl. 1899. *4.* 344. Zeitschrift für Untersuchung der Nahrungs- und Genussmittel 1900. *3.* 706.

113. P. Welmans, Zur Untersuchung der Kakaofabrikate auf ihren Gehalt an Kakaoschalen. Zeitschrift für öffentliche Chemie 1899. *5.* 479.

114. J. Forster, Ueber holländischen Kakao. Ein Beitrag zum Verständniss der Bedeutung des Kakao als Genuss- und Nahrungsmittel. Hygienische Rundschau 1900. *10.* 305. Zeitschrift für Untersuchung der Nahrungs- und Genussmittel 1900. *3.* 705.

115. P. Welmans, Die Fettbestimmung in feinpulverisirten Substanzen, speciell in Kakao und Kakaopräparaten. Zeitschrift für öffentliche Chemie 1900. *6.* 304.

116. F. Filsinger, Ueber den Rohfasergehalt des geschälten Rohkakao. Zeitschrift für öffentliche Chemie 1900. *6.* 223 und 471.

117. P. Welmans, Nachweis von Traganth und Dextrin in Kakao und Chokoladen und annähernde Bestimmung des Dextrins durch Polarisation. Zeitschrift für öffentliche Chemie 1900. *6.* 478.

118. Nothnagel, Untersuchung von Getreidekakao. Apotheker-Zeitung 1900. *15.* 181. Zeitschrift für Untersuchung der Nahrungs- und Genussmittel 1900. *3.* 705.

119. P. Welmans, Ueber Oleum Cacao. Pharmaceutische Zeitung 1900. *45.* 959. Zeitschrift für Untersuchung der Nahrungs- und Genussmittel 1901. *4.* 398.

120. Karl Dieterich, Ueber Oleum Kakao. Pharmaceutische Zeitung 1900. *45.* 987. Zeitschrift für Untersuchung der Nahrungs- und Genussmittel 1901. *4.* 399.

121. G. Possetto, Ueber den Nachweis von Sesamöl in Chokolade. Giorn. Farm. Chim. 1901. *51.* 241. Chemisches Centralblatt 1901. *II.* 236.

122. A. Beythien und H. Hempel, Chokoladenmehle. Zeitschrift für Untersuchung der Nahrungs- und Genussmittel 1901. *4.* 23.

Lehr- und Handbücher:

123. Paul Zipperer, Die Schokoladenfabrikation. 2. Auflage. Berlin 1901, bei M. Krayn.

Tabak.

Referent des Ausschusses: **Dr. Hilger.**
Verfasser: **Dr. Barth** (†).
Nächstbetheiligte Mitglieder: **Dr. Janke, Dr. Kossel.**

Gewinnung und Verarbeitung.

Der Tabak ist ein Genussmittel, welches aus den reifen Blättern der Tabakpflanze gewonnen wird, indem diese Blätter getrocknet, einer Fermentation unterzogen und dann in eine rauchbare, schnupfbare oder zum Kauen geeignete Form übergeführt werden.

Vorbemerkungen.

Als Tabakpflanzen gelten hauptsächlich folgende drei Nicotiana-Arten:

1. Der virginische Tabak, Nicotiana Tabacum L., mit länglich-lanzettförmigen, am Grunde etwas verschmälerten, aber fast ungestielt in dichter Aufeinanderfolge am Stengel sitzenden Blättern. Die Blätter stehen vom Stengel spitzwinkelig ab; ebenso bilden die Seitenrippen des Blattes mit der Mittelrippe spitze Winkel.

2. Der Marylandtabak, Nicotiana macrophylla Spr., mit eilanzettförmigen, in ziemlich weiten Abständen am Stengel sitzenden Blättern. Die Blätter bilden mit dem Stengel und die Seitenrippen des Blattes mit der Mittelrippe fast rechte Winkel.

3. Der Veilchen- oder Bauerntabak, Nicotiana rustica L., mit eirund-stumpfen, in weiten Abständen fast rechtwinkelig vom Stengel ausgehenden gestielten Blättern; die Nebenrippen des Blattes stehen von der Hauptrippe fast rechtwinkelig ab.

Das Wachsthum des Haupternteguts wird bei den nicht zur Samengewinnung bestimmten Stauden durch Abbrechen des Blüthenstandes vor der Entfaltung der Blüthe (Gipfeln) und durch Entfernung der Seitensprossen (Ausgeizen) gefördert. Der Zeitpunkt der Reife der Tabakblätter wird an dem Auftreten blass gelblich-grüner Flecken in denselben erkannt. Die untersten (Bodenblätter) reifen zuerst und bilden, für sich gebrochen (Vorblatten), das sogenannte Sandgut, welches im Allgemeinen leichtere Tabake liefert. Wird der Zeitpunkt des Vorblattens etwas verzögert, so sind die alleruntersten Blätter schon stark vergilbt, vertrocknet und bilden die geringwerthigste Erntesorte, die Gumpen oder Grumpen. Die etwas später reifenden Blätter über dem Sandgut bilden das

Hauptgut, in welchem man noch die alleroberſten als Fettgut und die mittleren als Bestgut unterscheiden kann. Sind Blätter unreif abgebrochen, so bleiben sie während des nachfolgenden Trocknens an der Luft und selbst während des Fermentirens grün oder nehmen eine ungleichmässig grün- und braunscheckige Farbe an. Ueberreife Blätter werden beim Trocknen hellgelb, während das vollreife Blatt beim Trocknen und Fermentiren eine gleichmässig braune Farbe in dunkleren oder helleren Farbentönen je nach dem Reifegrad erhält. Die abgebrochenen Blätter werden auf Schnüre gefädelt, die durch den untersten Theil der Mittelrippe gezogen, und an luftigen Orten zum Trocknen aufgehängt werden. Um hierbei das Schimmeln der dickeren saftreicheren Mittelrippen (Speckrippen) zu verhüten, werden in vielen Gegenden deren dickste untere Theile in ihrer Längsrichtung aufgeschlitzt; sie trocknen dann durchaus gleichmässig. Schon während des Trocknens gehen im Innern des reifen Tabakblattes ähnliche Veränderungen, nur in schwächerem Grade, vor sich wie bei der späteren Fermentation. Erfolgt die Trocknung zu rasch, so können diese Veränderungen nicht in genügendem Maasse stattfinden, und selbst reifer Tabak bleibt in diesem Falle grün. Zum „Abhängen" und zur weiteren Fermentation ist der Tabak tauglich, wenn er noch etwa 12 bis 15 % Wasser enthält und wenn dabei die Blätter noch vollkommen elastisch sind, die Mittelrippe aber hart und dürr geworden ist. In diesem Zustande wird der Tabak an die Fabriken und Rohtabakgrosshandlungen abgeliefert, in denen er zunächst den Fermentationsprocess durchzumachen hat. Er wird in etwa $1^1/_2$ m hohe und nahezu ebenso breite Bänke in der Weise geschichtet, dass die Spitzen der Blätter möglichst nach innen zu liegen kommen. Die Fermentation ist nun die energischere Fortsetzung eines inneren Zersetzungsvorganges im Tabak, wie solcher sich schon während des Hängens und Trocknens eingeleitet hat. Dieser Vorgang lässt sich in reine Oxydationen und andere Arten von Zerfall gliedern; er spielt sich unter der Mitwirkung mehrerer Arten von Mikroorganismen ab, deren Arbeit und Vermehrung in den geschichteten Bänken eine ganz erhebliche Selbsterhitzung des Tabaks hervorruft. Ohne besondere Vorsicht kann diese Erhitzung im Inneren der Tabakbänke bis über 60° gehen; durch entsprechendes Umsetzen wird sie unter dieser Grenze gehalten. Die günstigste Fermentationstemperatur liegt zwischen 30 und 40°. Von grösster Wichtigkeit ist es, die Gährung in gleichmässigem, nicht allzuschnellem Verlauf so zu leiten, dass durch dieselbe in erster Reihe nur jene Bestandtheile des frischen Tabaks zerstört werden, deren Erzeugnisse der trockenen Destillation unangenehm riechen und schmecken, dass daneben aber auch ein Theil derjenigen Stoffe sich zersetzt, welche, im Uebermaass vorhanden, den Tabak allzuschwer und unbekömmlich machen. In besonders günstigem Sinne kann die Fermentation auch der geringeren deutschen Tabake beeinflusst und geleitet werden, wenn man durch eine besondere Art der Impfung der Bänke in denselben solchen Fermenten die Oberhand sichert, welche man aus gährenden Havanaedeltabaken gezogen hat. Die Fermentation der aus überseeischen Ländern importirten Tabake geht zumeist während des Transports in Fässern oder Ballen vor sich. Die wichtigsten chemischen Vorgänge während der Fermentation des Tabaks, soweit sie erkannt worden, sind folgende:

1. Es findet im Allgemeinen eine Zersetzung und Zerstörung organischer Substanz und damit eine verhältnissmässige Anreicherung an Asche und an der schwerer angreifbaren Cellulose statt;

2. die Stärke, welche im frischen Tabak fast die Hälfte der Trockensubstanz ausmacht, wird schon beim Hängen in Zucker übergeführt und dieser durch die Fermentation vollends zu Kohlensäure und Wasser oxydirt;

3. die harzartigen Körper werden durch energische Oxydationsvorgänge in noch nicht näher gekannte Stoffe übergeführt, welche bei der Verbrennung einen angenehmeren Geruch geben, als die unveränderten Harze ihn zeigen;

4. die Proteïnstoffe werden zum allergrössten Theil in Amidoverbindungen umgewandelt, welche angenehm riechende, brenzliche Zersetzungserzeugnisse liefern; auch Ammoniakverbindungen entstehen in geringer Menge;

5. das Nikotin wird zum nicht unerheblichen Theil zersetzt, der Rest aber durch die als Nebenerzeugnisse entstehenden flüchtigen Fettsäuren festgehalten.

Ausser den flüchtigen Fettsäuren lassen sich während der Fermentation durch den Geruch auch Aldehyde und Ester erkennen, die indess im Tabak nicht verbleiben.

Aus dieser Zusammenstellung der Erzeugnisse der Fermentation ist ersichtlich, dass dabei Oxydationsvorgänge, zum Theil durch freien Sauerstoff, zum wesentlichen Theil aber auch durch solche aus sauerstoffreichen Verbindungen, eine höchst wichtige Rolle spielen.

Bei der Verarbeitung zu Rauchtabak und Rauchtabakfabrikaten wird der fermentirte Tabak angefeuchtet (nöthigenfalls — übermässig schwere Tabake wie Kentucky- und Virginia-Tabak — etwas mit Wasser ausgelaugt und zur Erhöhung der Brennbarkeit mit Kaliumsalzen — kohlensaurem, essigsaurem oder salpetersaurem Kalium — angereichert), entrippt und entsprechend zerschnitten, gerollt und geformt.

Durch das Auslaugen überschwerer Tabake und der Tabakstengel gewinnt man die Hauptmasse für die Saucen zur Schnupftabak- und Kautabakbereitung. Fette, übermässig schwere, ihrer schlechten Brennbarkeit wegen zur Verarbeitung auf Rauchgut nicht geeignete Tabake dienen zur Schnupftabak- und Kautabak fabrikation. Sie werden entrippt und gesaucet (gebeizt), d. h. in eine Flüssigkeit eingetaucht, welche viel Tabakauszug, daneben Tamarindenauszug, Rosinenauszug, Zuckersirup, Salmiak, Kochsalz, etwas kohlensaures Kalium, Kumarin, Vanillin und wohlriechende Ingredienzien enthält, wie sie durch Destillation von Nelken, Rosenholz, Kardamomen etc. mit Wasserdämpfen gewonnen werden. Diese gesauceten Tabakblätter werden feucht zusammengelegt und einer Art zweiter Gährung unterzogen; danach werden sie gepresst und zerschnitten oder vermahlen. Bei Herstellung der Kautabakbeize benutzt man ausser den oben genannten Rohstoffen auch noch Pflaumenauszug, Fenchel, Wachholder, Muskatnuss und ähnliche Aromatisirungsmittel. Im Bedarfsfalle findet ein nochmaliges Durchfeuchten mit Beizflüssigkeit statt. Für die Kautabakfabrikation werden nur die allerschwersten und fettesten Tabake verwendet. Der gebeizte feuchte Kautabak wird entweder stark zu Tabletten gepresst oder gesponnen.

Chemische Bestandtheile.

Die wichtigsten chemischen Bestandtheile des fermentirten Tabaks sind:

1. Stickstoffsubstanzen: Proteïnstoffe, Amide, Ammoniak und das dem Tabak eigene Alkaloid, das Nikotin, ferner Salpetersäure.

2. Fettsubstanzen: das Aetherextrakt schliesst ausser eigentlichen Fetten (Glyceriden), Chlorophyll, harzige Stoffe und ätherisches Oel ein.

3. **Stickstofffreie Extraktstoffe**: Zucker und Stärke sind in gut fermentirten Tabaken nicht mehr vorhanden, dagegen Pektinstoffe und nicht unwesentliche Mengen organischer Säuren: Essigsäure, Oxalsäure, Aepfel- und Citronensäure.

4. Die **basischen Mineralstoffe** bestehen vorwiegend aus Kali ($\frac{1}{3}$—$\frac{1}{2}$) und Kalk ($\frac{1}{5}$—$\frac{1}{3}$). In der Asche sind diese Basen grösserentheils an die aus der Verbrennung der organischen Substanz entstehende Kohlensäure, zum geringeren Theile auch an Schwefelsäure, Phosphorsäure, Chlor gebunden.

Lufttrockene Tabake haben etwa 15 % Feuchtigkeit und in der Trockensubstanz:

Asche: unfermentirtes Hauptgut	14	bis 24,	Mittel	20 %
- - Sandblatt	20	- 35,	-	25 %
- fermentirter Tabak	19	- 31,	-	24 %
Kali: Hauptgut	2	- 4,7,	-	3,5 %
Wasserlösliche Alkalität der Asche entspr. Kali	0,5	- 4,	-	2 %
Kalk: Hauptgut	2,5	- 6,1,	-	5 %
Magnesia: Hauptgut	0,6	- 2,	-	1 %
Phosphorsäure: Hauptgut	0,5	- 1,	-	0,7 %
Chlor: -	0,2	- 3,	-	1,1 %
Gesammtstickstoff: - unfermentirt .	2	- 4,5,	-	3 %
			(Sandblatt-Minimum	1,5 %)
- - fermentirt . .	1,5 bis	3,	Mittel	2,5 %
Nikotin: - unfermentirt .	1	- 4,	-	1,5 %
- - fermentirt . .	0,5[1]-	2,5,	-	1 %
Ammoniak: Hauptgut, abgehängt, nicht fermentirt	0,1	- 0,8,	-	0,6 %
Salpetersäure: Hauptgut	0,1	- 1,	-	0,5 %
Stickstoff in neutralen organischen Verbindungen (Proteïnstoffe, Amide pp.)	1,4	- 3,	-	2 %
Fett und Harz: Hauptgut	1,8	- 4,	-	3 %
			(fermentirt	weniger)
Wasserlösliche Extraktivstoffe . . .	38	bis 54,		45 %
			(wahrsch.	Mittel)
Rohfaser (Cellulose)	5	bis 15,		8 %
				(unfermentirt)
				10—12 %
				(fermentirt).

---

[1] In einigen guten, schweren syrischen Tabaken fand **Nessler** gar kein Nikotin. Es scheint, dass durch eine besondere Art der Fermentation jener Tabake das Nikotin mehr oder weniger vollständig zerstört werden kann.

Die beiden letzteren Angaben sind trotz ihrer weiten Begrenzung oft werthvolle Beihülfen zur Erkennung, ob es sich um gröblich ausgelaugte (unter 38 % wasserlösliche Extraktivstoffe) oder um mit cellulosereichen Körpern verfälschte Tabake handelt.

Verfälschungen.

Die Verfälschungen des Tabaks kommen vorwiegend nur bei den billigeren Sorten vor, indem den besseren Sorten entweder minderwerthige Sorten (Abfälle, Geizen) oder gar werthlose Surrogatblätter, z. B. Runkelrüben-, Ampfer-, Kartoffel-, Cichorien-, Rhabarber-, Ulmen-, Platanen-, Wallnuss-, Linden-, Huflattig-, Kirsch-, Rosen- und Weichselblätter untermischt werden. Ein Zusatz der 4 letzteren Blätter ist nach dem Gesetz über die Besteuerung des Tabaks für die geringen Sorten Rauchtabak und Cigarren bis zu einem gewissen Procentsatz erlaubt. Die Surrogatblätter werden entweder als solche dem Tabak zugemischt oder auch mit dem Saft von Tabakstengeln und Abfall durchtränkt (gebeizt) und dann für sich allein verarbeitet. Für die besseren Sorten Tabak und Cigarren sind diese Zusätze kaum möglich, weil sie sich sehr leicht durch Geruch und Geschmack zu erkennen geben, so dass der Fabrikant sich selbst verrathen und schaden würde.

Den Schnupftabak versetzt man wohl mit Eisenvitriol, Bleichromat, Mennige, Kieselsäure etc., einerseits um das Gewicht zu erhöhen, andererseits um ihm die gewünschte Farbe zu verleihen. Auch kann unter Umständen Blei aus bleihaltiger Zinnfolie in denselben gerathen.

Gesichtspunkte für die Untersuchung.

Für die Beurtheilung der Güte des Tabaks sind wichtig:

1. Die Bestimmung der einzelnen Stickstoffverbindungen, nämlich der Menge des Stickstoffs in Form von Proteïnstoffen, Nikotin, Amiden (unter Umständen auch Ammoniak) sowie von Salpetersäure.

2. Die Bestimmung des vorhandenen Zuckers bezw. der Stärke neben den organischen Säuren.

Unter Umständen kann auch der Gehalt an Rohfaser Aufschluss über die Art des verwendeten Rohstoffes geben.

3. Die Bestimmung der Mineralstoffe sowie der Gesammtmenge des Kalis neben dem in Form von Kaliumkarbonat vorhandenen Kali (in Wasser löslicher Antheil der Asche), des Kalkes, des Chlors und der Schwefelsäure.

4. Die Bestimmung der Glimmdauer.

5. Die Beimengung von Surrogatblättern kann nur mikroskopisch festgestellt werden.

Chemische Untersuchung des Tabaks.

a) *Bestimmung des Wassers.* 5 g zerkleinerter Tabak werden in einer Platinschale bei 50° drei Stunden lang getrocknet und nach dem Erkalten im Exsikkator gewogen.

b) *Bestimmung des Gesammtstickstoffs.* Dieselbe erfolgt in 1 g Tabakpulver nach Kjeldahl[1]).

c) *Bestimmung der Salpetersäure.* Dieselbe beruht auf der Ueberführung der Salpetersäure durch mit Salzsäure angesäuerte Eisenchlorürlösung in Stickstoffoxyd. 20 g Tabakpulver werden mit 200 ccm 40-procentigem, mit Aetznatron schwach alkalisch gemachten Alkohol durch Kochen am Rückflusskühler ausgezogen; der Auszug wird entweder gewogen oder auf ein bestimmtes Volumen gebracht, und davon durch ein Faltenfilter ein möglichst grosser aliquoter Theil ($^4/_5$, entsprechend 16 g Tabakpulver) abfiltrirt. Das Filtrat wird zum Sirup eingedampft und mit Wasser zu etwa 10—12 ccm aufgenommen. Diese Lösung dient zur Salpetersäurebestimmung nach Schlösing-Grandeau, welche in folgender Weise auszuführen ist:

In einen Kolben von etwa 200 ccm Rauminhalt bringt man 40 ccm gesättigte Eisenchlorürlösung und 40 ccm Salzsäure vom specifischen Gewicht 1,12. Der Kolben wird mit einem zweimal durchbohrten Kautschukstopfen verschlossen, durch dessen eine Durchbohrung die in der Abwärtsbiegung mit Kautschukgelenk versehene Entwickelungsröhre für das Stickstoffoxydgas, durch dessen andere Durchbohrung ein 10—12 ccm fassender Hahntrichter mit einem bis auf den Boden des Kolbens reichenden Rohr führt. Das Trichterrohr bleibt bis zum Hahn mit Salzsäure gefüllt. Durch anhaltendes Kochen mit starker Flamme vertreibt man die Luft aus dem Entwickelungskolben. Das Gasentwickelungsrohr lässt man mit dem kurzen aufwärts gebogenen Ende für den Austritt des Gases in ein grösseres Gefäss mit kaltem Wasser tauchen, in welchem man später auch die in $^1/_5$ ccm getheilten, 100 ccm fassenden, mit Wasser gefüllten Eudiometerrohre über das Rohrende stülpen kann.

Man fertigt sich eine Vergleichsflüssigkeit an, indem man 78,580 g chemisch reinen Kalisalpeter mit destillirtem Wasser zu 1 Liter auflöst. 5 ccm dieser Flüssigkeit enthalten 0,3929 g Salpeter oder 0,210 g Salpeter-

---

[1]) Popovici (Inauguraldissertation, Erlangen 1889) schlägt vor, 0,4 g Tabakpulver mit 10 ccm Säuregemisch und 5—6 Tropfen einer 10-procentigen Platinchloridlösung zu oxydiren, da ohne diesen Zusatz das Kjeldahl'sche Verfahren viel zu niedrige Ergebnisse liefert. Er verlangt auch für ganz genaue Stickstoffbestimmungen das Dumas'sche Verfahren. Nach allen bisherigen Beobachtungen über die Oxydationsenergie des Schwefelsäure- und Phosphorsäuregemisches mit Quecksilber dürfte aber das Kjeldahl'sche Verfahren in dieser Abänderung für die Zwecke der Tabakanalyse hinreichend zuverlässige Ergebnisse liefern.

säureanhydrid (N_2O_5) und entwickeln je nach Temperatur und Barometerstand 90—100 ccm Stickoxydgas.

Ist die Luft aus dem oben beschriebenen Apparat vollständig vertrieben, so setzt man ein mit Wasser gefülltes Eudiometerrohr über das Ende des Entwickelungsrohres, füllt in den Trichter genau 5 ccm der Salpeterlösung und lässt durch das Trichterrohr langsam und vorsichtig (um ein Zurücksteigen in Folge etwaiger zu starker Abkühlung der Entwickelungsflüssigkeit zu vermeiden) ungefähr kubikcentimeterweise diese Lösung in den Entwickelungskolben einfliessen. Ist die Lösung soweit eingeflossen, dass ihr Niveau dicht über dem Quetschhahnverschluss (niemals darunter!) steht, so spült man mit je 3—5 ccm Salzsäure Trichter und Trichterrohr mehrmals nach, bis man sicher ist, dass alle Salpeterlösung im Entwickelungskolben vollständig zersetzt und alles Stickstoffoxydgas ausgetrieben ist. Nun bringt man das Eudiometer mit dem Stickstoffoxydgas in ein tiefes cylindrisches Gefäss mit luftfreiem Wasser, stülpt ein zweites mit Wasser gefülltes Eudiometer auf das Ende der Entwickelungsröhre und giebt die 16 g Tabak entsprechende Lösung in den Trichter. Diese Lösung zersetzt man genau in derselben Weise wie die Vergleichsflüssigkeit, spült ebenso mit Salzsäure bis zur Beendigung der Zersetzung nach und bringt zuletzt das zweite Eudiometer in denselben Kühlwassercylinder wie das erste. Nach vollständigem Ausgleich der Temperaturen in den Eudiometern und um dieselben liest man die Gasvolumina ab, indem man die Eudiometer bei der Niveaueinstellung mit Holzklemmen anfasst.

Hat man bei der ersten Bestimmung A, bei der zweiten a ccm Stickstoffoxydgas gefunden, so enthält der Tabak $\dfrac{100\,a}{16\,A} \times 0{,}21 = 1{,}3125\,\dfrac{a}{A}\,\%$ Salpetersäureanhydrid (N_2O_5).

Mit einer Eisenchlorürbeschickung können so, die erste Bestimmung zur Ermittelung von A eingerechnet, 8—10 Salpetersäurebestimmungen nach einander ausgeführt werden, ohne dass für die der ersten folgenden Bestimmungen Zeit und Mühe für das Auskochen des Apparats erforderlich wird. Dies ist beim Zusammendrängen zahlreicher Nitratbestimmungen ein nicht zu unterschätzender Vortheil.

d) *Bestimmung des Nikotins.*

1. Nach Kissling. Diese Bestimmung des Nikotins beruht auf dessen Ausziehbarkeit aus dem mit Alkali angefeuchteten Tabak durch Aether, auf der Nichtflüchtigkeit des Nikotins mit Aetherdämpfen unter 50^0 und auf seiner Flüchtigkeit mit Wasserdämpfen, endlich auf seinen stark ausgeprägt basischen Eigenschaften.

Von dem bei 50^0 getrockneten und gepulverten Tabak werden 20 g in einer Porzellanschale mit 10 ccm einer verdünnten alkoholischen Natronlauge — 6 g Natriumhydroxyd in 100 ccm 55—60%-igen Alkohol — sorgfältig durchgearbeitet; das feuchte Pulver wird in eine Papierhülse und damit in einen Soxhlet'schen Extraktionsapparat gebracht und

2—3 Stunden mit Aether ausgezogen. Der Extraktionskolben muss etwa 400 ccm Raum fassen. Danach wird der Aether zu vier Fünftel bei gelinder Wärme langsam abdestillirt und der Rückstand, mit 50 ccm einer 0,4 %-igen Natronlauge versetzt, der Destillation im lebhaften Wasserdampfstrom mit aufgesetztem Soxhlet'schen Kugeldestillationsrohr unterzogen, wie dies z. B. bei der Bestimmung der flüchtigen Säure im Wein[1]) üblich ist. Mit dem Einströmenlassen des Dampfes beginnt man erst, wenn die nikotinhaltige Flüssigkeit schon einige Minuten siedet. Die Destillation und Dampfzuleitung wird so geführt, dass am Schlusse bei 400 ccm Destillat die den Tabakauszug enthaltende Flüssigkeit auf etwa 15—20 ccm eingeengt ist. Man legt 5 ccm Normalschwefelsäure vor und titrirt den Ueberschuss an Säure mit Viertelnormalalkali und Rosolsäure als Indikator zurück. 1 ccm Normalschwefelsäure vermag, da gegen Sauerstoffsäuren das Nikotin sich als einbasischer Körper verhält, 0,162 g Nikotin ($C_{10}H_{14}N_2$) zu neutralisiren. 5 ccm Normalschwefelsäure genügen, um aus 20 g Tabak das Nikotin noch zu sättigen, wenn der Gehalt des Tabaks bis zu 4 % Nikotin beträgt. Grössere Gehalte als 4 % wird man nur ausnahmsweise in ganz schweren unfermentirten Rohtabaken finden. Man kann in diesem Falle — wenn der Indikator Uebersättigung der vorgelegten 5 ccm Normalschwefelsäure anzeigt — ohne Weiteres dem Destillat noch 1 oder 2 ccm Normalschwefelsäure zusetzen und darauf austitriren. Hat man 20 g Tabak angewendet, 5 ccm Normalschwefelsäure vorgelegt und zum Zurücktitriren der überschüssigen Säure n ccm $^1/_4$-Normalalkali gebraucht, so enthält der Tabak (20 — n) 0,2025 % Nikotin oder (20 — n) 0,035 % Stickstoff in Form von Nikotin.

2. **Polarimetrisch nach Popovici.** Ebenso genau gestaltet sich nach den mitgetheilten Beleganalysen das Verfahren der polarimetrischen Nikotinbestimmung, wie es auf die Anregung von Kossel durch Popovici[2]) ausgearbeitet worden ist: 20 g Tabakpulver werden mit 10 ccm einer verdünnten alkoholischen Natronlauge (6 g Natriumhydroxyd in 40 ccm Wasser gelöst und mit 95 %-igem Alkohol zu 100 ccm aufgefüllt) durchfeuchtet und dann im Soxhlet'schen Extraktionsapparat mit Aether 3—4 Stunden ausgezogen. Der ätherische Auszug wird in demselben Kolben, welcher am Extraktionsapparat die ätherische Lösung aufgenommen hat, mit 10 ccm einer ziemlich koncentrirten, salpetersauren Lösung von Phosphormolybdänsäure[3]) geschüttelt, wodurch Nikotin, Ammoniak etc. als

---

[1]) Zeitschrift für analytische Chemie 1883, *22*, 516.

[2]) Popovici, Beiträge zur Chemie des Tabaks. Inauguraldissertation, Erlangen 1889, und Zeitschrift für physiologische Chemie, 1889, *13*, 445.

[3]) Die Phosphormolybdänsäurelösung ist nach folgender Vorschrift zu bereiten: 20 g molybdänsaures Ammon werden in 200 ccm Wasser gelöst und mit 100 ccm Salpetersäure vom specifischen Gewicht 1,185 auf dem Wasserbade längere Zeit bei etwa 50° behandelt. Die klare salpetersaure Lösung wird mit

ein leicht zu Boden sinkender Niederschlag ausgefällt werden, und die überstehende Aetherschicht sorgfältig abgegossen. Der den Niederschlag enthaltende Schlamm wird durch Zusatz von destillirtem Wasser auf das Volumen von 50 ccm gebracht und alsdann das Nikotin durch Hinzufügen von 8 g feingepulvertem Baryumhydroxyd in Freiheit gesetzt. Die Zersetzung erfolgt langsam, und es empfiehlt sich, den Kolben einige Stunden unter zeitweiligem Umschütteln stehen zu lassen. Der anfänglich blaue Niederschlag ändert seine Farbe bald in blaugrün und wird schliesslich gelb. Das alkalische Zersetzungserzeugniss, welches freies Nikotin enthält, wird filtrirt, das etwas gelblich gefärbte Filtrat im 200 mm-Rohr polarisirt und der Drehungswinkel in Minuten abgelesen. Daraus wird der Nikotingehalt nach folgender empirisch gewonnenen Tabelle ermittelt, für deren Aufstellung man 15 Lösungen, deren Nikotingehalt zwischen 0,250 und 2,000 g in 50 ccm sich bewegte, im 200 mm-Rohr polarisirte.

Ordnungszahl	50 ccm Lösung enthalten Nikotin	Differenz in Gramm Nikotin	Beobachteter Drehungswinkel in Minuten	Differenz in Minuten	Einer Drehung von einer Minute entspricht Nikotin in g
1	2,000	—	337	—	—
2	1,875	0,125	318	19	0,00658
3	1,750	0,125	298	20	0,00625
4	1,625	0,125	278	20	0,00625
5	1,500	0,125	258	20	0,00625
6	1,375	0,125	238	20	0,00625
7	1,250	0,125	217	21	0,00595
8	1,125	0,125	196	21	0,00595
9	1,000	0,125	175	21	0,00595
10	0,875	0,125	154	21	0,00595
11	0,750	0,125	133	21	0,00595
12	0,625	0,125	111	22	0,00569
13	0,500	0,125	89	22	0,00569
14	0,375	0,125	67	22	0,00569
15	0,250	0,125	45	22	0,00569

einer 25 %-igen Lösung von Natriumphosphat versetzt, so lange als noch ein Niederschlag entsteht, und das Gemisch auf dem warmen Wasserbade stehen gelassen, bis sich der gelbe Niederschlag vollständig abgesetzt hat. Dann wird filtrirt, der Niederschlag ausgewaschen und, wiederum auf dem warmen Wasserbade, mit möglichst wenig Natriumkarbonatflüssigkeit gelöst. Die klare Lösung wird zur Trockne eingedampft und durch schwaches Glühen das Ammoniak verjagt. Den Rückstand befeuchtet man mit etwas Salpetersäure, glüht ihn nochmals schwach, wägt ihn, löst ihn in der zehnfachen Menge destillirten Wassers und fügt soviel Salpetersäure hinzu, bis der hierdurch anfänglich entstandene Niederschlag sich soeben vollkommen gelöst hat.

Um nach diesem Verfahren den Nikotingehalt eines Tabaks zu bestimmen, behandelt man eine abgewogene Menge (20 g) Tabakpulver genau in der oben angegebenen Weise und bestimmt den Drehungswinkel der so erhaltenen Nikotinlösung. Durch direkte Vergleichung der erhaltenen Zahl mit dem entsprechenden Werth der Tabelle, bezw. durch Interpolation der Zwischenwerthe mittels der in der letzten Spalte angegebenen Koëfficienten erfährt man das in der angewendeten Tabakmenge enthaltene Nikotin.

e) *Bestimmung des Ammoniaks.* Ammoniakverbindungen finden sich in frischen Tabaken nicht, wohl aber in abgehängten und fermentirten Tabaken. Man bestimmt das Ammoniak indirekt, indem man Ammoniak und Nikotin zusammentitrirt und von dem ermittelten Alkalitätswerth den auf das Nikotin allein entfallenden Werth (vergl. vorigen Abschnitt) in Abzug bringt.

Man behandelt 20 g Tabak mit etwa 350 g schwefelsäurehaltigem Wasser (0,5 % Schwefelsäure (SO_3) enthaltend) in der Wärme, giebt soviel Wasser zu, dass die Gesammtflüssigkeit mit Einrechnung der in dem Tabak enthaltenen Feuchtigkeit 400 ccm beträgt, filtrirt 200 ccm Tabaklösung ab, setzt Magnesiumoxyd zu, destillirt mit Wasserdämpfen und treibt mit dem Wasserdampfstrom — bis zu 400 ccm Destillat — unter Vorlage von 5 ccm Normalschwefelsäure, Ammoniak und Nikotin über. Die überschüssige Säure wird mit $^1/_4$-Normalalkali zurücktitrirt. — Sind n % Nikotin vorhanden und werden zum Zurücktitriren s ccm $^1/_4$-Normalalkali gebraucht, so entsprechen 20 — s ccm $^1/_4$-Normalalkali der Alkalität von Nikotin und Ammoniak zusammen in 10 g Tabak. $\dfrac{n}{0{,}405}$ ccm $^1/_4$-Normalalkali werden durch das in 10 g Tabak vorhandene Nikotin beansprucht, folglich $\left[20 - s - \dfrac{n}{0{,}405}\right]$ ccm $^1/_4$-Normalalkali durch das in 10 g Tabak vorhandene Ammoniak. Nennt man den Ausdruck in der Klammer a, so sind in dem Tabak 0,0425 a % Ammoniak und 0,035 a % Stickstoff in Ammoniakform vorhanden.

f) *Die Bestimmung der proteïnartigen Stickstoffverbindungen.* (Vergl. Allgemeine Untersuchungsmethoden Heft I S. 3.)

g) *Die Bestimmung des Stickstoffs der Amidoverbindungen.* Sofern man sich nicht damit begnügt, als Amidostickstoff die Differenz anzusehen zwischen Gesammtstickstoff einerseits und Nikotin-, Salpetersäure-, Ammoniak- und Reinproteïnstickstoff andererseits, kann man auch zu einer direkten Bestimmung dieser Stickstoffform übergehen, indem man zunächst einen alkoholischen Tabakauszug aus 10 g Tabakpulver mit 100 ccm 40 %-igem Alkohol herstellt. Das klare, von Alkohol befreite Filtrat wird mit Schwefelsäure angesäuert, und dann mit möglichst wenig phosphorwolframsaurem Natrium das Eiweiss, Pepton, Nikotin, Ammoniak ausgefällt, auf 100 ccm aufgefüllt, 75 ccm abfiltrirt, letztere im Verbrennungskolben eingedunstet und der Stickstoff nach Kjeldahl bestimmt. In dieser Stickstoffmenge ist auch der etwaige Salpeterstickstoff enthalten und muss nötbigenfalls in Abzug gebracht werden, um den reinen Amidstickstoff zu erfahren. Der Unterschied zwischen dem Gesammtstickstoff und der Gesammtmenge aller anderen einzeln bestimmten Stickstoffformen wäre als Peptonstickstoff anzusprechen.

h) *Bestimmung des Harz- und Fettgehalts.* Die Bestimmung des Harzes und Fettes ist nur ein Extraktionsverfahren. 5 g des fein gepulverten und bei 50° getrockneten Tabaks werden im Soxhlet'schen Extraktionsapparat mit Aether erschöpft, der ätherische Auszug wird eingedunstet und mit Wasser ausgelaugt. Der in Wasser unlösliche Rückstand verbleibt zum grössten Theil im Extraktionskölbchen; die wässerige Lösung wird warm abfiltrirt und das Filter mit warmem Wasser ausgewaschen. Der Rückstand im Extraktionskölbchen wird mit heissem 95 %-igem Alkohol aufgenommen, durch dasselbe Filter in ein Wägegläschen mit senkrechten Wänden filtrirt, Kölbchen und Filter ausgewaschen, die Lösung eingedunstet und das zurückbleibende Harz getrocknet und gewogen. Die Bestimmung des Harzgehalts ist für die Beurtheilung des Tabaks insofern von Werth, als übermässig harzreiche Tabake leicht flammen und schlecht glimmen.

i) *Bestimmung der Cellulose (Rohfaser).* Das Wesen des Bestimmungsverfahrens ist genau das in den Allgemeinen Untersuchungsmethoden im Heft I unter V S. 16 für Rohfaserbestimmung angegebene; doch muss das Tabakpulver vor der Behandlung mit $1^1/_4$ %-iger Schwefelsäure und $1^1/_4$ %-iger Kalilauge erst mit Aether und hierauf mit Alkohol wiederholt ausgezogen werden, um die Chlorophyllzersetzungsstoffe und die harzartigen Körper des Tabaks zu entfernen.

k) *Die Bestimmung des Zuckers* kommt gewöhnlich nur für gebeizte Schnupf- und Kautabake in Betracht; in gut fermentirten Rauchtabaken sind kaum Spuren von Zucker vorhanden.

30 g Tabak werden mit 200 ccm Wasser ausgekocht, und nach dem Erkalten die gesammte Flüssigkeit auf 300 ccm gebracht. Man giesst den Auszug durch ein Seihtuch, presst ab und filtrirt die Lösung klar. 200 ccm Filtrat werden mit Bleiessig bis zur vollkommenen Abscheidung alles Fällbaren versetzt und mit Wasser auf 250 ccm aufgefüllt und filtrirt. Vom Filtrat werden 150 ccm, entsprechend 12 g Tabakpulver, durch Einleiten von Schwefelwasserstoffgas vom überschüssigen Blei befreit und der Bleiniederschlag abfiltrirt. Aus 125 ccm Filtrat wird der Schwefelwasserstoff durch Kochen verjagt und die etwas eingeengte Lösung auf 100 ccm aufgefüllt; sie entspricht 10 g Tabakpulver.

1. 50 ccm davon werden mit 1 g Oxalsäure im Wasserbade 20 Minuten lang auf 70° erhitzt und dadurch der Inversion unterzogen, nach dem Erkalten neutralisirt und auf 100 ccm aufgefüllt (Lösung A).

2. 40 ccm werden mit 40 ccm Wasser versetzt (Lösung B).

Jede der beiden Lösungen enthält in 100 ccm den Zucker aus 5 g Tabak, und zwar

Lösung A: Glukose und etwaigen aus dem Rohrzucker entstandenen Invertzucker.

Lösung B: Glukose und etwaigen Rohrzucker.

In beiden Flüssigkeiten wird der Zucker nach IV B. 2 der Allgemeinen Untersuchungsmethoden (Heft I S. 7) bestimmt. Das bei B erhaltene metallische Kupfer wird auf Glukose, die Differenz A—B an metallischem Kupfer wird zunächst auf Invertzucker und dann durch Multiplikation mit 0,95 auf Rohrzucker berechnet.

l) *Bestimmung der Stärke.* Die Stärke, die in gut fermentirten Tabaken ebenfalls nicht vorkommen soll, wird nach Heft I, S. 14 bestimmt.

m) *Die Bestimmung der wasserlöslichen Extractivstoffe* kann für die Entscheidung der Frage, ob ein ausgelaugter Tabak vorliegt, von Werth werden.

5 g Tabakpulver werden mit 100 ccm Wasser eine halbe Stunde lang stark gekocht; mit Hülfe einer Saugpumpe wird die wässerige Lösung durch einen mit trockner Asbestfiltermasse gewogenen Gooch'schen Tiegel abfiltrirt, und das Unlösliche mit kochend heissem Wasser ausgewaschen, bis das Filtrat farblos abläuft. Der Rückstand wird im Gooch'schen Tiegel bis zur Gewichtsbeständigkeit bei 100^0 getrocknet und gewogen.

n) *Bestimmung der Asche.* Zur Aschenbestimmung wird der Trockenrückstand benutzt, der nach „Allgemeine Untersuchungsmethoden" Heft I S. 17 behandelt wird.

1. Wasserlösliche Alkalität der Asche. Man übergiesst die Asche mit etwa 40 ccm heissem Wasser, erwärmt sie damit unter Ergänzung des verdampfenden Wassers eine Viertelstunde lang auf dem Wasserbade, spült Glasstab und Trichter mit Wasser ab und füllt in ein 100 ccm Messkölbchen, lässt auf 15^0 erkalten, stellt genau auf die Marke ein, mischt gut durch und filtrirt die wässerige Lösung. Zu 40 ccm des Filtrats, entsprechend 2 g Tabak, werden einige Tropfen Lakmustinktur und 2 ccm Normalschwefelsäure gegeben; die Flüssigkeit wird in dem mit Uhrschälchen bedeckten Becherglase aufgekocht und der Schwefelsäureüberschuss mit $1/_3$-Normalnatronlauge zurücktitrirt. Werden hierzu a ccm $1/_3$-Normalnatronlauge verbraucht, so ist die wasserlösliche Alkalität, ausgedrückt als g Kali (K_2O), in 100 g Tabak $= 0,7865 \ (6—a)$.

2. Bestimmung des Chlors. Dieselbe wird gewichtsanalytisch oder titrimetrisch nach Volhard[1] ausgeführt.

3. Bestimmung des Gesammtkalis. Dieselbe geschieht in einer nach dem Heft I S. 17 angegebenen Verfahren neu hergestellten Asche, und zwar aus deren bis zur eben deutlich saueren Reaktion mit Salzsäure ver-

---

[1] Liebig's Annalen 1878, **190**, 23.

setzten Lösung. Es werden in einer einzigen Fällung die Schwefelsäure durch Zusatz von Baryumchlorid, die Phosphorsäure durch Eisenchlorid und Ammoniak, die alkalischen Erden durch Ammoniumkarbonat abgeschieden. Die Flüssigkeit wird auf das Doppelte des Volumens der ursprünglichen Lösung gebracht, filtrirt und mit heissem Wasser ausgewaschen. Das Filtrat wird in einer Platinschale zur Trockne verdampft. Nach Abrauchen der Ammonsalze wird der Rückstand mit wenig Wasser aufgenommen, durch Zusatz von Oxalsäure, Eindampfen zur Trockne und vorsichtiges Glühen das vorhandene Magnesium in Magnesiumoxyd übergeführt und schliesslich in der abfiltrirten wässerigen Lösung das Kali in bekannter Weise bestimmt.

Die übrigen Mineralbestandtheile werden in der vorschriftsmässig gewonnenen Asche nach den in der Mineralanalyse üblichen Verfahren bestimmt. Bei der Fällung des Kalkes ist auf die Gegenwart von Phosphorsäure Rücksicht zu nehmen; die Abscheidung mit oxalsaurem Ammon muss daher aus essigsaurer Lösung stattfinden.

Bei Tabaken in Stanniolpackungen ist unter Anderem auf das etwaige Vorhandensein von Blei Rücksicht zu nehmen.

Mikroskopische Untersuchung.

Zur mikroskopischen Prüfung des Tabaks bei 50 — 100 facher Vergrösserung dienen Querschnitte durch die Blatt- und Mittelrippe, Oberhautpartien oder Theile des feingeschnittenen Pulvers.

Als kennzeichnende Unterscheidungsmerkmale echten Tabaks gegenüber den gebräuchlichen Ersatzstoffen sind in erster Linie hervorzuheben: Das reichliche Vorhandensein mehrzellig gegliederter Haare, unter denen die Drüsenhaare köpfchenartige Anschwellungen an der Spitze besitzen; der hufeisenförmige Querschnitt der Blattrippen, die überdies ebenfalls reichlich mit gewöhnlichen Gliederhaaren und mit Drüsenhaaren besetzt sind. Weitere Anhaltspunkte für die Unterscheidung des echten Tabaks von Ersatzstoffen müssen durch die Beschaffung von guten Vergleichsproben gewonnen werden. Stark geschrumpfte Theile können nöthigenfalls durch Einlegen in wässerige Ammoniakflüssigkeit wieder aufgeweicht werden.

Bestimmung der Glimmdauer und Brennbarkeit.

Bei Rauchtabaken und Rauchtabakfabrikaten wird die Glimmdauer bestimmt, indem man das Tabakblatt, oder einen Theil der aufgerollten Cigarre, oder die Füllung eines breiten Porzellantiegels mit Tabakpulver durch kurze Einwirkung der Löthrohrstichflamme anglimmt und die Sekunden zählt, während deren der Tabak von der entzündeten kreisrunden Stelle aus freiwillig fortglimmt. Um einen einigermaassen zuverlässigen Anhalt zur Beurtheilung der Brennbarkeit zu gewinnen, muss man bei jedem Tabak mindestens 8—10 einzelne Glimmversuche mit jeweils frischem völlig unangesengtem Tabak ausführen. Man kann mit dieser Bestimmung eine Prüfung des Aromas der Raucherzeugnisse verbinden.

Anhaltspunkte für die Beurtheilung des Tabaks.

Neben der analytisch kaum fassbaren Feinheit des Aromas[1]) hängt die Güte des Rauchtabaks ganz erheblich von dessen Brennbarkeit ab. Nach Schlösing und nach Nessler wird die Glimmdauer durch reichlichen Gehalt des Tabaks an Kali, insbesondere in Verbindung mit organischen Säuren erhöht, durch reichlichen Gehalt an Chlorverbindungen vermindert. Nach Adolf Mayer und nach van Bemmelen ist die Brennbarkeit eines Tabaks um so grösser, je grösser sein Gehalt an Mineralstoffen im Allgemeinen, je grösser der Gehalt an Kali und je kleiner der Gehalt an Mineralsäuren im Besonderen ist. Nach den Untersuchungen von M. Barth wird ausser durch Chlorverbindungen die Brennbarkeit auch durch Alkaliphosphate, durch Harze und durch eine grobe Blattstruktur ungünstig beeinflusst; sie wird ausser durch Kalireichthum auch durch reichliches Vorhandensein organischer Stickstoffverbindungen (Amidokörper) und durch zarte Blattstruktur wesentlich gehoben.

Die in Handelstabaken für die einzelnen Tabakbestandtheile ermittelten Werthe schwanken je nach Art, Abstammung, Boden, Düngung, Fermentation und weiterer Behandlung in der Verarbeitung zu genussfertigen Fabrikaten innerhalb sehr weiter Grenzen. Als Grundlagen für die Grenzwerthe sind insbesondere die Mittheilungen von Nessler, Kissling, Fesca und Barth, soweit sie in der Litteratur veröffentlicht sind, ferner auch die zur Zeit noch unveröffentlichten Ergebnisse der Analysen von M. Barth von 466 unfermentirten und 492 fermentirten in Deutschland gezogenen Tabaken der Jahrgänge 1892—1895 benutzt worden. Die Mittelwerthe sind als annähernde Durchschnittszahlen anzusehen.

Litteratur:

1. W. Tcherbatscheff, Der Tabak und seine Kultur in den nordamerikanischen Staaten, mit einer vollständigen Darstellung der Methode des Trocknens durch Feuer. Landwirthschaftliche Jahrbücher 1875. *4.* 53.
2. O. Kellner, Ueber die Bestimmung der nicht zu den Eiweisskörpern zählenden Stickstoffverbindungen in den Pflanzen. Landwirthschaftliche Versuchsstationen 1880. *24.* 439.

---

[1]) Es sei hier nochmals auf die von Kissling hervorgehobene Thatsache hingewiesen, dass im fermentirten Tabak eigentliche Proteïnkörper das Aroma ungünstig, Amidokörper und die Oxydationserzeugnisse von Harzen das Aroma günstig beeinflussen.

3. R. Kissling, Beiträge zur Chemie des Tabaks. Zeitschrift für analytische Chemie 1882. *21*. 64.

4. G. Dragendorff, Zur Bestimmung des Nikotins im Tabak. Zeitschrift für analytische Chemie 1882. *21*. 383.

5. R. Kissling, Zur Bestimmung des Nikotins in Tabaken. Zeitschrift für analytische Chemie 1883. *22*. 199.

6. Müller-Thurgau, Ueber das Verhalten von Stärke und Zucker in reifenden und trocknenden Tabaksblättern. Landwirthschaftliche Jahrbücher 1885. *14*. 485.

7. M. Fesca, Ueber Kultur, Behandlung und Zusammensetzung japanischer Tabake. Landwirthschaftliche Jahrbücher 1888. *17*. 329.

8. M. Popovici, Beiträge zur Chemie des Tabaks. Inaugural-Dissertation. Erlangen 1890. Zeitschrift für physiologische Chemie 1889. *13*. 445, 1890. *14*. 182.

9. Robinson, Ueber die physiologische und therapeutische Wirkung des persischen Tabaks. Nouv. Remèdes P. P. 1889. *12*. 795. Chemisches Centralblatt 1890. *I*. 91.

10. Anton Ihl, Tabakssaft und Holzsubstanz. Chemiker-Zeitung 1890. *14*. 67.

11. J. M. van Bemmelen, Zusammensetzung von vulkanischem Boden in Sumatra und Java, welcher für die Tabakskultur benutzt wird. Landwirthschaftliche Versuchsstationen 1890. *37*. 257 und 374.

12. J. M. van Bemmelen, Zusammensetzung der Asche der Tabaksblätter in Beziehung zu ihrer guten und schlechten Qualität, insbesondere zu ihrer Brennbarkeit. Landwirthschaftliche Versuchsstationen 1890. *37*. 409.

13. A. Pezzolato, Bestimmung des Nikotins in Gegenwart von Ammoniak. Gazz. chimica ital. 1890. *20*. 780.

14. Adolf Mayer, Tabaksdüngungsversuche mit Beurtheilung der Qualität des Erzeugnisses. Landwirthschaftliche Versuchsstationen 1891. *38*. 93.

15. Adolf Mayer, Ueber die klimatischen Bedingungen der Erzeugung von Nikotin in der Tabakspflanze. Ebenda 1891. *38*. 453.

16. Emil Suchsland, Ueber Tabaksfermentation. Berichte der deutschen botanischen Gesellschaft 1891. *9*. 79.

17. Max Barth, Untersuchungen von im Elsass gezogenen Tabaken und einige Beziehungen zwischen der Qualität des Tabaks und seiner Zusammensetzung. Landwirthschaftliche Versuchsstationen 1891. *39*. 81.

18. J. B. de Toni und Julius Paoletti, Beitrag zur Kenntniss des anatomischen Baues von Nicotiana Tabacum L. Berichte der deutschen botanischen Gesellschaft 1891. Generalversammlungsheft S. 42.

19. E. Beinling und J. Behrens, Ueber Tabaksamen und Anzucht der Setzlinge. Landwirthschaftliche Versuchsstationen 1892. *40*. 339.

20. J. Nessler, Ueber den Bau und die Behandlung des Tabaks. Ebenda 1892. *40*. 395.

21. J. Pinette, Zur Nikotinbestimmung in Tabakslaugen. Chemiker-Zeitung 1892. *16*. 1072.

22. R. Kissling, Fortschritte auf dem Gebiete der Tabakchemie. Chemiker-Zeitung 1892. *16*. 1153, 1893. *17*. 1121.

23. M. Abeles und H. Paschkis, Beiträge zur Kenntniss des Tabakrauches. Archiv für Hygiene 1892. *14*. 209.

24. J. Behrens, Weitere Beiträge zur Kenntniss der Tabakpflanze. Landwirthschaftliche Versuchsstationen 1892. *41.* 191, 1894. *43.* 271, 1895. *45.* 441, 1896. *46.* 163.

25. R. Nasini und A. Pezzolato, Abscheidung des Nikotins aus seinen Salzen nnd Einwirkung des Alkohols auf dieselben. Rendiconti della Acad. dei Lincei (Roma) 1892. Chemisches Centralblatt 1893. *I.* 215.

26. Armand Gautier, Tabaksrauch. Compt. rend. 1892. *115.* 992.

27. R. Kissling, Zur Bestimmung des Nikotins im Tabak. Zeitschrift für analytische Chemie 1893. *32.* 567.

28. V. Vedrödi, Analyse des Tabaks und seiner Fabrikate. Zeitschrift für analytische Chemie 1893. *32.* 277.

29. G. Heut, Beiträge zur Bestimmung des Nikotingehaltes der Tabake. Archiv der Pharmacie 1893. *231.* 376 und 658.

30. J. N. Dávalos, Ueber die Gährung des Tabaks. Centralblatt für Bakteriologie 1893. *13.* 390.

31. J. Nessler, Ueber die Verbrennlichkeit des Tabaks. Journal für Landwirthschaft 1894. *44.* 357.

32. R. Kissling, Fortschritte auf dem Gebiete der Tabakchemie. Chemiker-Zeitung 1894. *18.* 968, 1896. *20.* 715.

33. V. Vedrödi, Eine Studie über die Verbrennlichkeit des Tabaks. Landwirthschaftliche Versuchsstationen 1895. *45.* 295.

34. V. Vedrödi, Zur Bestimmung des Nikotins und des Ammoniaks im Tabak. Zeitschrift für analytische Chemie 1895. *34.* 413, 1896. *35.* 309.

35. N. Passerini, Versuche zur Düngung des Tabaks. Staz. sperim. agrar. ital. 1895. *28.* 513. Chemisches Centralblatt 1895. *II.* 841.

36. R. Kissling, Bestimmung von Ammoniak und Nikotin im Tabak. Zeitschrift für analytische Chemie 1895. *34.* 731.

37. A. Cserháti, Versuche über die Brennbarkeit des Tabaks. Journal für Landwirthschaft 1895. *43.* 379.

38. H. J. Patterson, Wirkung verschiedener Düngung auf Zusammensetzung und Brennbarkeit des Tabaks. Agric. Science 1894. *8.* 329. Centralblatt für Agrikulturchemie 1895. *24.* 662.

39. A. Jaworowski, Ein neues Reagenz auf Alkaloïde. Pharmaceutische Zeitschrift für Russland 1896. *35.* 326.

40. E. Hintz und H. Weber, Bestimmung von Kali in Tabakrippen. Zeitschrift für analytische Chemie 1896. 686.

41. L. Janke, Ueber die wichtigsten überseeischen und orientalischen Handelstabake. Forschungsberichte über Lebensmittel u. s. w. 1897. *4.* 58.

42. van Hamel Roos et Harmens, Le dosage de la nicotine au tabac. Revue internationale des falsifications 1897. *10.* 97.

43. R. Kissling, Beiträge zur Chemie des Tabaks. Chemiker-Zeitung 1898. *22.* 1, 1899. *23.* 2, 1900. *24.* 499.

44. R. Kissling, Fortschritte auf dem Gebiete der Tabakchemie. Chemiker-Zeitung 1898. *22.* 524, 1900. *24.* 488.

45. R. Kissling, Nachweis des Nikotins im Tabakrauche. Chemiker-Zeitung 1898. *22.* 805.

46. R. Hefelmann, Zur Nikotinbestimmung im Tabak. Pharmaceutische Centralhalle 1898. *39.* 523.

47. H. Sinnhold, Nikotingehalt von im Detail bezogenen Cigarren und Tabaken. Archiv der Pharmacie 1898. *236*. 522.

48. A. K. Dambergis, Die Tabak- und Tumbeksorten Griechenlands. Oesterreichische Chemiker-Zeitung 1898. *1*. 479.

49. C. C. Keller, Die Bestimmung des Nikotins im Tabak. Berichte der deutschen pharmaceutischen Gesellschaft 1898. *8*. 145.

50. H. Melzer, Beiträge zur forensischen Chemie: Nachweis von Nikotin. Zeitschrift für analytische Chemie 1898. *37*. 352 und 357.

51. M. Mendelson, Action du tabac sur les organes digestifs respiratoires. Revue internationale des falsifications 1898. *11*. 144.

52. M. Mendelson, Influence du tabac sur la santé. Ebenda 1899. *12*. 211.

53. T. H. Vernhout, Untersuchungen über die Bakterien der Tabaksgährung. Mededeelingen uit S'Lands Plantentuin 1899. Centralblatt für Bakteriologie 2. Abtheilung. 1900. *6*. 377.

54. F. Wahl, Ueber den Gehalt des Tabakrauches an Kohlenoxyd. Pflüger's Archiv 1899. *78*. 262.

55. J. Behrens, Weitere Beiträge zur Kenntniss der Tabakpflanze. Landwirthschaftliche Versuchsstationen 1899. *52*. 213 und 431.

56. C. J. Koning, Holländischer Tabak. De ind. Mercuur 1899. Centralblatt für Bakteriologie. 2. Abtheilung. 1900. *6*. 344.

57. P. Dobriner, Reaktionen des Nikotins. Zeitschrift für analytische Chemie 1899. *38*. 53.

58. O. Loew, Was ist die Ursache der sogen. Tabaksgährung? Science 1899. *9*. 376. Chemiker-Zeitung 1899. *23*. Rep. 86.

59. Schindelmeiser, Zum Nachweise des Nikotins. Pharmaceutische Centralhalle 1899. *40*. 703. Zeitschrift für Untersuchung der Nahrungs- und Genussmittel 1901. *4*. 68.

60. O. Loew, Sind Bakterien die Ursache der Tabaksfermentation? Centralblatt für Bakteriologie. 2. Abtheilung. 1900. *6*. 108 und 590.

61. G. Harker, Ueber die Bestimmung des Nikotins und über die Menge des Nikotins in Neu-Süd-Wales-Tabaken. Chem. News 1900. *81*. 273. Zeitschrift für Untersuchung der Nahrungs- und Genussmittel 1901. *4*. 498.

62. A. von Sigmond, Nährstoffaufnahme bei Tabak. Journal für Landwirthschaft 1900. *48*. 251.

63. H. Thoms, Ueber die Rauchprodukte des Tabaks. Berichte der deutschen pharmaceutischen Gesellschaft 1900. *10*. 19.

64. C. Binz, Ueber das Kohlenoxyd im Tabakrauche. Zeitschrift für angewandte Chemie 1900. 301.

65. Jules Toth, Neue Methode zur Bestimmung des Nikotins im Tabak und in den wässerigen Auszügen der Tabakblätter. Chemiker-Zeitung 1901. *25*. 610.

66. J. Behrens, Oxydirende Bestandtheile und die Fermente des deutschen Tabaks. Centralblatt für Bakteriologie 2. Abtheilung. 1901. *7*. 1.

67. A. Pictet und A. Rotschy: Ueber neue Alkaloïde des Tabaks. Berichte der Deutschen chemischen Gesellschaft 1901. *34*. 696.

68. G. E. Colby, Nikotingehalt kalifornischer Tabake. Rep. Agr. Exper. Stat. Calif. für 1897/98, Sacramento 1900, 1901. 149. Zeitschrift für Untersuchung der Nahrungs- und Genussmittel 1901. *4*. 1042.

Lehr- und Handbücher.

69. M. Barth, Die künstlichen Düngemittel im Getreide-, Futter- und Handelsgewächsbau. Berlin bei Paul Parey 1879.

70. Grandeau, Agrikulturchemische Analysen. Berlin bei Paul Parey 1879.

71. Th. Kosutany, Chemisch-physiologische Untersuchungen der charakteristischen Tabaksorten Ungarns. Budapest 1882.

72. J. Nessler, Der Tabak, seine Bestandtheile und seine Behandlung. Quedlinburg u. Leipzig 1883 bei Ernst.

73. Lothar Becker, Die Fabrikation des Tabaks in der alten und neuen Welt. 2. Aufl. Norden 1883 bei Henricus Fischer, Nachfolger.

74. L. v. Wagner, Tabakkultur, Tabak- und Cigarrenfabrikation. Weimar 1888.

75. J. König, Chemie der menschlichen Nahrungs- und Genussmittel. Berlin bei Jul. Springer 1889—1893.

76. R. Kissling, Der Tabak im Lichte der neuesten naturwissenschaftlichen Forschung. Berlin 1893 bei Paul Parey.

77. L. Jankau, Der Tabak und seine Einwirkung auf den menschlichen Organismus etc. München 1894 (Seitz & Schauer).

78. A. K. Dambergis, Die griechischen Tabake und Toubekis. 1894. Internationaler Kongress für angewandte Chemie in Brüssel. Sonder-Abdruck.

79. L. Janke, Der Tabak. Monographie. Sonderabdruck aus dem „Neuen Handwörterbuch der Chemie" von H. v. Fehling. 1899. 84. Lieferung 116.

Luft.

Referent des Ausschusses: **Dr. König.**
Verfasser: **Dr. König** und **Rupp.**

Die atmosphärische Luft besteht im Wesentlichen aus einer Mischung von Stickstoff und Sauerstoff, neben geringen Mengen von Kohlensäure und Argon (sowie sehr geringen Mengen einiger anderer seltener Gase wie: Helium, Neon, Krypton und Xenon). Ausserdem enthält die Luft wechselnde Mengen von Wasserdampf und durchweg Spuren von Ozon und Wasserstoffsuperoxyd, Ammoniak, salpetriger Säure und Salpetersäure.

Im Durchschnitt enthält die trockene Luft:

	Gewichtsprocent	Volumprocent
Stickstoff	75,95	78,40
Sauerstoff	23,10	20,94
Kohlensäure	0,05	0,03
Argon[1])	0,90	0,63

und feuchte Luft im Durchschnitt:

	Gewichtsprocent	Volumprocent
Wasserdampf	0,84	1,30

Der Gehalt der freien Luft an Sauerstoff ist nur geringen Schwankungen unterworfen, nämlich nur von 20,85—20,99 Vol.-%; der Gehalt an Kohlensäure schwankt von 0,022—0,045 Vol.-%; der Gehalt an Argon von 0,94—1,00 Vol.-%. Die vorhandenen Mengen Wasserdampf richten sich wesentlich nach der Temperatur der Luft. 1 cbm Luft kann bei — 5⁰ = 3,50 g, bei ± 0 = 4,86 g, bei 10⁰ = 9,35 g, bei 20⁰ = 17,12 g und bei 30⁰ = 30,03 g Wasser in Dampfform (absoluter Feuchtigkeitsgehalt) aufnehmen, von welchen Mengen durchweg nur 60—80 % vorhanden zu sein pflegen (relative Feuchtigkeit); die an der vollen Sättigung fehlende Menge Wasser heisst „Sättigungsdeficit“.

Verunreinigungen.

Die freie Aussenluft wird verunreinigt durch Staub aller Art, Rauchgase aus Wohnungen und industriellen Anlagen, die stets grössere Mengen Flugasche, Russ, Kohlensäure, durchweg auch schweflige Säure und Schwefel-

---

[1]) E r d m a n n, Lehrbuch der anorganischen Chemie, 2. Aufl. 1900, S. 220.

säure, zuweilen auch Kohlenoxyd, Kohlenwasserstoffe, Salzsäure, Chlor, Ammoniak, Schwefelwasserstoff etc. einschliessen; ferner wird dieselbe verunreinigt durch Ausdunstungen aus dem Boden und Fäulnissheerden, z. B. aus Abortgruben etc.

Der Staubgehalt ist wesentlich von der Stärke der Windbewegung, der Bodenbeschaffenheit und von der Besiedelung des Ortes, sowie von industriellen Betrieben abhängig; er ist in den Städten grösser als auf dem Lande, nach Regen geringer als bei Trockenheit. In der freien Luft schwankt der Staubgehalt durchweg von Spuren bis 50 mg, in Wohn- und Fabrikräumen von wenigen bis 150 mg für 1 cbm Luft. Die Bakterienkeime fallen und steigen im Allgemeinen mit dem Staubgehalt von einigen wenigen bis zu mehreren 1000 für 1 cbm Luft.

Die Luft in geschlossenen Räumen wird noch besonders verunreinigt durch die Ausathmungen und Ausdunstungen des Menschen selbst sowie von Thieren, durch Heiz- und Beleuchtungsvorrichtungen, Staub aller Art, und unter Umständen durch Arsen bei Bekleidung der Wände mit arsenhaltigen Tapeten. Hierzu gesellen sich bei Gewerbebetrieben noch Verunreinigungen durch besondere Gase, durch Gerüche und Staub der verschiedensten Art, je nach dem Fabrikbetriebe.

Gesichtspunkte für die Untersuchung.

Wichtige und häufig vorzunehmende Untersuchungen:

1. Bestimmung der Temperatur.
2. Bestimmung des Wassergehaltes der Luft (Sättigungsdeficit und relative Feuchtigkeit).
3. Bestimmung der Kohlensäure.
4. Bestimmung des Kohlenoxyds.
5. Bestimmung der Staub- und Russtheilchen.
6. Feststellung der Anzahl und Art der Bakterienkeime und Pilze.

Wünschenswerthe bezw. nur selten auszuführende Untersuchungen:

1. Bestimmung des Sauerstoff- und Ozongehaltes.
2. Bestimmung des Salzsäuregases.
3. Bestimmung des Chlors.
4. Bestimmung des Schwefelwasserstoffs.
5. Bestimmung der schwefligen Säure.
6. Bestimmung der Schwefelsäure.
7. Bestimmung des Ammoniaks.
8. Bestimmung der salpetrigen Säure und der Salpetersäure sowie des Wasserstoffsuperoxyds im Regenwasser.
9. Prüfung auf Metalldämpfe.
10. Nachweis von Kohlenwasserstoffen.
11. Prüfung auf die Anwesenheit von Fluorwasserstoff.

Bei der Bestimmung der nur in geringerer Menge in der Luft enthaltenen Gase, wie des Ammoniaks, der schwefligen Säure u. s. w. sind grössere Mengen Luft der Untersuchung zu unterwerfen. In allen Fällen wird das Volumen der Luft, am besten mittels einer Experimentirgasuhr, gemessen und auf 0^0 und 760 mm Barometerstand umgerechnet.

Ausführung der Untersuchungen.

I. Wichtige und häufig vorzunehmende Untersuchungen.

1. Bestimmung der Temperatur und
2. Bestimmung des Wassergehaltes der Luft.

Die Bestimmung der Temperatur und der Feuchtigkeit wird in üblicher Weise wie an den meteorologischen Beobachtungsstationen ausgeführt, z. B.:

Die Feuchtigkeit mittels des Psychrometers von August durch Messung der Verdunstungskälte aus dem Unterschiede eines trockenen und eines feuchten Thermometers oder durch das von Saussure angegebene und von Koppe verbesserte Haarhygrometer.

3. Bestimmung der Kohlensäure.

Die Kohlensäure der Luft wird für alle irgendwie wichtigen Fälle nach dem Verfahren von v. Pettenkofer oder nach dem von Pettersson-Sondén bestimmt. Bezüglich des letzteren wird auf die Abhandlungen von Otto Pettersson[1]) und von Klas Sondén[2]) verwiesen.

Das v. Pettenkofer'sche Verfahren beruht darauf, dass man die in einem bestimmten Luftvolumen enthaltene Kohlensäure durch Schütteln mit überschüssigem titrirtem Barytwasser absorbirt und den durch Kohlensäure nicht veränderten Theil des Barytwassers durch Titration mit Oxalsäure unter Anwendung von Rosolsäure oder Phenolphthaleïn als Indikator bestimmt. Aus dem Unterschiede berechnet sich der Kohlensäuregehalt des untersuchten Luftvolumens.

Zu dieser Bestimmung sind erforderlich:

a) Eine Oxalsäurelösung, von welcher je 1 ccm $= 0{,}25$ ccm Kohlensäureanhydrid (CO_2) bei 0^0 und 760 mm entspricht. Wenn das Gewicht von 1 Liter Luft $= 1{,}293$ g und das specifische Gewicht des Kohlensäureanhydrides auf Luft als Einheit bezogen $= 1{,}529$ gesetzt wird[3]), so ergiebt sich das Gewicht von 1 Liter Kohlensäureanhydrid $= 1{,}9770$ g. Danach würde die zur Bestimmung der Kohlensäure erforderliche Oxalsäurelösung $1{,}4162$ g krystallisirte Oxalsäure im Liter enthalten müssen.

b) Barytwasser. Dieses wird hergestellt, indem ungefähr 4,5 g reines krystallisirtes Baryumhydroxyd ($Ba(OH)_2 + 8H_2O$) in 1 Liter destillirtem Wasser gelöst werden; da das Baryumhydroxyd nicht immer frei von Alkalien ist, so fügt man der Lösung noch etwa 0,25 g Baryumchlorid hinzu.

c) Indikatorlösung. Phenolphthaleïn, 1 : 30 in 80 %-igem Alkohol (oder Rosolsäure, 1 : 500 Alkohol).

---

[1]) Otto Pettersson, Luftanalyse nach einem neuen Princip, Zeitschrift für analytische Chemie 1886, **25**, 467.

[2]) Klas Sondén, Zur hygienischen Luftanalyse, Zeitschrift für analytische Chemie 1887, **26**, 592.

[3]) Erdmann, Lehrbuch der anorganischen Chemie, 2. Aufl. 1900, S. 220 und 392.

d) **Geaichte Flaschen** von etwa 5 l Inhalt. Eine gut gereinigte und vollständig trockene Flasche wird gewogen, hierauf mit destillirtem Wasser von 15° ganz gefüllt und wieder gewogen. Die Gewichtszunahme in Grammen giebt den Inhalt der Flasche in ccm an.

Ausführung des Verfahrens.

Eine nach d) geaichte, vollständig trockene Flasche bringt man in den Raum, in welchem die Kohlensäure bestimmt werden soll, und bläst mittels eines Blasebalges, an dessen unterem Ende ein Gummischlauch, der bis auf den Boden der Flasche reicht, angebracht ist, mit etwa 100 Stössen von der zu untersuchenden Luft in die Flasche, giebt hierauf 100 ccm von dem unter b. beschriebenen Barytwasser hinzu und verschliesst die Flasche wieder mit einer Gummikappe oder einem Gummipfropfen.

Während dieser Arbeit wird die Temperatur des zu untersuchenden Raumes, der Barometerstand, sowie die Temperatur an dem Barometer abgelesen und aufgeschrieben.

Zur Absorption der Kohlensäure der Luft im Barytwasser schüttelt man dieses etwa 15 Minuten lang in der Flasche hin und her, ohne die Gummikappe zu benetzen, füllt dann den Inhalt der Flasche mittels eines Trichters vorsichtig am offenen Fenster oder im Freien in einen 150 ccm fassenden, mit Glasstöpsel versehenen Glascylinder und lässt die Flüssigkeit während 3—6 Stunden sich absetzen. Von dem klaren Barytwasser bringt man vorsichtig mittels einer Pipette 25 ccm in ein Kölbchen und titrirt unter Benutzung von Phenolphthaleïn oder Rosolsäure als Indikator mit der unter a) beschriebenen Oxalsäurelösung.

Vor dieser Bestimmung wird der Titer des hierzu benutzten Barytwassers mit der Oxalsäurelösung festgestellt.

Zur Berechnung des Kohlensäuregehaltes der Luft ist das untersuchte Luftvolumen von der hierbei beobachteten Temperatur und dem jeweiligen Barometerstande auf 0° und 760 mm Barometerstand umzurechnen und hierauf die ermittelte Kohlensäuremenge zu beziehen. Diese Umrechnung geschieht nach folgender Formel:

$$V^0 = \frac{V.\,B.}{760\,(1 + 0{,}003665\,.\,T)}\,, \quad \text{worin}$$

$V^0 =$ Volumen der Luft bei 0° und 760 mm;

$V =$ Volumen der Luft bei dem abgelesenen Barometerstande weniger 100 ccm für zugesetztes Barytwasser;

$B =$ Barometerstand während des Versuchs, auf 0° reducirt;

$T =$ Temperatur der untersuchten Luft

$0{,}003665 =$ Ausdehnungskoëfficient der Gase.

Man kann den Kohlensäuregehalt der Luft auch dadurch bestimmen, dass man ein bestimmtes Volumen der Barytlauge in v. Pettenkofer'sche Absorptionsröhren füllt und mit der Endlauge wie vorstehend verfährt. Oder man leitet die Luft durch einen Kaliapparat, wägt vor und nach dem Versuch und erhält die Kohlensäuremenge aus der Gewichtszunahme. In letzterem Falle muss das Wasser der Luft durch koncentrirte Schwefelsäure und durch Chlorcalcium vorher entfernt werden.

Alle anderen Kohlensäurebestimmungsverfahren (so die von Wolpert, Schmidt, Schaffer, Rosenthal, Rosenthal-Ohlmüller etc.) sind nur als annähernde anzusehen.

4. Bestimmung des Kohlenoxyds.

Die Bestimmung des Kohlenoxyds geschieht in der Regel auf spektroskopischem oder chemischem Wege in folgender Weise:

In eine etwa 5 l fassende Flasche bringt man mittels eines Blasebalges Luft des zu untersuchenden Raumes, giebt 50—100 ccm einer verdünnten Blutlösung (10 Theile frisches Blut auf 40 Theile reines Wasser) hinzu, verschliesst die Flasche mit einer Gummikappe und absorbirt durch 15 bis 20 Minuten andauerndes leichtes Schütteln das vorhandene Kohlenoxyd in der Blutlösung. Von dieser Blutlösung werden 10 Tropfen mit 20 ccm Wasser verdünnt und mittels des Spektroskops vor und nach der Behandlung mit Schwefelammonium auf das Vorhandensein von Kohlenoxydhämoglobin geprüft.

Unter Umständen kann bei fortwährender Verunreinigung der Luft durch kleine Mengen kohlenoxydhaltiger Gase ein lebendiges Thier, z. B. eine Maus, zur Absorption des Kohlenoxydgases im Blute desselben benutzt werden.

Neben und an Stelle des spektroskopischen Nachweises können folgende Verfahren angewendet werden:

a) Das Verfahren von Wetzel. Etwa 10 l Luft werden durch 20 ccm einer 20 %-igen Blutlösung hindurchgeleitet, um das Kohlenoxyd zu absorbiren. Schüttelt man 5 ccm dieser Blutlösung mit 15 ccm 1 %-iger Tanninlösung, so erhält man eine Eiweissfällung, welche nach 1—2 Stunden (noch ausgesprochener nach 24 bis 48 Stunden) bei Gegenwart von Kohlenoxyd deutlich bräunlich-roth erscheint; die normale unbenutzte Blutlösung dagegen liefert einen graubraunen Niederschlag.

b) Das Verfahren von Lehmann. Man versetzt 10 ccm der Blutlösung mit 5 ccm einer 20 %-igen Ferrocyankaliumlösung und 1 ccm Essigsäure (1 Vol. Eisessig + 2 Vol. Wasser), worauf im kohlenoxydhaltigen Blute ein rothbrauner, im kohlenoxydfreien ein graubrauner Niederschlag entsteht; dieser Farbenunterschied ist schon nach einer halben Stunde vermindert und verschwindet ganz nach 2 bis 6 Tagen.

Daneben sind stets Vergleichsversuche mit reinem Blut auszuführen.

Zur Bestimmung grösserer Mengen von Kohlenoxyd kann auch Palladiumchlorür verwendet werden.

5. Bestimmung der Staub- und Russtheilchen.

Zur Bestimmung der in der Luft enthaltenen Staub- und Russtheilchen aspirirt man etwa 1000—2000 l Luft durch eine mit Baumwolle,

Glaswolle oder mit Asbest gefüllte, bei 100° bis zum gleichbleibenden Gewicht getrocknete Röhre und bestimmt aus der Gewichtszunahme die Menge des in der Luft vorhandenen Staubes.

Der Staub wird mikroskopisch und chemisch auf organische und anorganische Bestandtheile geprüft.

Unter Umständen kann man die Luft auch durch destillirtes Wasser leiten, das Wasser auf dem Wasserbade verdampfen und aus der Menge des Rückstandes auf den Staubgehalt der durchgeleiteten Menge Luft schliessen.

Der Nachweis von Russ geschieht nach dem Verfahren von M. Rubner[1]).

6. Feststellung der Anzahl und Art der Bakterienkeime und Pilze.

Die Anwesenheit von Bakterien oder Pilz-(Schimmel-)Sporen wird dadurch nachgewiesen, dass man Platten oder Schalen mit steriler Nährgelatine eine Zeit lang offen stehen und die darauf gefallenen Keime zu Kolonien auswachsen lässt. Zur Bestimmung der Keimzahl bedient man sich der Verfahren von Hesse oder von Petri; letzteres liefert zuverlässigere Ergebnisse.

Ueber die weitere Ausführung dieser Untersuchungen vergleiche die Lehrbücher der Hygiene, besonders: C. Flügge, Lehrbuch der hygienischen Untersuchungsmethoden. C. Flügge, Die Mikroorganismen. K. B. Lehmann, Die Methoden der praktischen Hygiene.

II. Wünschenswerthe bezw. nur selten auszuführende Untersuchungen.

1. Bestimmung des Sauerstoff- und Ozongehalts.

Eine Bestimmung des Sauerstoffs der Luft wird wohl nur in seltenen Fällen erforderlich werden; eine grössere Bedeutung hat sie für die Untersuchung von Rauchgasen. Bezüglich ihrer Ausführung vergleiche die bekannten Lehrbücher: R. Bunsen, Gasometrische Methoden, Braunschweig 1877. W. Hempel, Neue Methode zur Analyse der Gase, Braunschweig 1880. Clemens Winkler, Lehrbuch der technischen Gasanalyse, 3. Auflage, Leipzig 1901, und die weiter unten folgende Litteratur.

Der Ozongehalt pflegt nach der Schönbein'schen Skala bemessen zu werden.

2. Bestimmung des Salzsäuregases.

Man leitet ein bestimmtes, genügend grosses Volumen der zu untersuchenden Luft durch eine 5 %-ige reine Natronlauge, neutralisirt die Lösung mit reiner Essigsäure und titrirt das gebildete Natriumchlorid mit $\frac{1}{100}$-N.-Silbernitratlösung.

---

[1]) M. Rubner, Russbildner in unseren Wohnräumen, Hygienische Rundschau 1900, **10**, 257.

3. Bestimmung des Chlors.

Die zu untersuchende Luft wird durch eine Jodkaliumlösung geleitet und das freigewordene Jod durch Titration mit Natriumthiosulfatlösung bestimmt. Oder man leitet ein bestimmtes Volumen (10—100 Liter) Luft durch eine titrirte Lösung von arseniger Säure in Natriumbikarbonat und titrirt den Ueberschuss mit einer entsprechend eingestellten Jodlösung zurück.

4. Bestimmung des Schwefelwasserstoffs.

Die Bestimmung des Schwefelwasserstoffs wird nach dem bei der Bestimmung der schwefligen Säure angegebenen Verfahren ausgeführt. Dieses ist jedoch nur bei Abwesenheit von schwefliger Säure möglich. Man leitet daher ebenso zweckmässig die Luft durch ammoniakalische Silberlösung, filtrirt das Schwefelsilber und andere Silberverbindungen ab, behandelt den Rückstand auf dem Filter mit Salzsäure, wodurch die neben Schwefelsilber, das nicht angegriffen wird, vorhandenen Silberverbindungen (z. B. Acetylensilber) in Chlorsilber umgewandelt werden, wäscht das Chlorsilber durch Ammoniak aus und bestimmt das vom Schwefelwasserstoff gebildete Schwefelsilber in bekannter Weise. Qualitativ weist man den Schwefelwasserstoff dadurch nach, dass man die Luft in einer Glasröhre über Papierstreifen hinwegleitet, die entweder mit Bleiacetat oder mit Nitroprussidnatrium und etwas Natronlauge getränkt sind. Bei kleinen Mengen Schwefelwasserstoff empfiehlt es sich, eine alkalische Bleilösung längere Zeit in der zu untersuchenden Luft verweilen zu lassen. Die geringsten Mengen Schwefelwasserstoff lassen sich auch durch den Geruch erkennen.

5. Bestimmung der schwefligen Säure.

Die schweflige Säure wird mittels Einleitens eines bekannten Luftvolumens in $^1/_{10}$-N.-Jodlösung und Zurücktitriren des nicht verbrauchten Jods mit Natriumthiosulfatlösung oder durch Fällen der gebildeten Schwefelsäure nach Abzug der fertig gebildeten Schwefelsäure bestimmt.

6. Bestimmung der Schwefelsäure.

Schwefelsäure kann in ähnlicher Weise wie Salzsäure durch Binden in Natronlauge und Fällen mit Chlorbaryum nach Ansäuern mit Salzsäure in bekannter Weise bestimmt werden. Ebenso kann auch die schweflige Säure durch Bestimmung der Schwefelsäure in der Natronlauge vor und nach der Behandlung mit Brom bestimmt werden.

7. Bestimmung des Ammoniaks.

Bei etwaigen grösseren Mengen von Ammoniak in der Luft wird ein bekanntes Luftvolumen durch verdünnte Schwefelsäure geleitet, das absorbirte Ammoniak mit Magnesia in $^1/_{10}$-N.-Schwefelsäure destillirt und der Ueberschuss der letzteren mit $^1/_{10}$-N.-Natronlauge zurücktitrirt. In jedem Falle ist das Ammoniak daneben noch qualitativ nachzuweisen. Zur Bestimmung von kleinen Mengen Ammoniak dient zweckmässig das kolorimetrische Verfahren (vergl. Heft II S. 153).

Der qualitative Nachweis des Ammoniaks kann auch in frisch gefallenem Regenwasser geführt werden.

8. Bestimmung der salpetrigen Säure und der Salpetersäure sowie des Wasserstoffsuperoxyds im Regenwasser.

Zur Bestimmung dieser Säuren leitet man ein bestimmtes Volumen Luft durch schwache Alkalilauge und bestimmt darin nach Neutralisation die Säuren wie in Trinkwasser Heft II, S. 154—156. Man kann den Nachweis dieser Säuren auch in frisch gefallenem Regenwasser führen.

Zur Prüfung auf Wasserstoffsuperoxyd verwendet man ebenfalls das Regenwasser.

9. Prüfung auf Metalldämpfe, 10. Nachweis von schweren und leichten Kohlenwasserstoffen,

und

11. Prüfung auf die Anwesenheit von Fluorwasserstoff.

Hierüber vergleiche die Litteratur-Zusammenstellung.

Anhaltspunkte für die Beurtheilung.

1. Temperatur und Feuchtigkeitsgehalt der Luft sind von grösster hygienischer Bedeutung für den Menschen. Während beide Grössen für die freie Luft beträchtlichen Schwankungen unterworfen sind und ertragen werden müssen, sagt dem Menschen in Wohn- und Arbeitsräumen eine Luft von 14 — 20° bei einer relativen Feuchtigkeit von 45 — 70% am meisten zu; der Thaupunkt, d. h. die Temperatur, bei der die Luft durch den vorhandenen Wasserdampf gesättigt ist, soll 10° nicht übersteigen, das Sättigungsdeficit für Wasser nicht über 5—6 g für 1 cbm liegen. Je niedriger die Temperatur der Luft ist, um so gleichgültiger ist man gegen den Wassergehalt, je höher die Temperatur, um so mehr wird man von einer sehr feuchten Luft belästigt.

2. Die Kohlensäure in der Luft von bewohnten Räumen soll 1 ccm für 1 l Luft nicht übersteigen.

Hier bildet nur die durch die Athmung der Bewohner entstandene Kohlensäure den Gradmesser für die Luftverschlechterung (v. Pettenkofer). Die aus anderen Quellen stammende Kohlensäure (Beleuchtung, technische Betriebe) ist anders zu beurtheilen (vgl. Litteratur).

3. Die Luft in Aufenthaltsräumen für Menschen soll schädliche oder giftige Gase irgendwelcher Art oder metallische Dämpfe (Quecksilber, Blei etc.) dauernd nicht enthalten.

Für die Schädlichkeit verschiedener Gase haben K. B. Lehmann, Matt, Emmerich, Ogata und M. Gruber[1] folgende Grenzen festgestellt:

---

[1] Vergl. K. B. Lehmann: Die Methoden der praktischen Hygiene 1901. 2. Aufl. 174, ferner Archiv f. Hygiene 1893 **18**, 180, 1894 **20**, S. 26.

Art des Gases	Koncentrationen, die rasch gefährliche Erkrankungen bedingen.	Koncentrationen, die noch $\frac{1}{2}$ bis 1 Stunde ohne schwerere Störungen zu ertragen sind.	Koncentrationen, die bei mehrstündiger Einwirkung nur geringe Symptome bedingen.
Salzsäure	1,5—2,0 %₀₀	0,05 bis höchstens 0,1 %₀₀	0,01 %₀₀
Schweflige Säure . . .	0,4—0,5 %₀₀	0,03—0,04 %₀₀	0,02 %₀₀
Kohlensäure	ca. 30 %	bis 8 %	1 % [1])
Ammoniak	2,5—4,5 %₀₀	0,3 %₀₀	0,1 %₀₀
Chlor und Brom . . .	0,04—0,06 %₀₀	0,004 %₀₀	0,001 %₀₀
Jod	—	0,003 %₀₀	0,0005—0,001 %₀₀
Schwefelwasserstoff . . .	0,5—0,7 %₀₀	0,2—0,3 %₀₀	—
Schwefelkohlenstoff[2]) . .	2,5—3,5 %₀₀	1,5—1,6 %₀₀	0,5—0,7 %₀₀
Kohlenoxyd	2—3 %₀₀	0,5—1,0 %₀₀	0,2 %₀₀ unschädlich für Menschen

Bei dauerndem Aufenthalt können ohne Zweifel noch geringere als die obigen Mengen schädlich wirken; auch verhalten sich Menschen individuell sehr verschieden gegen derartige Gase.

4. Die Luft soll thunlichst frei von Staub sein und keine pathogenen Infektionskeime enthalten.

Gewöhnliche, nicht pathogene Bakterienkeime in der Luft sind zwar, wenngleich sie im Respirationskanale haften bleiben, nicht von Einfluss auf das Befinden der Menschen, indess ist zu berücksichtigen, dass dort, wo Saprophyten üppig gedeihen und in Menge verstäuben, gelegentlich auch pathogene Bakterien günstige Bedingungen für ihr ektogenes Wachsthum finden und leicht verstäubt werden können.

Litteratur:

In den oben angegebenen Lehrbüchern für Untersuchung der Luft bezw. Gase von Bunsen, Hempel und Winkler, ebenso in denen für „Hygienische Untersuchungsmethoden von Flügge, Lehmann, Emmerich und Trillich" sowie von Renk: „Die Luft" in Handbuch der Hygiene von v. Pettenkofer und Ziemssen I, II, in Fodor: „Hygienische Untersuchung über Luft" und anderen Lehrbüchern über Hygiene von M. Rubner, W. Prausnitz, A. Gärtner u. A. finden sich reichliche Litteraturangaben, auf welche hier verwiesen werden kann.

Bezüglich der Meteorologie und Klimatologie sei verwiesen auf: H. Mohn, Grundzüge der Meteorologie. W. J. van Bebber, Lehrbuch der Meteorologie, Stuttgart 1885. Hornberger, Lehrbuch der Meteorologie. Günther, Die Meteorologie mit besonderer Berücksichtigung geographischer Fragen. Hann, Lehrbuch der Klimatologie, Wien 1877.

Aus der sonstigen äusserst umfangreichen neueren Litteratur seien noch folgende Arbeiten hervorgehoben:

---

[1]) Aus anderen Quellen als von Menschen.

[2]) Eine Beimengung von Chlorschwefel zu dem Schwefelkohlenstoff bewirkt keine anderen Schädigungen.

1. Ueber Bestandtheile der Luft.

1. H. Puchner, Untersuchungen über den Kohlensäuregehalt der Atmosphäre. Forschungen auf dem Gebiete der Agrikulturphysik 1892. *15*. 296.

2. J. Aitken, Ueber die Partikelchen in Nebel und Wolken. Transactions of the Royal Society of Edinburgh 1893. *37*. 413. 1894. 492.

3. J. Aitken und A. Rankin, Zahl der Staubtheilchen in der Atmosphäre. Centralblatt für Agrikultur-Chemie 1893. *22*. 361.

4. J. Aitken, Staub und meteorologische Erscheinungen. Nature 1894. *49*. No. 544. Forschungen auf dem Gebiete der Agrikultur-Physik 1894. *17*. 489.

5. Bach, Ueber die Herstammung des Wasserstoffsuperoxyds der atmosphärischen Luft und der atmosphärischen Niederschläge. Berichte der deutschen chemischen Gesellschaft 1894. 27. 340. Chemisches Centralblatt 1894. *1*. 576.

6. Högbom, Der Kohlensäuregehalt der Luft. Svensk. Kemisk. Tidskrift 1894. *6*. 169. Chemisches Centralblatt 1897. *1*. 452.

7. L. v. Ilosvay, Das in der Luft und in den atmosphärischen Niederschlägen vorkommende Wasserstoffsuperoxyd. Chemisches Centralblatt 1894. *1*. 853.

8. F. L. Phipson, Chemische Konstitution der Atmosphäre. Compt. rend. 1894. *119*. 444. Centralblatt für Agrikultur-Chemie 1895. *24*. 625.

9. H. Puchner, Zur Frage der Schwankungen des Kohlensäuregehaltes der atmosphärischen Luft. Forschungen über Agrikultur-Physik 1894. *17*. 203.

10. Parmentier, Erklärung des Ursprungs des in der Luft enthaltenen Natriumsulfats. Centralblatt für Agrikultur-Chemie 1894. *23*. 633.

11. J. Peyrou, Das atmosphärische Ozon. Compt. rend. 1894. *119*. 1206. Chemisches Centralblatt 1895. *1*. 318.

12. Lord Rayleigh und W. Ramsay, Argon, ein neuer Bestandtheil der Atmosphäre. Chem. News 1894, *70*. 87, *71*. 51. Journal für praktische Chemie 1895. N. F. *52*. 214. Vergl. weiter über diese und andere Arbeiten über Argon in der Zeitschrift für unorganische Chemie von 1895. Bd. 8 an.

13. S. A. Andrée, Ueber die Kohlensäure der Atmosphäre. Naturwissenschaftliche Rundschau 1895. *10*. 229. Jahresbericht der Agrikultur-Chemie 1896. *19*. 6.

14. A. Kellas, Ueber den Procentgehalt des Argons in der atmosphärischen und in der ausgeathmeten Luft. Chem. News 1895. *72*. 308. Chemisches Centralblatt 1896. *I*. 293.

15. F. L. Phipson. Ueber den Ursprung des atmosphärischen Sauerstoffes. Compt. rend. 1895. *121*. 719. Chemisches Centralblatt 1896. *1*. 85.

16. Th. Schloesing Sohn, Argongehalt der atmosphärischen Luft. Compt. rend. 1895. *121*. 525, 604. Chemisches Centralblatt 1895. *II*. 945 und 1056.

17. G. Defren, Die Gegenwart von Nitriten in der Luft. Chemical News 1896. *74*. 230 und 240. Chemisches Centralblatt 1896. *II*. 1079 und 1897. *I*. 10.

18. C. Engler und W. Wild, Mittheilungen über Ozon. Berichte der deutschen chemischen Gesellschaft 1896. *29*. 1929.

19. A. Leduc, Ueber die Dichte von Stickstoff, Sauerstoff und Argon, und über die Zusammensetzung der atmosphärischen Luft. Compt. rend. 1896. *123*. 805. Chemisches Centralblatt 1897. *1*. 9.

20. Th. Schloesing Sohn, Ueber die gleichförmige Vertheilung des Argons in der Atmosphäre. Compt. rend. 1896. *123*. 693. Centralblatt für Agrikultur-Chemie 1897. *26*. 496.

21. H. Weber, Ueber das Argon. Zeitschrift für analytische Chemie 1897. *36*. 185.

22. W. Carleton Williams, Die Menge der in der Atmosphäre vorhandenen Kohlensäure. Berichte der deutschen chemischen Gesellschaft 1897. *30*. 1450. Chemisches Centralblatt 1897. *2*. 250.

23. Armand Gautier, Vorläufige Notiz über das Vorkommen von freiem Wasserstoff in der atmosphärischen Luft. Compt. rend. 1898. *127*. 693. Zeitschrift für Untersuchung der Nahrungs- und Genussmittel 1899. *2*. 955.

24. William Ramsay und Morris W. Travers, Neue Gase der atmosphärischen Luft. Compt. rend. 1898. *126*. 1762. Chemisches Centralblatt 1898. *2*. 81.

25. William Ramsay und Morris W. Travers, Ueber einen neuen elementaren Bestandtheil der atmosphärischen Luft. Compt. rend. 1898. *126*. 1610. Chemisches Centralblatt 1898. *2*. 81.

26. W. Carleton Williams, Die Vertheilung der Kohlensäure in der Luft. Chem. News 1897. *76*. 209. Zeitschrift für Untersuchung der Nahrungs- und Genussmittel 1898. *1*. 68.

27. Armand Gautier, Kommt Jod in der Luft vor? Compt. rend. 1899. *128*. 643. Zeitschrift für Untersuchung der Nahrungs- und Genussmittel 1899. *2*. 955.

28. Lothar Wöhler, Die neuen Gase der Atmosphäre. Journal für Gasbeleuchtung und Wasserversorgung 1899. *42*. 345 und 364.

29. Armand Gautier, Die brennbaren Gase der Luft. Compt. rend. 1900. *130*. 1677. *131*. 13, 86, 535. Chemiker-Zeitung 1900. *24*. 586, 610, 626, 682, 873. Chemisches Centralblatt 1900. *2*. 205, 393, 732, 921.

30. William Ramsay und Morris W. Travers, Argon und seine Begleiter. Chemisches Centralblatt 1901. *1*. 359.

31. H. Duphil: Studie über die Luft von Arcachon in chemischer, mikrographischer und bakteriologischer Beziehung. Bull. Sciences Pharmakol. 1901. *3*. 128. Zeitschrift für Untersuchung der Nahrungs- und Genussmittel 1901. *4*. 1043.

2. Untersuchung der Luft.

32. Trinkgeld, Luftuntersuchungen auf dem Lande. Münchener medicinische Wochenschrift 1893. *40*. 1001. Hygienische Rundschau 1894. *4*. 394.

33. O. Bujwid, Die Bakterien der Luft, Methoden der Luftuntersuchung, Bedeutung und Beschreibung der gefundenen Luftbakterien. Hygienische Rundschau 1894. *4*. 434. Chemisches Centralblatt 1894. *2*. 215.

34. J. B. Cohen und G. Appleyard, Einfache Methode zur Bestimmung der Kohlensäure in der Luft. Chem. News 1894. *70*. 111. Chemisches Centralblatt 1894. *2*. 956.

35. C. Terni, Untersuchungen über den Kohlenoxydgehalt der Luft in geheizten Räumen. Hygienische Rundschau 1894. *4*. 367.

36. B. Fischer, Bakteriologische Untersuchungen der Luft über dem Meere (Plankton-Expedition). Zeitschrift für Hygiene 1894. *17*. 185.

37. B. v. Ilosvay, Luftanalysen. Chemiker-Zeitung 1894. *18*. 675.

38. Fl. Kratschmer und E. Wiener, Neue Methode zur Bestimmung der Kohlensäure in der Luft. Chemiker-Zeitung 1894. *18*. 1245.

39. N. A. Menschutkin, Untersuchungen von Wasserstoffsuperoxyd in der Luft und in den atmosphärischen Niederschlägen. Chemiker-Zeitung 1894. *18*. 256.

40. P. Miquel, Mikroskopische Analyse der Luft in Montsouris und im Centrum von Paris. Centralblatt für Agrikultur-Chemie 1894. *23*. 698.

41. W. H. Oates, Versuche zur Bestimmung der Schwefelverbindungen in der Atmosphäre. Chem. News 1894. *70*. 288. Chemisches Centralblatt 1895. *1*. 233.

42. G. G. Pond, Apparat zur raschen Bestimmung von brennbaren Gasen. Chemisches Centralblatt 1894. *1*. 840.

43. E. Schär, Anwendung des Guajak-Harzes als Reagens auf Ozon. Chemiker-Zeitung 1894. *18*. 1516.

44. A. Wolpert, Ueber die Bestimmung der Luftfeuchtigkeit mit Hülfe der Waage. Hygienische Rundschau 1894. *4*. 777.

45. E. Schöne, Ueber den Nachweis von Wasserstoffsuperoxyd in der atmosphärischen Luft und den atmosphärischen Niederschlägen. Zeitschrift für analytische Chemie 1894. *33*. 137.

46. N. P. Schierbeck, Ueber die Bestimmung des Feuchtigkeitsgrades der Luft für physiologische und hygienische Zwecke. Archiv für Hygiene 1895. *25*. 196.

47. Frank Clowes, Der Nachweis und die Bestimmung des Kohlenoxydes in der Luft. Chem. News 1896. *74*. 188. Chemisches Centralblatt 1896. *2*. 1009.

48. C. Engler und W. Wild, Nachweis von Ozon in der Luft. Berichte der deutschen chemischen Gesellschaft 1896. *29*. 1940.

49. M. Ficker, Zur Methodik der bakteriologischen Luftuntersuchung. Zeitschrift für Hygiene 1896. *22*. 33. Chemisches Centralblatt 1896. *2*. 440.

50. H. Chr. Geelmuyden, Ein neues Barytrohr zur Kohlensäurebestimmung in der Luft. Zeitschrift für analytische Chemie 1896. *35*. 516.

51. L. Heim, Nachweis von Russ in der Luft. Archiv für Hygiene 1896. *27*. 365. Chemisches Centralblatt 1897. *1*. 188.

52. Henriet, Schnelle Bestimmung der Kohlensäure in der Luft und abgeschlossenen Medien. Compt. rend. 1896. *123*. 125. Chemisches Centralblatt 1896. *2*. 512.

53. B. A. van Ketel, Einige bakteriologische Luftuntersuchungen. Nederl. Tijdschr. Pharm. 1896. *8*. 271. Chemisches Centralblatt 1896. *2*. 748.

54. Letts und R. F. Blake, Ueber Pettenkofer's Methode zur Bestimmung von Kohlensäureanhydrid in der Luft. Chem. News 1896. *74*. 287. Chemisches Centralblatt 1897. *1*. 126.

55. W. H. Symons und F. R. Stephens, Volumetrische Kohlensäurebestimmung in der Luft. Chem. News 1896. *73*. 252. Chemisches Centralblatt 1896. *2*. 206.

56. J. B. Cohen, Eine Methode zur Bestimmung der festen Substanz in der Luft. Journal of the Society of Chemical Industry 1897. *16*. 411. Chemisches Centralblatt 1897. *2*. 209.

57. P. Fritzsche, Bestimmung von Russ in Schornsteingasen. Chemisches Centralblatt 1897. *2*. 640.

58. L. Grünhut, Analyse der Luft. Zeitschrift für analytische Chemie 1897. *36*. 329.

59. W. Lewaschew, Zur Kohlensäurebestimmung in der Luft. Hygienische Rundschau 1897. *7*. 433. Chemisches Centralblatt 1897. *2*. 67.

60. M. Müller, Veränderung des Rosenthal'schen Apparates zur Kohlensäurebestimmung nach Ohlmüller. Arbeiten aus dem Kaiserlichen Gesundheitsamt 1897. *11*. 418. Zeitschrift für analytische Chemie 1897. *36*. 333.

61. O. Ohmann, Abänderungen einiger chemischer Fundamentalversuche zur Untersuchung der Luft. Zeitschrift für physikalisch-chemischen Unterricht 1897. *10*. 169. Chemisches Centralblatt 1897. *2*. 327.

62. Otto Bleier, Ein tragbarer Apparat für hygienische Luftanalysen (Kohlensäurebestimmung). Zeitschrift für Hygiene 1898. *27*. 111. Chemisches Centralblatt 1898. *1*. 956.

63. Otto Bleier, Methode zur Bestimmung von Luft und Gasen in Gruben, Hütten-
werken, Oefen, Essen etc. Chemiker-Zeitung 1898. *22*. 648.

64. Armand Gautier, Ueber einige Fehlerquellen bei der Bestimmung von Kohlensäure und Wasser in grossen Volumen Luft oder indifferenter Gase.
Compt. rend. 1898. *126*. 1387. Zeitschrift für Untersuchung der Nahrungs-
und Genussmittel 1899. *2*. 322.

65. Armand Gautier, Vorläufige Studie über eine Methode zur Bestimmung von
mit Luft verdünntem Kohlenoxyd. Compt. rend. 1898. *126*. 931. Zeitschrift für Untersuchung der Nahrungs- und Genussmittel 1898 *1*. 658.

66. Armand Gautier, Einwirkung einiger Reagentien auf das Kohlenoxyd mit
Rücksicht auf seine Bestimmung in der Luft der Städte. Compt. rend. 1898.
126. 871. Zeitschrift für Untersuchung der Nahrungs- und Genussmittel
1898. *1*. 657.

67. Armand Gautier, Ueber die Bestimmung von Kohlenoxyd in grossen Mengen
Luft. Compt. rend. 1898. *126*. 793. Zeitschrift für Untersuchung der
Nahrungs- und Genussmittel 1898. *1*. 657.

68. A. Levy und H. Henriet, Ueber die Bestimmung der in der Luft enthaltenen
Kohlensäure. Compt. rend. 1898. *126*. 1651 und *127*. 353. Zeitschrift für
analytische Chemie 1900. *39*. 451.

69. H. Melzer, Nachweis von Schwefelkohlenstoff in der Luft mittels Bildung von
Rhodankalium. Zeitschrift für analytische Chemie 1898. *37*. 350.

70. Maurice Nicloux, Chemische Methode zur Bestimmung von selbst Spuren
von Kohlenoxyd in der Luft. Compt. rend. 1898. *126*. 746. Zeitschrift für
Untersuchung der Nahrungs- und Genussmittel 1898. *1*. 656.

71. Potain und Drouin, Ueber die Anwendung von Palladiumchlorür zur Be-
stimmung sehr kleiner Mengen von Kohlenoxyd in der Luft und über die
Verwandlung dieses Gases in Kohlensäure bei gewöhnlicher Temperatur.
Compt. rend. 1898. *126*. 938. Chemisches Centralblatt 1898. *I*. 999.

72. L. de Saint Martin, Die Bestimmung kleiner Mengen Kohlenoxyd in Luft
und in normalem Blute. Compt. rend. 1898. *126*. 1036. Chemisches
Centralblatt 1898. *I*. 1037.

73. Armand Gautier, Bestimmung des Kohlenoxydes. Compt. rend. 1899. *128*.
487. Zeitschrift für Untersuchung der Nahrungs- und Genussmittel 1899. *2*. 955.

74. Schlagdenhauffen und Pagel, Neues Verfahren zur Bestimmung des
Kohlenoxydes. Journal de Pharmacie et de Chimie 1899. *9*. 161. Zeitschrift für Untersuchung der Nahrungs- und Genussmittel 1899. *2*. 955.

75. M. Wintgen, Die Bestimmung des Formaldehydgehaltes der Luft. Hygienische Rundschau 1899. *9*. 753. Zeitschrift für Untersuchung der Nahrungs- und
Genussmittel 1900. *3*. 506.

76. G. W. Chlopin, Zwei Apparate zur Bestimmung des Sauerstoffs in Gasge-
mengen vermittelst der Titrirmethode. Archiv für Hygiene 1900. *37*.
323. Chemisches Centralblatt 1900. *II*. 495.

77. L. P. Kinnicut und G. R. Saufort, Die jodometrische Bestimmung kleiner
Mengen von Kohlenoxyd. Journ. Americ. Chem. Soc. 1900. *22*. 14. Zeitschrift für Untersuchung der Nahrungs- und Genussmittel 1900. *3*. 866.

78. Kunkel und Fessel, Nachweis und Bestimmung des Quecksilberdampfes in
der Luft. Hygienische Rundschau 1900. *10*. 203.

79. J. Walker, Bestimmung von Kohlensäure in der Luft. Journ. Chem. Soc. 1900.
77. 1110. Chemisches Centralblatt 1900. *II*. 782.

80. S. Kostin, Ueber den Nachweis minimaler Mengen Kohlenoxyd in Blut und Luft. Pflüger's Archiv 1901. *83*. 572. Chemisches Centralblatt 1901. *I*. 645.

81. N. Zuntz und Kostin, Methode des Nachweises von Kohlenoxyd in der Luft. Chemisches Centralblatt 1901. *I*. 476.

3. Zusammensetzung der Luft in bewohnten Räumen. Ventilation.

82. C. Arens, Quantitative Staubbestimmungen in der Luft, nebst Beschreibung eines neuen Staubfängers. Archiv für Hygiene 1894. *21*. 325.

83. A. Hilger und Ed. von Raumer, Ueber den Quecksilbergehalt der Luft in Spiegelbeleganstalten. Forschungsberichte über Lebensmittel 1894. *1*. 32.

84. J. König und A. Bömer, Beschaffenheit der Luft in Baumwollspinnereien. Archiv für Hygiene 1894. *20*. 295.

85. Ch. F. Mabery, Untersuchung der Luft einer grossen Fabrikstadt. Journ. of the Americ. Chem. Soc. 1894. *17*. 105. Chemisches Centralblatt 1895. *I*. 704.

86. Mörner, Einige Beobachtungen über das Verdampfen von Quecksilber in den Wohnräumen. Zeitschrift für Hygiene 1894. *18*. 251.

87. E. H. Richards, Kohlensäure als Maass für die Wirksamkeit der Ventilation. Journ. of the Americ. Chem. Soc. 1894. *15*. 572. Chemisches Centralblatt 1894. *I*. 178.

88. H. Wegmann, Der Staub in den Gewerben mit besonderer Berücksichtigung seiner Formen und der mechanischen Wirkung auf die Arbeiter. Archiv für Hygiene 1894. *21*. 359. Chemisches Centralblatt 1895. *I*. 106.

89. Emil Wiener, Ueber einige Luftuntersuchungen in Kasernenräumen. Archiv für Hygiene 1894. *20*. 301.

90. A. v. Ihering, Fortschritte auf dem Gebiete der Heizung und Lüftung. Chemiker-Zeitung 1895. *19*. 727.

91. E. Ennen, Ueber den Wassergehalt der Luft in bewohnten Räumen. Hygienische Rundschau 1899. *9*. 1175. Zeitschrift für Untersuchung der Nahrungs- und Genussmittel 1900. *3*. 505.

92. S. N. Lebedeff, Zur Frage der Norm für die Beurtheilung der Luft in Wohnräumen mittels Kaliumpermanganat. Chemiker-Zeitung 1899. *23*. Rep. 258. Zeitschrift für Untersuchung der Nahrungs- und Genussmittel 1900. *3*. 505.

93. M. Rubner, Russbildner in unseren Wohnräumen. Hygienische Rundschau 1900. *10*. 257.

94. H. Suck, Die Luftverschlechterung im Schulzimmer und ihre Messung. Pädagogische Abhandlungen. Hygienische Rundschau 1900. *10*. 4.

4. Schädlichkeit von Gasen für Menschen und Thiere.

95. K. B. Lehmann und F. Jessen, Ueber die Giftigkeit der Exspirationsluft. Archiv für Hygiene 1890. *10*. 367. Chemisches Centralblatt 1900. *II*. 14.

96. S. Merkel, Neue Untersuchungen über die Giftigkeit der Exspirationsluft. Archiv für Hygiene 1892. *15*. 1. Chemisches Centralblatt 1892. *II*. 656.

97. J. Beu, Die Giftigkeit der Exspirationsluft. Zeitschrift für Hygiene 1893. *14*. 64. Chemisches Centralblatt 1894. *II*. 58.

98. Rauer, Giftigkeit der Exspirationsluft. Zeitschrift für Hygiene 1893. *15*. 57.

99. Brown-Sequard und d'Arsonval, Giftigkeit der Exspirationsluft. Chemisches Centralblatt 1894. *II*. 794.

100. Fr. Clowes, Ueber die Kohlensäuremengen in der Luft, welche die Flamme zum Erlöschen bringen und die Respiration unmöglich machen. Chemical News 1894. *70.* 27. Chemiker-Zeitung 1894. *18.* 1352.

101. A. Lübbert und R. Peters, Ueber die Giftwirkung der Ausathmungsluft. Pharmaceutische Centralhalle 1894. *35.* 541. Chemisches Centralblatt 1894. *II.* 794.

102. J. R. Wilson, Einwirkung von Kohlensäure, Kohlenoxyd, Schwefelwasserstoff, Wassergas und Leuchtgas auf thierisches Leben. Chem. News 1894. *69.* 159. Chemisches Centralblatt 1894. *I.* 912.

103. H. Chr. Geelmuyden, Ueber die Verbrennungsprodukte des Leuchtgases und deren Einfluss auf die Gesundheit. Archiv für Hygiene 1895. *22.* 102. Chemisches Centralblatt 1895. *I.* 794.

104. Sokolow, Ueber die Verunreinigung der Luft durch die Gase, welche beim Schiessen mit rauchlosem Pulver entstehen. Zeitschrift für Nahrungsmittel-Untersuchung, Hygiene und Waarenkunde 1895. *9.* 76.

105. M. Kirchner und W. H. Lindley, Schädlichkeit der Kanalgase und Sicherung unserer Wohnräume gegen dieselbe. Separat-Abdruck aus der deutschen Vierteljahresschrift für öffentliche Gesundheitspflege 1896. *28.* Heft 1. Chemisches Centralblatt 1896. *I.* 606.

106. H. Ost, Untersuchung von Rauchschäden. Chemiker-Zeitung 1896. *20.* 165. Chemisches Centralblatt 1896. *I.* 934.

107. B. Alexander-Katz, Ueber den Kohlensäuregehalt der Schulluft. Zeitschrift für öffentliche Chemie 1897. *3.* 132. Chemisches Centralblatt 1897. *I.* 1245.

108. H. Müller, Ueber Kohlenoxydvergiftung beim Betriebe von Gasbadeöfen. Hygienische Rundschau 1897. *7.* 735.

109. Blum, Die Verunreinigung der Luft durch Staub in den Gewerbebetrieben der Textilindustrie und die Mittel zur Verhütung der Staubgefahr. Centralblatt für allgemeine Gesundheitspflege 1898. *17.* 111. Hygienische Rundschau 1900. *10.* 1109.

110. E. Babucke, Ueber die Kohlensäure-Verunreinigung der Luft in Zimmern durch Petroleumöfen. Zeitschrift für Hygiene 1899. *32.* 33. Chemisches Centralblatt 1899. *II.* 968.

111. K. B. Lehmann, Der Kohlensäuregehalt der Inspirationsluft im Freien und im Zimmer. Archiv für Hygiene 1899. *34.* 315. Chemisches Centralblatt 1899. *I.* 991.

112. A. Gärtner, Eintritt von Kohlenoxyd in die Zimmerluft bei Benutzung von Gasöfen und Gasbadeöfen. Journal für Gasbeleuchtung und Wasserversorgung 1900. *43.* 268 und 332. Chemisches Centralblatt 1900. *I.* 1168 und 1231.

113. Emanuel Formanek, Ueber die Giftigkeit der Ausathmungsluft. Archiv für Hygiene 1900. *38.* 1. Zeitschrift für Untersuchung der Nahrungs- und Genussmittel 1901. *4.* 1045.

114. A. Gérardin, Reinigung der Luft durch den Erdboden. Compt. rend. 1901. *132.* 157. Zeitschrift für Untersuchung der Nahrungs- und Genussmittel 1901. *4.* 1043.

115. J. Treumann, Materialien zum Studium der Bodenluft unter Wohnräumen. Dissertation aus dem hygienischen Institut zu Jurgew (Dorpat) 1901. Zeitschrift für Untersuchung der Nahrungs- und Genussmittel 1901. *4.* 1043.

116. H. Bickel und K. Herrtigkofer, Ueber den Kohlensäuregehalt der Luft von Gährkellern in Brauereien. Inaugural-Dissertation. Würzburg 1898. Zeitschrift für Untersuchung der Nahrungs- und Genussmittel 1901. *4.* 1044.

Gebrauchsgegenstände.

Referent des Ausschusses: **Dr. Hilger.**
Verfasser: **Dr. Forster.**
Nächstbetheiligter: **Dr. Stockmeier**[1]).

Einleitung.

1. Begriffserklärung im Allgemeinen.

Als Gebrauchsgegenstände im Sinne des Gesetzes vom 14. Mai 1879
kommen besonders in Betracht:

    Spielwaaren,

    Ess-, Trink- und Kochgeschirr,

    Farben (einschliesslich der damit gefärbten Gebrauchsgegenstände),

    Petroleum.

2. Gesetzliche Anforderungen im Allgemeinen.

Spielwaaren, Ess-, Trink- und Kochgeschirr, Farben und die damit
gefärbten Gebrauchsgegenstände sowie Petroleum dürfen nicht derartig hergestellt sein, dass der bestimmungsgemässe oder vorauszusehende Gebrauch
dieser Gegenstände die menschliche Gesundheit zu schädigen geeignet ist.

Die Anforderungen an die Beschaffenheit des Petroleums sind durch
eine Kaiserliche Verordnung und die Anforderungen, betreffend die blei-
und zinkhaltigen Gegenstände sowie betreffend die Farben, in nachstehend
verzeichneten Gesetzen festgelegt:

a) Kaiserliche Verordnung über das gewerbsmässige Verkaufen und
Feilhalten von Petroleum, vom 24. Februar 1882,

b) Gesetz, betreffend den Verkehr mit blei- und zinkhaltigen Gegenständen, vom 25. Juni 1887.

c) Gesetz, betreffend die Verwendung gesundheitsschädlicher Farben
bei der Herstellung von Nahrungsmitteln, Genussmitteln und Gebrauchsgegenständen, vom 5. Juli 1887[2]).

---

[1]) Auf Grund von Vorarbeiten mit Dr. Kayser.

[2]) Ausserdem kommt noch in Betracht § 12, Absatz 2 des Gesetzes vom
14. Mai 1879.

3. Untersuchung im Allgemeinen.

Die technische Untersuchung der Gebrauchsgegenstände im Sinne des Gesetzes vom 14. Mai 1879 kann darauf beschränkt werden:

Festzustellen, ob die Herstellung der Gebrauchsgegenstände eine derartige ist, dass diese bei ihrem bestimmungsgemässen oder vorauszusehenden Gebrauche die menschliche Gesundheit zu schädigen geeignet sind.

Die Untersuchung kann sich erstrecken auf:

Die Feststellung der Abwesenheit aller Stoffe, die bei dem bestimmungsgemässen oder vorauszusehenden Gebrauch der Gegenstände die menschliche Gesundheit zu schädigen geeignet sind, oder sie hat nur Aufschluss darüber zu geben, ob die betreffenden Gebrauchsgegenstände den in den besonderen Gesetzen und Verordnungen festgesetzten Anforderungen genügen.

Im ersteren Falle ist eine Untersuchung auf alle unter den besonderen Verhältnissen überhaupt in Frage kommenden anorganischen und organischen Gifte vorzunehmen und festzustellen, ob die etwa gefundenen Gifte in einer durch die Gesetze erlaubten Form oder Zubereitung vorhanden sind.

Der qualitativ ermittelte Giftstoff ist — wenn möglich — quantitativ zu bestimmen.

Der Nachweis der anorganischen Gifte erfolgt nach dem bekannten Gange der qualitativen forensen Analyse derart, dass schliesslich der gefundene Giftstoff durch eine Reihe von besonderen Reaktionen erkannt und womöglich ein entsprechendes Beweisstück vorgelegt wird.

Die Bestimmung von Arsen und Zinn hat bei Farben, Gespinnsten und Geweben gemäss der Bekanntmachung, betreffend die Untersuchung von Farben, Gespinnsten und Geweben auf Arsen und Zinn, vom 10. April 1888 zu erfolgen.

Die Ausmittelung der organischen Gifte erfolgt nach den in der forensen Chemie anerkannten wissenschaftlichen Grundlagen und Verfahren.

Bei der Untersuchung auf giftige Farben ist zu beachten, dass die Farben, welche die gesundheitsschädlichen Stoffe nicht als wesentliche Bestandtheile, sondern nur als Verunreinigungen und zwar höchstens in einer Menge enthalten, welche sich bei den in der Technik gebräuchlichen Darstellungsverfahren nicht vermeiden lässt, nicht zu beanstanden sind.

Ein Theil des Untersuchungsgegenstandes ist in ursprünglicher Beschaffenheit zu einer etwaigen Nachuntersuchung sachgemäss und sicher aufzubewahren.

Für die Untersuchung des Petroleums ist die amtliche Anweisung vom 20. April 1882 massgebend.

A. Spielwaaren.

Begriffserklärung.

Nach der Begründung des Gesetzes, betreffend den Verkehr mit Nahrungsmitteln u. s. w. vom 14. Mai 1879, sind unter Spielwaaren Kinderspielwaaren zu verstehen, z. B. Bleisoldaten, Holz- und Kautschukspielsachen, Tuschkästen, Bilderbücher, Bilderbogen.

I. Spielwaaren aus Metall.

1. Gesetzliche Anforderungen.

Besondere reichsgesetzliche Bestimmungen bezüglich der Spielwaaren aus Metall (Bleisoldaten, Kindertrompeten, Schreihähne, Puppengeschirre aus Zinn oder Metalllegirungen und dergleichen mehr) bestehen zur Zeit nicht. Doch sind bezüglich des Verkehrs mit einigen solcher Gegenstände in einzelnen Bundesstaaten Anweisungen an die überwachenden Behörden ergangen.

2. Untersuchung.

Die Untersuchung geschieht nach den bei Ess-, Trink- und Kochgeschirren erwähnten Verfahren der qualitativen und quantitativen Analyse.

II. Spielwaaren aus Kautschuk.

1. Gesetzliche Anforderungen.

Zu Spielwaaren — mit Ausnahme der massiven Bälle — darf bleihaltiger Kautschuk nicht verwendet werden.

Zum Färben von Spielwaaren aus Gummi dürfen unlösliche Zinkverbindungen nur soweit genommen werden, als sie:

 als Färbemittel der Gummimasse,

 als Oel- oder Lackfarbe

 oder mit Lack- oder Firnissüberzug

zur Anwendung kommen.

Schwefelantimon und Schwefelkadmium sind nur dann zulässig, wenn sie als Färbemittel der Gummimasse, unzulässig aber in allen Fällen, in denen sie als Färbemittel der Oberfläche verwendet werden.

2. Untersuchung.

Man zerstört die organische Substanz nach Henriques[1].

Ist Zink nachgewiesen, so muss festgestellt werden,

a) ob es als unlösliche Verbindung vorhanden ist, durch Auskochen mit Wasser,

---

[1] Chemiker-Zeitung 1892, *17*, 1624.

b) ob es als Färbemittel der Gummimasse verwendet ist, durch Untersuchung einer Probe aus dem Innern,

c) ob es als Oel- oder Lackfarbe vorhanden oder mit Lack oder Firniss überzogen ist.

Für Schwefelantimon und Schwefelkadmium ist derselbe Nachweis zu führen.

III. Spielwaaren aus Wachsguss.

1. Begriffserklärung.

Wachsguss ist eine durch Zusammenschmelzen erhaltene Mischung von Wachs mit Wallrath oder Paraffin, oder mit beiden zusammen.

2. Gesetzliche Anforderungen.

Bleiweiss ist als Bestandtheil zulässig, sofern der Gehalt an Blei nicht einen Gewichtstheil in 100 Gewichtstheilen der Masse übersteigt.

3. Untersuchung.

Man entfernt die organischen Bestandtheile der Masse durch Aether oder Chloroform, prüft die Lösung durch Schütteln mit Schwefelwasserstoffwasser auf etwa in Lösung gegangenes Blei und bestimmt im Rückstande quantitativ das Blei.

B. Ess-, Trink- und Kochgeschirre.

Begriffserklärung.

Zu den Ess-, Trink- und Kochgeschirren gehören auch diejenigen Werkzeuge und Einrichtungen, mit welchen die zum Essen oder Trinken bestimmten Gegenstände bei deren Zubereitung, Aufbewahrung oder Zuführung zum Zwecke des Verzehrens in Berührung gebracht werden.

I. Metallgegenstände.

1. Gesetzliche Anforderungen.

Ess-, Trink- und Kochgeschirre, Flüssigkeitsmaasse dürfen nicht

a) ganz oder theilweise aus Blei oder einer in 100 Gewichtstheilen mehr als 10 Gewichtstheile Blei enthaltenden Metalllegirung hergestellt werden,

b) an der Innenseite mit einer in 100 Gewichtstheilen mehr als einen Gewichtstheil Blei enthaltenden Metalllegirung verzinnt oder mit einer in 100 Gewichtstheilen mehr als 10 Gewichtstheile Blei enthaltenden Metalllegirung gelöthet werden,

c) mit Email oder Glasur versehen sein, welche bei halbstündigem Kochen mit einem in 100 Gewichtstheilen 4 Gewichtstheile Essigsäure enthaltenden Essig an den letzteren Blei abgeben.

Auf Geschirre und Flüssigkeitsmaasse aus bleifreiem Britanniametall findet die Vorschrift unter b betreffs des Lothes nicht Anwendung.

Konservenbüchsen dürfen auf der Innenseite, Geschirre und Gefässe zur Verfertigung von Getränken und Fruchtsäften dürfen in denjenigen Theilen, welche bei dem bestimmungsgemässen oder vorauszusehenden Gebrauche mit dem Inhalte in unmittelbare Berührung kommen, nicht den oben unter a bis c angeführten Vorschriften zuwider hergestellt sein.

Zur Herstellung von Druckvorrichtungen zum Ausschank von Bier, sowie von Siphons für kohlensäurehaltige Getränke und von Metalltheilen für Kindersaugflaschen dürfen nur Metalllegirungen verwendet werden, welche in 100 Gewichtstheilen nicht mehr als 1 Gewichtstheil Blei enthalten.

Metallfolien dürfen zur Packung von Schnupf- und Kautabak, sowie Käse nicht verwendet werden, wenn sie in 100 Gewichtstheilen mehr als 1 Gewichtstheil Blei enthalten.

Mühlsteine, welche zur Verfertigung von Nahrungs- und Genussmitteln bestimmt sind, dürfen an der Mahlfläche nicht mit Blei- oder bleihaltigen Stoffen versehen sein.

Betreffs der Farben siehe bei Abschnitt C. Farben.

2. Untersuchung.

Von einer Legirung feilt man, von einem Lothe schmilzt man mittels des Gebläses oder schabt mit einem Messer etwa 1 g ab und untersucht das so gewonnene Metall nach den Regeln der qualitativen und quantitativen Analyse.

Soweit es sich um die Untersuchung von Legirungen handelt, welche lediglich aus Zinn und Blei bestehen (auch neben geringen Mengen von Kupfer, Nickel und Antimon, die manchmal zur Erzielung einer grösseren Härte den Blei-Zinnlegirungen zugesetzt werden), kann als vorläufige, aufklärende Probe die Ermittelung des Bleigehaltes durch Bestimmung des specifischen Gewichtes auf hydrostatischem Wege dienen[1].

Um den Bleigehalt der Verzinnung, besonders an Gegenständen aus verzinntem Eisenblech (Weissblech), zu ermitteln, löst man 30—50 g desselben in Salzsäure und chlorsaurem Kalium unter Erwärmen auf, verdampft bis zur Verjagung des Chlors, verdünnt mit schwach salzsäurehaltigem Wasser leitet in die heisse Lösung Schwefeldioxyd zur Reduktion des Ferrichlorides ein und vertreibt den Ueberschuss der schwefligen Säure durch Erwärmen, worauf man mit Schwefelwasserstoff fällt.

---

[1] Schlegel, Bericht über die 8. Vers. d. fr. Ver. bayer. Vertreter der angewandten Chemie, Würzburg 1889.

Der Niederschlag wird abfiltrirt und mit Natriumpolysulfidlösung erwärmt. In dem Rückstande, welcher gewöhnlich aus Schwefelblei mit etwas Schwefelkupfer besteht, wird das Blei durch Ueberführen in Bleisulfat bestimmt; die Lösung von Natriumthiostannat wird auf ein bestimmtes Volumen verdünnt und in einem abgemessenen Theil das Zinn bestimmt. Aus der Gesammtmenge des gefundenen Bleies und Zinnes ergiebt sich das Verhältniss von Blei zum Zinn.

Aus dem Verhältniss der Gesammtmenge des Bleies nebst Zinn zum Eisen lässt sich die Stärke der Verzinnung, deren Kenntniss gleichfalls vielfach gewünscht wird, berechnen.

Soll der Zinngehalt eines Weissbleches ohne Rücksicht auf den Bleigehalt ermittelt werden, so kann man diesen nach Lunge und Marmier[1]) durch Erhitzen bei niederer Temperatur im Chlorstrome bestimmen.

Wenn es sich darum handelt, den Bleigehalt in Verzinnungen nur auf einer Seite eines Bleches festzustellen, so ist zunächst die nicht zu untersuchende Seite des Bleches mit einer Schutzdecke von Lack zu versehen und dann die Auflösung des Ueberzuges auf der anderen Seite zu bewirken, falls nicht von vornherein ein Abschaben des letzteren bevorzugt wird.

II. Töpfergeschirre und Emailgeschirre.

1. Gesetzliche Anforderungen.

Töpfer- und Emailgeschirre dürfen nicht mit einer Glasur oder Email versehen sein, welche bei halbstündigem Kochen mit einem 4 Gewichtstheile Essigsäure in 100 Gewichtstheilen enthaltenden Essig an diesen Blei abgeben.

2. Untersuchung.

Die zu untersuchenden Gefässe müssen zunächst durch zweimaliges Ausbrühen mit heissem Wasser gut gereinigt werden.

Die durch halbstündiges Auskochen mit 4 %-iger Essigsäure erhaltene Flüssigkeit wird mit Salzsäure angesäuert und mit Schwefelwasserstoff behandelt; eine schwarze Fällung deutet die Anwesenheit von Blei oder Kupfer an.

Entsteht lediglich eine Gelb- oder Braunfärbung, so ist die Untersuchung zu wiederholen und bei zweifellosem Ausfall der zweiten Probe ein weiterer Nachweis des Bleisulfids durch Ueberführung in Bleisulfat oder Bleichromat zu erbringen.

Die Essigauskochung ist, wenn nöthig, auf Kupfer, Zinn, Zink, Arsen und Borsäure zu prüfen. Für den Fall einer Beanstandung ist eine quantitative Bestimmung des in Lösung gegangenen Metalles zu empfehlen.

---

[1]) Zeitschrift für angewandte Chemie 1895, S. 429.

III. Kautschukgegenstände.

1. Gesetzliche Anforderungen.

Zu Mundstücken für Saugflaschen, Saugringe und Warzenhütchen darf blei- oder zinkhaltiger Kautschuk und zur Herstellung von Trinkbechern, zu Leitungen von Bier, Wein oder Essig darf bleihaltiger Kautschuk nicht verwendet werden.

Schwefelantimon und Schwefelkadmium sind als Färbemittel der Kautschukmasse zulässig.

Auf zinkhaltige Schläuche und bleihaltige Kautschukringe, welche zum Dichten von Konservenbüchsen Verwendung finden und bezüglich deren keine besondere Bestimmungen bestehen, ist besondere Aufmerksamkeit zu richten und vorkommenden Falles die Beurtheilung dieser Gegenstände auf Gesundheitsschädlichkeit durch ärztliche Sachverständige herbeizuführen.

2. Untersuchung.

Die organische Masse wird nach Henriques mit koncentrirter Salpetersäure oxydirt, darauf nach Zugabe von Salpeter und kohlensaurem Natrium verschmolzen und die Schmelze in üblicher Weise weiter untersucht.

C. Farben.

Begriffserklärung.

Nach Absicht des Gesetzgebers unterliegt nicht die Herstellung der Farben der Ueberwachung durch das Nahrungsmittelgesetz, sondern nur die Anwendung der Farben bei solchen Gegenständen, die wegen ihrer Berührung mit dem menschlichen Organismus einen gesundheitsgefährlichen Einfluss haben können.

Die Bestimmungen hierüber finden sich im Gesetz, betreffend die Verwendung gesundheitsschädlicher Farben bei der Herstellung von Nahrungsmitteln, Genussmitteln und Gebrauchsgegenständen vom 5. Juli 1887.

Es ist jedoch darauf aufmerksam zu machen, dass ausser den in diesem Gesetz genannten auch noch andere Farben als gesundheitsschädlich in Betracht kommen können (§ 12 des Gesetzes vom 14. Mai 1879).

I. Farben für Nahrungs- und Genussmittel.

1. Gesetzliche Anforderungen.

Zur Herstellung von Nahrungs- und Genussmitteln, welche zum Verkauf bestimmt sind, dürfen Farben und Farbzubereitungen nicht verwendet werden, welche

Antimon, Arsen, Baryum, Blei, Chrom, Kadmium, Kupfer, Quecksilber, Uran, Zink, Zinn, Gummigutti, Korallin und Pikrinsäure

enthalten.

Anmerkung: Bei Anwendung von sonstigen Farbstoffen für Nahrungs- und Genussmittel handelt es sich nicht nur um die Gesundheitsschädlichkeit der Farben, sondern auch um die Vortäuschung einer besseren Beschaffenheit im Sinne des § 10 des Nahrungsmittelgesetzes vom 14. Mai 1879. So ist durch das Gesetz, betreffend den Verkehr mit Wein, weinhaltigen und weinähnlichen Getränken, vom 24. Mai 1901, § 7, der Zusatz von Kermesbeeren und von Theerfarbstoffen oder von Gemischen, welche einen dieser Stoffe enthalten, zu Wein, weinhaltigen oder weinähnlichen Getränken, welche bestimmt sind, Anderen als Nahrungs- oder Genussmittel zu dienen, bei oder nach der Herstellung verboten. Weine, weinhaltige oder weinähnliche Getränke, welchen den Vorschriften des § 7 des genannten Gesetzes zuwider einer der vorbezeichneten Stoffe zugesetzt ist, dürfen nach § 8 desselben Gesetzes weder feilgehalten noch verkauft werden.

<h3 align="center">2. Untersuchung[1]).</h3>

a) Prüfung auf anorganische Farbstoffe.

Die vorhandene organische Substanz wird nach den allgemein üblichen Verfahren zerstört und der gewonnene Rückstand nach den anerkannten Regeln der qualitativen Analyse weiter behandelt.

b) Prüfung auf organische Farbstoffe[2]).

α) Gummigutti.

Man zieht die mit Sand verriebene und mit Salzsäure durchfeuchtete Masse mit Aether oder Chloroform aus. Ist der Aether oder das Chloroform gefärbt, so verdünnt man einen Theil der Lösung mit Alkohol und fügt Eisenchloridlösung hinzu. Tritt hierbei Schwarzfärbung ein, so kann Gummigutti zugegen sein. In diesem Falle wird der ätherischen Lösung

---

[1]) Vergleiche hierzu auch:

Nachweis fremder Farbstoffe in Fleisch und Fleischwaaren in Heft I, S. 36 und 37.

Nachweis und Beurtheilung des Zusatzes von Farbstoffen zu Wurstwaaren a. a. O. S. 40 und 42.

Nachweis und Beurtheilung des Zusatzes fremder Farbstoffe zu Butter und Margarine a. a. O. S. 96 und 98 f.

Nachweis von Farbstoffen in Nudeln in Heft II, S. 47.

Beurtheilung des Zusatzes von Ultramarin zu Zucker a. a. O. S. 89.

Der Nachweis fremder Farbstoffe in Rothwein hat nach Ziffer 13 der amtlichen Anweisung für die chemische Untersuchung des Weines (Beschluss des Bundesrathes vom 11. Juni 1896, Centralblatt für das Deutsche Reich, 1896, S. 205 und Beschluss des Bundesrathes vom 29. Juni 1901, Centralblatt für das Deutsche Reich, 1901, S. 234) zu erfolgen.

Nachweis fremder Farbstoffe in Fruchtsäften und Gelees in Heft II, S. 106.

Nachweis von Farbstoffen in Branntweinen und Likören a. a. O. S. 129.

Nachweis von Kupfer sowie von Theerfarbstoffen in Gemüse- und Fruchtdauerwaaren a. a. O. S. 112 und 113.

[2]) Vgl. Grünhut, Zeitschrift für öffentliche Chemie, 1898, 4, 563.

durch stark verdünntes Ammoniak die Gambiogasäure entzogen und diese nach dem Verdampfen der Lösung durch ihr Verhalten gegen Metallsalze, z. B. gegen Baryumchlorid, Kupfersulfat u. s. w. nachgewiesen[1]).

β) **Korallin.**

Die zu untersuchende Masse wird mit Sand verrieben und nacheinander mit Aether und Alkohol ausgezogen. Die Auszüge werden verdunstet und der Rückstand mit verdünnter Natronlauge ausgezogen. Wird die alkalische purpurrothe Lösung mit Ferricyankalium versetzt, so wird die rothe Farbe der Lösung noch viel dunkler. Zum weiteren Nachweis der diese Reaktion bedingenden Pseudorosolsäure vgl. **Zulkowsky**[2]).

γ) **Pikrinsäure.**

Man kocht mit Alkohol aus, verdampft die Lösung zur Trockne und löst den Rückstand in Wasser. Die neutrale oder schwach schwefelsaure Lösung färbt Wolle stark gelb, giebt mit einer Lösung von Kaliumcyanid und Kalihydrat beim gelinden Erwärmen eine tiefrothe Färbung von Isopurpursäure, und mit Kalilauge und etwas Traubenzucker erwärmt, gleichfalls Rothfärbung von Pikraminsäure.

II. Farben zur Herstellung von Oblaten.

1. Gesetzliche Anforderungen.

Oblaten, die zum Genuss bestimmt sind, dürfen mit den gesundheitsschädlichen unter C, I, 1 S. 121 angeführten Farben nicht gefärbt sein.

Bei Oblaten, die nicht zum Genuss dienen sollen, ist die Verwendung von schwefelsaurem Baryum (Schwerspath, blanc fixe), Chromoxyd und Zinnober gestattet.

2. Untersuchung.

Wie unter C, I, 2.

III. Farben für Gefässe, Umhüllungen oder Schutzbedeckungen zur Aufbewahrung oder Verpackung von Nahrungs- und Genussmitteln.

1. Gesetzliche Anforderungen.

Für Gefässe, Umhüllungen pp. ist verboten die Anwendung der unter C, I, 1 S. 121 genannten Farben mit Ausnahme der nachstehend verzeichneten:

> Schwefelsaures Baryum (Schwerspath, blanc fixe),
> Barytfarblacke, welche von kohlensaurem Baryum frei sind,
> Chromoxyd,
> Kupfer, Zink, Zinn und deren Legirungen als Metallfarben,

---

[1]) Vgl. auch **Hirschsohn**, Zeitschrift für analytische Chemie, 1891, *30*, 655.
[2]) **Liebig**'s Annalen der Chemie 1878, *194*, 123.

Zinnober,

Zinnoxyd[1]),

Schwefelzinn als Musivgold.

Zulässig sind ferner die unter C I, 1 genannten gesundheitsschädlichen Farben in Glasmassen, Glasuren und Emails eingebrannt und im
äusseren Anstrich von Gefässen aus wasserdichten Stoffen.

2. Untersuchung.

Wie unter C, I, 2 S. 122; vgl. auch den Nachweis der Farben in
Spielwaaren, C, VI, 2 S. 126.

IV. Farben für Buch- und Steindruck auf Gefässen, Umhüllungen oder Schutzbedeckungen für Nahrungsmittel pp., auf kosmetischen Mitteln oder Spielwaaren.

1. Gesetzliche Anforderungen.

Zum Bedrucken bezw. zum Anstrich von Gefässen, Umhüllungen oder
Schutzbedeckungen zur Aufbewahrung oder Verpackung von Nahrungs-
und Genussmitteln, von kosmetischen Mitteln, Spielwaaren, Blumentopf-
gittern und künstlichen Christbäumen, die zum Verkauf bestimmt sind,
dürfen arsenhaltige Farben nicht angewendet werden.

2. Untersuchung.

Die Prüfung auf Arsen geschieht gemäss der Bekanntmachung vom
10. April 1888.

V. Farben zur Herstellung kosmetischer Mittel.

1. Begriffserklärung.

Zu den zur Reinigung, Pflege oder Färbung der Haut, des Haares
oder der Mundhöhle dienenden kosmetischen Mitteln zählen die Haar-
und Lippenpomaden, Toiletteseifen, Haaröle, Puder, Schminken,
Schönheitswässer, Zahnwässer, Zahnpulver, Zahnseifen und
Haarfärbemittel.

2. Gesetzliche Anforderungen.

Ausdrücklich verboten ist bei der Herstellung dieser Zubereitungen
die Verwendung von:

---

[1]) Als Zinnoxyd im Sinne des Gesetzes sind ausser Stannioxyd (SnO_2)
auch die Hydrate desselben (Stannihydroxyd sowohl, wie Stannohydroxyd) zu
verstehen, wie sie u. A. durch Vermischen von Zinnlösungen mit Alkalien entstehen. Derartige Hydrate kommen in Verbindung mit organischen Farbstoffen,
auf mineralische Beisätze gefällt, als Farblacke zur Verwendung.

Antimon, Arsen, Baryum, Blei, Chrom, Kadmium, Kupfer, Quecksilber, Uran, Zink, Zinn, Gummigutti, Korallin, Pikrinsäure.

Zulässig sind jedoch:

Schwefelsaures Baryum (Schwerspath, blanc fixe), Schwefelkadmium, Chromoxyd, Zinnober, Zinkoxyd, Zinnoxyd, Schwefelzink, Kupfer, Zinn, Zink und deren Legirungen in Form von Puder.

3. Untersuchung.

Bei der Untersuchung der erwähnten Mittel sind folgende Gesichtspunkte zu berücksichtigen:

a) Fett- und ölhaltige Stoffe wie Pomaden, Haaröle etc. werden durch Ausziehen mit Aether von den fettigen Bestandtheilen befreit, wobei im Falle etwaiger Anwesenheit von Phenylendiamin[1]) und von Diamidophenol, welche zu Haarfärbungszwecken Verwendung finden und Ekzembildungen veranlassen, eine vorherige Neutralisirung der freien Amine vorzunehmen ist.

Der in Aether unlösliche Rückstand wird weiter geprüft.

b) Toiletteseifen werden mit verdünnter Mineralsäure zerlegt, die abgeschiedenen Fettsäuren mit Aether ausgeschüttelt und die Rückstände oder die wässerige Lösung untersucht.

c) Die übrigen kosmetischen Mittel unterwirft man der Prüfung auf Metalle nach vorangegangener Zerstörung der organischen Stoffe mit Salzsäure und Kaliumchlorat in üblicher Weise.

VI. Farben zur Herstellung von Spielwaaren (einschliesslich der Bilderbogen und Bilderbücher für Kinder), Blumentopfgittern und künstlichen Christbäumen.

1. Gesetzliche Anforderungen.

Diese Gegenstände dürfen nicht gefärbt sein mit Farbstoffen und Farbstoffzubereitungen, die enthalten:

Antimon, Arsen, Baryum, Blei, Chrom, Kadmium, Kupfer, Quecksilber, Uran, Zink, Zinn, Gummigutti, Korallin, Pikrinsäure.

Zulässig sind jedoch:

Schwefelsaures Baryum (Schwerspath, blanc fixe), Barytfarblacke, welche von kohlensaurem Baryum frei sind, Chromoxyd, Kupfer, Zinn, Zink und deren Legirungen als Metallfarben, Zinnober, Zinnoxyd, Schwefelzinn als Musivgold, sowie alle in Glasmassen, Glasuren oder Emails eingebrannten Farben, Bleioxyd in Firniss,

---

[1]) Sendtner, Forschungsberichte über Lebensmittel etc., 1897, *4*, 302.

chromsaures Blei (für sich oder in Verbindung mit schwefelsaurem Blei) als Oel- oder Lackfarbe, oder mit Lack- oder Firnissüberzug, die in Wasser unlöslichen Zinkverbindungen.

2. Untersuchung.

1. Die in der Masse gefärbten Gegenstände mit Ausnahme der gefärbten Glasmassen, Glasuren oder Emails werden gewogen, möglichst fein zerkleinert und gemischt.

2. Die oberflächlich gefärbten Gegenstände sind abzuschaben. Das Abschabsel wird gewogen, gepulvert und gemischt.

a) *Prüfung auf anorganische Stoffe.*

Die etwa vorhandene organische Substanz wird nach den allgemein üblichen Verfahren zerstört und der gewonnene Rückstand nach den anerkannten Regeln der qualitativen Analyse weiter behandelt.

Ist bei der Analyse Baryum, Chrom, Kupfer, Blei, Zinn, Zink oder Quecksilber gefunden worden, so ist festzustellen, ob diese Metalle nur in Form zulässiger Verbindungen vorhanden waren, z. B. als:

α) Schwefelsaures Baryum.

Ein Theil der zu untersuchenden Masse wird zur Entfernung löslicher Salze mit destillirtem Wasser erschöpft und mit kalter verdünnter Salzsäure behandelt.

Die salzsaure Lösung darf keinen Baryt (oder höchstens Spuren) aufnehmen.

Der unlösliche Theil wird mit kohlensaurem Natron-Kali geschmolzen und mit Wasser behandelt.

In Lösung gehen Natrium- und Kaliumsulfat, welche in bekannter Weise nachgewiesen werden. Das abfiltrirte kohlensaure Baryum wird mit Salzsäure zerlegt. In der erhaltenen Lösung ist auf Baryum in bekannter Weise zu prüfen.

β) Barytfarblacke.

Die Barytfarblacke müssen frei von kohlensaurem Baryum sein; sie dürfen deshalb mit verdünnter Essigsäure kein Kohlendioxyd entwickeln. Falls aber Kohlendioxyd entwickelt wird, muss geprüft werden, ob die äquivalente Menge Baryum in Lösung gegangen ist.

γ) Chromoxyd.

Ist Chromoxyd gefunden, so ist nachzuweisen, dass keine Chromate vorhanden sind.

δ) Kupfer, Zinn, Zink und deren Legirungen als Metallfarben.

Die durch Wasser, Alkohol und Aether gereinigten Metallfarben müssen sich durch metallisches Quecksilber amalgamiren und, aus dem Amalgam abgeschieden, weiter nachweisen lassen.

ε) Zinnober.

Zinnober muss unlöslich in Salpetersäure sein; beim Erhitzen im Röstrohre muss die Verbindung Schwefeldioxyd und einen Quecksilberspiegel liefern. Der letztere bildet sich sehr schön beim Erhitzen mit Kupferspähnen.

ζ) Zinnoxyd und

η) Musivgold.

Wenn Zinn gefunden ist, so darf in dem mit mässig verdünnter, kalter Salpetersäure hergestellten Auszuge Zinn nicht nachweisbar sein.

ϑ) Bleioxyd in Firniss.

Um zu ersehen, ob ein gefundener geringer Bleigehalt von dem verwendeten Farbstoff oder, an Harzsäuren oder Fettsäuren gebunden, von Firniss herrührt, muss eine Ausziehung des Gegenstandes mit reinem, säurefreiem Alkohol, Aether und Chloroform stattfinden, welche harz- oder leinölsaures Blei lösen. Es ist aber zu berücksichtigen, dass oxydirter bleihaltiger Leinölfirniss sich auch in den angegebenen Lösungsmitteln nur theilweise lösen und deshalb zu Irrthümern Anlass geben kann.

ι) Chromsaures Blei für sich oder in Verbindung mit schwefelsaurem Blei als Oel- oder Lackfarbe oder mit Lack- oder Firnissüberzug.

Es ist der Beweis zu erbringen, dass Bleichromat für sich oder in Verbindung mit schwefelsaurem Blei als Oel- oder Lackfarbe oder mit Lack- oder Firnissüberzug vorliegt.

Man zieht der Reihe nach mit heissem Alkohol und Terpentinöl aus. Nach dem Verdunsten des Alkohols verbleiben Harze (Schellack, Kolophonium oder Theile von Dammarharz).

Terpentinöl löst vornehmlich Dammar, Kopal und Leinölfirniss. Die Gegenwart von Leinölfirniss giebt sich in deutlicher Weise durch einfaches, unmittelbares Erhitzen der abgeschabten Farbe in einem kleinen Reagenzröhrchen kund.

Die nach der Ausziehung mit obigen Lösungsmitteln verbleibenden Farbstoffe können alsdann in der üblichen Weise geprüft werden.

Zu beachten ist auch, dass Oelfarben oder mit Oel- oder Harzlack überzogene Wasserfarben beim Reiben mit Wasser nichts oder nur Spuren von der Farbe abgeben.

ϰ) Wasserunlösliche Zinkverbindungen.

Als in Wasser unlösliche Zinkverbindungen sind zu erachten: Zinkgrau (ein Gemisch von metallischem Zink und Zinkoxyd), Zinkweiss (Zinkoxyd), Lithopone (ein Gemisch von Zinkoxyd, Zinksulfid und Baryumsulfat).

Zinkchromat ist nicht als in Wasser unlösliche Zinkverbindung, sondern als eine Verbindung der Chromsäure zu beurtheilen.

λ) Arsen.

Die Anwesenheit von Arsen und die Menge desselben ist gemäss der Anweisung vom 10. April 1888 festzustellen.

b) Prüfung auf organische Farbstoffe.

Wie unter C, I, 2.

VII. Tuschfarben.

1. Gesetzliche Anforderungen.

Verboten ist die Anwendung der unter C, I, 1 bezeichneten Farben, sofern die Tuschfarben als „frei von gesundheitsschädlichen Stoffen oder giftfrei" verkauft werden.

Tuschfarben für Kinder müssen stets giftfrei sein.

2. Untersuchung.

Die Tuschfarben werden zur Prüfung auf unzulässige Farbstoffe mit Salzsäure unter Zusatz von etwas Alkohol (mit Rücksicht auf vorhandenes Bleichromat) gekocht. Man filtrirt ab und untersucht die Lösung nach den Regeln der qualitativen Analyse. Erscheint der Rückstand nicht rein weiss, so kann dies von einem erlaubten Gehalte an Zinnober oder von Berlinerblau, aber auch von in Salzsäure unlöslichen Arsen- und Antimonfarbstoffen herrühren. In diesem Falle ist der Rückstand mit Salzsäure und chlorsaurem Kalium weiter zu behandeln. Auf unzulässige organische Farbstoffe wird nach C, I, 2 geprüft.

VIII. Farben für Tapeten, Möbelstoffe, Teppiche, Stoffe zu Vorhängen oder Bekleidungsgegenständen, Masken, Kerzen, sowie künstliche Blätter, Blumen und Früchte, Schreibhülfsmittel, Lampen- und Lichtschirme, sowie Lichtmanschetten.

1. Gesetzliche Anforderungen.

Die Farben müssen arsenfrei sein, jedoch ist die Verwendung arsenhaltiger Beizen oder Fixirungsmittel zum Zwecke des Färbens oder Bedruckens von Gespinnsten oder Geweben zur Herstellung der in der Ueberschrift bezeichneten Gegenstände soweit zulässig, als das Arsen nicht in wasserlöslicher Form oder in solcher Menge vorhanden ist, dass sich in 100 qcm des fertigen Gegenstandes mehr als 2 mg Arsen vorfinden. Die gleiche Bestimmung findet auch Anwendung, wenn die in der Ueberschrift bezeichneten Gegenstände zur Herstellung von Spielwaaren Verwendung finden sollen.

Zu den Bekleidungsgegenständen gehören alle auch im weiteren Sinne zur Bekleidung dienlichen Gegenstände (Schlipse, Gürtel, Strumpfbänder, Hutleder u. s. w.).

Auf die Färbung von Pelzwaaren finden die Vorschriften des Gesetzes vom 5. Juli 1887, betreffend die Verwendung gesundheitsschädlicher Farben, nicht Anwendung.

2. Untersuchung.

Für den Arsennachweis gilt die Anweisung vom 10. April 1888.

Es ist beobachtet worden, dass Kerzen mit Zinnober gefärbt in den Handel kommen. Da beim Brennen dieser Kerzen aus dem vor-

handenen Zinnober schweflige Säure und Dämpfe von metallischem Quecksilber entstehen, so ist bei der Untersuchung gefärbter, insbesondere rother
Kerzen, auf ein etwaiges Vorhandensein von Zinnober zu achten.

Auch Blei kann sich in geringer Menge verflüchtigen, wenn mit
bleihaltigen Farbstoffen gefärbte Kerzen verbrannt werden.

IX. Wasser- oder Leimfarben zur Herstellung des Anstrichs von Fussböden, Decken, Wänden, Thüren, Fenstern der Wohn- oder Geschäftsräume, von Roll-, Zug- und Klappläden oder Vorhängen, von Möbeln und sonstigen häuslichen Gebrauchsgegenständen.

1. Gesetzliche Anforderungen.

Diese Farben müssen arsenfrei sein.

2. Untersuchung.

Für den Arsennachweis gilt die Anweisung vom 10. April 1888.

Anhaltspunkte zur Beurtheilung gesundheitsschädlicher
Metalle, welche in Farben nicht als konstituirende Bestandtheile enthalten sind.

§ 10 des Gesetzes vom 5. Juli 1887 besagt:

„Auf die Verwendung von Farben, welche die im § 1 Abs. 2 bezeichneten Stoffe nicht als konstituirende Bestandtheile, sondern nur als
Verunreinigungen und zwar höchstens in einer Menge enthalten, welche
sich bei den in der Technik gebräuchlichen Darstellungsverfahren nicht
vermeiden lässt, finden die Bestimmungen der §§ 2 bis 9 nicht Anwendung".

Nur bezüglich des Arsens ist ein Grenzwerth aufgestellt.

Was als Verunreinigung im Sinne des § 10 zu verstehen ist, über-
lässt das Gesetz dem Sachverständigen.

Um Letzterem einen ungefähren Anhalt zu geben, sei angeführt,
dass in dem Entwurf der bayerischen Vereinigung Dr. Kayser und
Dr. Prior vorschlugen[1]):

Für 100 g der bei 100° getrockneten Farbe sollen für Antimon,
Arsen, Blei, Kupfer, Chrom zusammen oder von jedem 0,2 g, für Baryum,
Kobalt, Nickel, Uran, Zinn, Zink zusammen oder von jedem 1,0 g als zu-
lässige Verunreinigung gelten.

Um zu entscheiden, ob Arsen in einer Farbe als wesentlicher Bestandtheil oder nur als Verunreinigung enthalten ist, welche sich bei den
in der Technik gebräuchlichen Darstellungsverfahren nicht vermeiden lässt,
ist der zweifellose Ausfall der Marsh'schen Arsenprobe nicht ausreichend,
es ist vielmehr eine quantitative Arsenbestimmung auszuführen.

---

[1]) Vereinbarungen, 1885, S. 224.

D. Petroleum.

Begriffserklärung.

Als Petroleum im Sinne der Verordnung vom 24. Februar 1882 gilt Rohpetroleum und seine Destillationserzeugnisse.

1. Gesetzliche Anforderung.

Das gewerbsmässige Verkaufen und Feilhalten von Petroleum, welches unter einem Barometerstande von 760 mm schon bei einer Erwärmung auf weniger als 21 Grad des 100-theiligen Thermometers entflammbare Dämpfe entweichen lässt, ist nur in solchen Gefässen gestattet, welche an einer in die Augen fallenden Stelle auf rothem Grund in deutlichen Buchstaben die nicht verwischbare Inschrift „feuergefährlich" tragen, und wenn derartiges Petroleum gewerbsmässig zur Abgabe in Mengen von weniger als 50 kg feilgehalten oder in solchen geringen Mengen verkauft wird, so muss die Inschrift in gleicher Weise noch die Worte: „Nur mit besonderen Vorsichtsmaassregeln zu Brennzwecken verwendbar" enthalten.

Diese Verordnung findet auf das Feilhalten und Verkaufen von Petroleum in den Apotheken zu Heilzwecken nicht Anwendung.

2. Untersuchung.

Die Untersuchung erfolgt nach der Anweisung für die Untersuchung von Petroleum vom 20. April 1882.

Der Entflammungspunkt giebt nur Aufschluss über die Explosions- und Feuergefährlichkeit des Petroleums. Für seine Beurtheilung als Leuchtmittel geben allgemeine Anhaltspunkte: Die fraktionirte Destillation, die Ermittelung des Erstarrungspunktes der Paraffine und photometrische Messungen; letztere sind an Lampen, welche für die betreffende Petroleumsorte üblich sind, auszuführen.

Litteratur.

1. E. Sell, Technische Erläuterungen zu dem Entwurfe eines Gesetzes betreffend die Verwendung gesundheitsschädlicher Farben bei der Herstellung von Nahrungsmitteln, Genussmitteln und Gebrauchsgegenständen. Arbeiten aus dem Kaiserlichen Gesundheitsamte 1887. *2.* 232.
2. H. Stockmeier, Welche Anforderungen sind an Email-Geschirr zu stellen? Bericht der 6. Versammlung der Freien Vereinigung bayerischer Vertreter der angewandten Chemie. München 1887. 103.
3. G. Wolffhügel, Ueber blei- und zinkhaltige Gebrauchsgegenstände. Arbeiten aus dem Kaiserlichen Gesundheitsamte 1887. *2.* 112.
4. J. Mayrhofer, Ueber den Nachweis von Arsen und Zinn bei Konditoreiwaaren und Gebrauchsgegenständen. Bericht über die 7. Versammlung der Freien Vereinigung bayerischer Vertreter der angewandten Chemie in Speyer 1888. 141.

5. **Schlegel**, Zur Ermittelung des Bleigehaltes in Blei-Zinn-Legirungen. Bericht über die 8. Versammlung der Freien Vereinigung bayerischer Vertreter der angewandten Chemie 1889. 48.

6. **Ed. Polenske**, Ueber eine schnell auszuführende quantitative Bestimmung des Arsens. Arbeiten aus dem Kaiserlichen Gesundheitsamte 1889. *5*. 357.

7. **B. Kühn und O. Saeger**, Versuche zur quantitativen Bestimmung des Arsens nach dem Marsh'schen Verfahren. Berichte der deutschen chemischen Gesellschaft 1890. *23*. 1798.

8. **Ad. Casali**, Ueber gelbe Färbemittel für Esswaaren. Vierteljahresschrift über die Fortschritte auf dem Gebiete der Chemie der Nahrungs- und Genussmittel 1890. *5*. 516.

9. **J. Mayrhofer**, Zur Bestimmung des Bleies in Zinnwaaren. Vierteljahresschrift über die Fortschritte auf dem Gebiete der Chemie der Nahrungs- und Genussmittel 1890. *5*. 528.

10. **F. A. Flückiger**, Ueber den Nachweis kleinster Mengen Arsen. Archiv der Pharmacie 1889. *227*. 1. Zeitschrift für analytische Chemie 1891. *30*. 113.

11. **G. Denigés**, Zur Unterscheidung der nach dem bekannten Verfahren von Marsh erhaltenen Arsenflecke von Antimonflecken. Compt. rend. 1890. *111*. 824. Zeitschrift für analytische Chemie 1891. *30*. 263.

12. **J. Pinette**, Untersuchung von Konservenbüchsen. Chemiker-Zeitung 1891. *15*. 1109. Vierteljahresschrift über die Fortschritte auf dem Gebiete der Chemie der Nahrungs- und Genussmittel 1891. *6*. 398.

13. Untersuchung verschiedener Cosmetica. Industrieblätter 1891. *10*. 77. Vierteljahresschrift über die Fortschritte auf dem Gebiete der Chemie der Nahrungs- und Genussmittel 1891. *6*. 129.

14. **H. Behrens**, Beiträge zur mikrochemischen Analyse. Zeitschrift für analytische Chemie 1891. *30*. 125.

15. Beschlüsse des Vereins der schweizerischen analytischen Chemiker in Luzern betr. die Verwendung von Farben bei der Herstellung von Nahrungs-, Genussmitteln und Gebrauchsgegenständen. Chemiker-Zeitung 1891. *15*. 1446.

16. **P. Lohmann**, Die Anwendung des Quecksilberchlorides bei dem Nachweis kleinster Mengen von Arsen. Pharmaceutische Zeitung 1891. *36*. 748. Zeitschrift für analytische Chemie 1892. *31*. 361.

17. **J. Landin**, Arsen-Untersuchung von Tapeten, Teppichen, Geweben etc. Chemiker-Zeitung 1892. *16*. 420. Vierteljahresschrift über die Fortschritte auf dem Gebiete der Chemie der Nahrungs- und Genussmittel 1892. 7. 97.

18. **C. Mangold**, Analyse des Siegellacks. Zeitschrift für angewandte Chemie 1892. 75. Vierteljahresschrift über die Fortschritte auf dem Gebiete der Chemie der Nahrungs- und Genussmittel 1892. 7. 97.

19. **W. Ohlmüller und R. Heise**, Untersuchungen über die Verwendbarkeit des Aluminiums zur Herstellung von Ess-, Trink- und Kochgeschirren. Arbeiten aus dem Kaiserlichen Gesundheitsamte 1892. *8*. 377. Zeitschrift für angewandte Chemie 1892. 523.

20. **H. Hecht**, Analyse von Töpferglasuren. Thonindustrie-Zeitung 1892. 153. Zeitschrift für angewandte Chemie 1892. 340.

21. **H. Beckurts und W. Brüche**, Experimentelle Untersuchungen über die Werthbestimmung der Harze und Balsame. Archiv der Pharmacie 1892. *230*. 92. Zeitschrift für analytische Chemie 1898. *37*. 761.

22. A. Bulowsky, Schädliche Bestandtheile der Gummispielsachen. Archiv für
    Hygiene 1892. *15.* 125. Zeitschrift für angewandte Chemie 1893. 215.

23. W. M. Hamlet, Vergiftung durch Konservenbüchsen. Chemiker-Zeitung
    1893. *17.* 69.

24. R. Henriques, Beiträge zur Kenntniss der Kautschuksurrogate und Kaut-
    schukwaaren. Chemiker-Zeitung 1893. *17.* 634. 707.

25. Pusch, Ueber Bleinachweis. Chemiker-Zeitung 1893. *17.* 1365.

26. H. Stockmeier, Versuche zur Herstellung einer verbesserten Bleiglasur für
    Töpferwaaren. Bericht über die 12. Jahresversammlung der freien Vereini-
    gung bayerischer Vertreter der angewandten Chemie in Lindau am 3. und
    4. Aug. 1893, 25. Chemiker-Zeitung 1893. *17.* 1175.

27. E. Falck, Bleihaltige Bierglasdeckel. Zeitschrift für angewandte Chemie
    1893. 434.

28. R. Sendtner, Zur Kontrolle der Lebensmittel und Gebrauchsgegenstände. Ar-
    chiv für Hygiene 1893. *17.* 429. Zeitschrift für angewandte Chemie 1893. 617.

29. D. Holde, Zur Untersuchung von Kautschukwaaren. Chemiker-Zeitung 1893.
    17. 1634; 1894. *18.* 1905.

30. J. Clark, Nachweis von Arsen. Journal of analytical and applied chemistry
    (Easton) 1893. 293. Zeitschrift für angewandte Chemie 1894. 25.

31. Niedtner, Eine rasche Probe auf Bleigehalt von Zinngusswaaren. Berg-
    und hüttenmännische Zeitung 1893. *49.* 137. Zeitschrift für analytische
    Chemie 1894. *33.* 477.

32. H. Stockmeier, Ueber Verbesserung der Glasur der Töpferwaaren. For-
    schungsberichte über Lebensmittel etc. 1894. *1.* 91. 1895. *2.* 95.

33. H. Schulz, Ueber den Schwefelgehalt menschlicher und thierischer Gewebe.
    Pflüger's Archiv für die gesammte Physiologie 1893. *54.* 555.

34. R. Henriques, Analytische Untersuchung von Kautschukwaaren. Chemiker-
    Zeitung 1894. *18.* 411. 905; 1895. *19.* 235. 382. 403. 1918. 2043.

35. F. Musset, Die Anwendung des Schwefelkohlenstoffes zur Bestimmung
    kleiner Mengen Arsen. Pharmaceutische Centralhalle 1893. *34.* 737. Zeit-
    schrift für analytische Chemie 1898. *37.* 316.

36. C. O. Weber, Zur Analyse der Kautschukwaaren. Chemiker-Zeitung 1894.
    18. 1003. 1040. 1064.

37. C. A. Lobry de Bruyn, Untersuchung von Kautschukgegenständen. Che-
    miker-Zeitung 1894. *18.* 309. 1566. 1618.

38. P. Kaszper, Analyse von antimonhaltigen Emailglasuren auf Kochgeschirren.
    Dingler's polytechnisches Journal 1894. *294.* 187. Zeitschrift für ange-
    wandte Chemie 1895. 232.

39. C. Liebermann und P. Michaelis, Analyse alizaringefärbter Baumwollen-
    stoffe. Berichte der deutschen chemischen Gesellschaft 1894. *27.* 3009.
    Zeitschrift für analytische Chemie 1895. *34.* 644.

40. Ch. R. Sanger, Die quantitative Bestimmung des Arsens in Tapeten und
    Stoffen nach dem Verfahren von Marsh. Proceedings of the American aca-
    demy of arts and sciences 1894. *26.* Pharmaceutische Zeitung für Russ-
    land 1894. *33.* 299. 312. Zeitschrift für analytische Chemie 1899. *38.* 377.

41. C. A. Neufeld, Erfahrungen auf dem Gebiete der Petroleumprüfung. For-
    schungsberichte über Lebensmittel etc. 1895. *2.* 320. Chemiker-Zeitung
    1895. *19.* 1452.

42. R. Sendtner, Erfahrungen auf dem Gebiete der Petroleumprüfung. Forschungsberichte über Lebensmittel etc. 1895. *2*. 322. Chemiker-Zeitung 1895. *19*. 1452.

43. R. Schiff, Arsenbestimmung bei gerichtlich-chemischen Analysen. Berichte der deutschen chemischen Gesellschaft 1895. *28*. 1204. Zeitschrift für angewandte Chemie 1895. 383.

44. Fr. Heusler, Ueber die Bestimmung des Schwefels im Petroleum. Zeitschrift für angewandte Chemie 1895. 285. Vierteljahresschrift über die Fortschritte auf dem Gebiete der Chemie der Nahrungs- und Genussmittel 1895. *10*. 289.

45. H. Stockmeier, Bleihaltiges Zinnloth. Forschungsberichte über Lebensmittel etc. 1895. *2*. 84.

46. Röser, Bleigehalt der Konservenbüchsen. Zeitschrift für Nahrungsmitteluntersuchung, Hygiene und Waarenkunde 1895. *9*. 314.

47. R. Heise, Zur Kenntniss der Kermesbeeren und Kermesschildlaus-Farbstoffe. Arbeiten aus dem Kaiserlichen Gesundheitsamte 1895. *11*. 513. Forschungsberichte über Lebensmittel etc. 1895. *2*. 248.

48. R. Kayser, Ueber die Beurtheilung von Farbstoffen hinsichtlich ihrer Gesundheitsschädlichkeit. Forschungsberichte über Lebensmittel etc. 1895. *2*. 181.

49. K. B. Lehmann, Hygienische Studien über Kupfer. Archiv für Hygiene 1895. *24*. 1; 1896. *27*. 1; 1897. *30*. 250. Forschungsberichte über Lebensmittel etc. 1895. *2*. 266. Vierteljahresschrift über die Fortschritte auf dem Gebiete der Chemie der Nahrungs- und Genussmittel 1897. *12*. 612.

50. H. Putz, Erfahrungen über die Verwendung von Infusorienerde zur Bleiglasur des Töpfergeschirres. Forschungsberichte über Lebensmittel etc. 1895. *2*. 97.

51. Schaffer, Ueber den Nachweis des Martiusgelbs in Teigwaaren. Schweizerische Wochenschrift für Chemie und Pharmacie 1895. *33*. 251. Forschungsberichte über Lebensmittel etc. 1895. *2*. 248.

52. A. Rössing, Mittheilungen über das Schwarzwerden der Gemüse-Konserven in Weissblechdosen. Zeitschrift für analytische Chemie 1896. *35*. 38. Vierteljahresschrift über die Fortschritte auf dem Gebiete der Chemie der Nahrungs- und Genussmittel 1896. *11*. 127.

53. M. Lucas, Kolorimetrische Bestimmung von Blei. Bull. Soc. Chim. 1896. *15*. 39. Vierteljahresschrift über die Fortschritte auf dem Gebiete der Chemie der Nahrungs- und Genussmittel 1896. *11*. 139.

54. A. Jaworowski, Empfindliche Reaktion auf Kupfer. Pharmaceutische Zeitschrift für Russland 1896. *35*. 83. Vierteljahresschrift über die Fortschritte auf dem Gebiete der Chemie der Nahrungs- und Genussmittel 1896. *11*. 283.

55. E. Szarvasy, Ueber eine volumetrische Bestimmung des Arsens. Berichte der deutschen chemischen Gesellschaft 1896. *29*. 2900. Vierteljahresschrift über die Fortschritte auf dem Gebiete der Chemie der Nahrungs- und Genussmittel 1896. *11*. 592.

56. R. Kissling, Bestimmung des Schwefelgehaltes der Verbrennungsgase des Petroleums. Chemiker-Zeitung 1896. *20*. 199.

57. R. Kissling, Der Entflammungspunkt von Petroleum. Chemiker-Zeitung 1896. *20*. 648. 711. 727.

58. C. Engler, Bestimmung des Schwefelgehaltes des Petroleums. Chemiker-Zeitung 1896. *20.* 197. Vierteljahresschrift über die Fortschritte auf dem Gebiete der Chemie der Nahrungs- und Genussmittel 1896. *11.* 130.

59. C. A. Lobry de Bruyn, Der Entflammungspunkt von Petroleum. Chemiker-Zeitung 1896. *20.* 251. 623.

60. M. Dennstedt, Zur Petroleumfrage. Chemiker-Zeitung 1896. *20.* 637.

61. R. Zaloziecki, Ueber die Feuergefährlichkeit des Petroleums. Chemiker-Zeitung 1896. *20.* 821.

62. M. Hönig und G. Spitz, Bestimmung von Borsäure in Glasuren, Emails u. s. w. Zeitschrift für angewandte Chemie 1896. 551.

63. O. Buss, Beiträge zur Spektralanalyse einiger toxikologisch und pharmakognostisch wichtiger Farbstoffe. Forschungsberichte über Lebensmittel etc. 1896. *3.* 163. 197. 237.

64. R. Kayser, Zur Untersuchung von Farbsteinen. Zeitschrift für öffentliche Chemie 1897. *3.* 10.

65. Ed. Donath, Nachweis von Arsen neben viel Zinn. Zeitschrift für analytische Chemie 1897. *36.* 665.

66. A. Swoboda, Nachweis der Pikrinsäure. Zeitschrift des allgemeinen österreichischen Apotheker-Vereius 1897. *34.* 617. Zeitschrift für analytische Chemie 1897. *36.* 518.

67. H. Mastbaum, Zinnbestimmung im Weissblech. Zeitschrift für angewandte Chemie 1897. 329. Vierteljahresschrift über die Fortschritte auf dem Gebiete der Chemie der Nahrungs- und Genussmittel 1897. *12.* 289.

68. D. Holde, Die Paraffinbestimmung in hochsiedenden Destillaten des Braunkohlentheeröles und des Roh-Petroleums. Zeitschrift für angewandte Chemie 1897. 116.

69. E. Fricke, Zur Arsen-Untersuchung in forensischen Fällen. Chemiker-Zeitung 1897. *21.* 303.

70. Baucke und Behrens, Mikroskopische Untersuchung von Weissmetallen. Chemiker-Zeitung 1897. *21.* 379.

71. K. B. Lehmann, Einige Beiträge zur Bestimmung und hygienischen Bedeutung des Zinkes. Archiv für Hygiene 1897. *28.* 291. Vierteljahresschrift über die Fortschritte auf dem Gebiete der Chemie der Nahrungs- und Genussmittel 1897. *12.* 286.

72. K. Dieterich, Ueber die Untersuchung von Wachs auf heissem und kaltem Wege. Helfenberger Annalen 1897. *12.* 218. 362.

73. A. Zaloziecki, Beiträge zur Kenntniss des chemischen Verhaltens der Erdöle. Nafta 1897. *5.* 82. Chemiker-Zeitung 1898. *22.* Rep. 61. Zeitschrift für Untersuchung der Nahrungs- und Genussmittel 1899. *2.* 163.

74. R. Sendtner, Ueber Haarfärbemittel. Forschungsberichte über Lebensmittel etc. 1897. *4.* 301.

75. C. O. Weber, Zur Analyse vulkanisirter Kautschukwaaren. Zeitschrift für angewandte Chemie 1898. 313. Zeitschrift für Untersuchung der Nahrungs- und Genussmittel 1898. *1.* 726.

76. A. Ortmann, Ueber den Nachweis des Arsens in Theerfarben. Oesterreichisches Sanitätswesen 1898. *10.* 78. Zeitschrift für Untersuchung der Nahrungs- und Genussmittel 1898. *1.* 515.

77. R. Hefelmann, Zum Nachweise des Arsens in Theerfarbstoffen. Zeitschrift für öffentliche Chemie 1898. *4*. 373. Zeitschrift für Untersuchung der Nahrungs- und Genussmittel 1898. *1*. 516.

78. F. Filsinger, Zum Nachweise von Arsen in Theerfarben. Zeitschrift für öffentliche Chemie 1898. *4*. 418.

79. R. Frühling, Ueber Rechtsunsicherheit bei Beurtheilung von Konservenbüchsen. Zeitschrift für öffentliche Chemie 1898. *4*. 6. Zeitschrift für Untersuchung der Nahrungs- und Genussmittel 1898. *1*. 517.

80. E. Ludwig, Erfahrungen über das Verhalten der Nickel-Kochgeschirre im Haushalte. Oesterreichische Chemiker-Zeitung 1898. *1*. 3. Zeitschrift für Untersuchung der Nahrungs- und Genussmittel 1898. *1*. 518.

81. P. Carles, Nachweis und Bestimmung des Bleies in Weissblechen und in Konserven. Journal de Pharmacie et de Chimie 1898. 7. 184. Zeitschrift für Untersuchung der Nahrungs- und Genussmittel 1898. *1*. 519.

82. L. de Koningh, Bestimmung von Mineralbestandtheilen in Gummiwaaren. Nederlandsch Tijdschrift voor Pharmacie, Chemie en Toxikologie 1898. *10*. 145. Zeitschrift für Untersuchung der Nahrungs- und Genussmittel 1898. *1*. 726.

83. L. Grünhut, Beiträge zur Untersuchung von Farben und gefärbten Lebensmitteln. Zeitschrift für öffentliche Chemie 1898. *4*. 563. Zeitschrift für Untersuchung der Nahrungs- und Genussmittel 1899. *2*. 538.

84. N. Schidkow, Der Säuregehalt des Erdöls von Grossny. Trudy. bak. otd. imp. rusck. techn. obschtsch. 1898. *13*. 189. Zeitschrift für Untersuchung der Nahrungs- und Genussmittel 1899. *2*. 751.

85. S. Stransky, Der Flammpunkt des Petroleums. Chemische Revue der Fett- und Harz-Industrie 1898. *5*. 229. Zeitschrift für Untersuchung der Nahrungs- und Genussmittel 1899. *2*. 748.

86. D. Holde und L. Allen, Die quantitative Bestimmung des Paraffins in Destillaten des Rohpetroleums und des Braunkohlentheers. Chemische Revue der Fett- und Harz-Industrie 1898. *5*. 112. 131. Zeitschrift für Untersuchung der Nahrungs- und Genussmittel 1899. *2*. 165.

87. P. Wolff, Ueber die Verwendung des Acetylens bei Prüfung des Flammpunktes von Mineralölen. Chemische Revue der Fett- und Harz-Industrie 1898. *5*. 138. Zeitschrift für Untersuchung der Nahrungs- und Genussmittel 1899. *2*. 753.

88. P. Soltsien, Polarisation des Paraffinöles. Zeitschrift für öffentliche Chemie 1898. *4*. 223. 464. Zeitschrift für Untersuchung der Nahrungs- und Genussmittel 1899. *2*. 753.

89. G. Morpurgo und A. Brunner, Ueber die Anwendung der mikrobiologischen Reaktion zum Nachweise des Arsens in Theerfarbstoffen. Oesterreichische Chemiker-Zeitung 1898. *1*. 167. Zeitschrift für Untersuchung der Nahrungs- und Genussmittel 1899. *2*. 537.

90. R. Hefelmann, Haarfärbemittel. Zeitschrift für öffentliche Chemie 1898. *4*. 451. Zeitschrift für Untersuchung der Nahrungs- und Genussmittel 1899. *2*. 538.

91. P. Bulatow, Ueber Verzinnung und Eigenschaften des Petersburger Zinngutes. Pharmaceutische Zeitung für Russland 1898. *20*. 13. Zeitschrift für Untersuchung der Nahrungs- und Genussmittel 1899. *2*. 540.

92. L. Barthe, Ueber die Emaillen der Kochgeschirre. Journal de Pharmacie et de Chimie 1898. *8.* 105. Zeitschrift für Untersuchung der Nahrungs- und Genussmittel 1899. *2.* 541.

93. B. Gosio, Arsen-Nachweis durch Schimmelpilze. Riv. d'igiene e san. *3.* No. 8. Zeitschrift für Untersuchung der Nahrungs- und Genussmittel 1898. *1.* 688.

94. R. Frühling, Löthung von Konservenbüchsen. Zeitschrift für öffentliche Chemie 1899. *5.* 232.

95. A. Halenke, Ueber die Beurtheilung von Kupfer, Zink, Blei und Zinn in Lebensmitteln u. s. w. Mittheilungen aus der 18. Jahresversammlung der freien Vereinigung bayerischer Vertreter der angewandten Chemie in Würzburg 1899. 55.

96. R. Henriques, Beiträge zur analytischen Untersuchung von Kautschukwaaren. Zeitschrift für angewandte Chemie 1899. 802.

97. O. Herting, Zur Bestimmung des Schwefels im Kautschuk. Chemiker-Zeitung 1899. *23.* 768.

98. H. Nissenson, Analyse von Weissmetall. Chemiker-Zeitung 1899. *23.* 868.

99. S. Young, Die Zusammensetzung amerikanischen Petroleums. Proceedings of the Chemical Society 1898/99. *15.* 175. Zeitschrift für Untersuchung der Nahrungs- und Genussmittel 1899. *2.* 749.

100. H. Stockmeier, Beurtheilung der Metallspielwaaren mit Rücksicht auf § 12 Absatz 2 des Nahrungsmittelgesetzes. 18. Jahresversammlung der freien Vereinigung bayerischer Vertreter der angewandten Chemie, Würzburg 1899. 35. Zeitschrift für Untersuchung der Nahrungs- und Genussmittel 1899. *2.* 961.

101. A. Forster, Bleihaltige Kinderspielwaaren und das Loth von Konservenbüchsen. Zeitschrift für öffentliche Chemie 1899. *5.* 346. Zeitschrift für Untersuchung der Nahrungs- und Genussmittel 1899. *2.* 963.

102. R. Frühling, Bleihaltige Spielwaaren und Gebrauchsgegenstände. Zeitschrift für öffentliche Chemie 1899. *5.* 73. Zeitschrift für Untersuchung der Nahrungs- und Genussmittel 1899. *2.* 963.

103. A. Lang, Zusammensetzung von Bierglasbeschlägen. Zeitschrift für das gesammte Brauwesen 1899. *22.* 451. Zeitschrift für Untersuchung der Nahrungs- und Genussmittel 1899. *2.* 963.

104. R. Kayser, Prüfung von Papier auf Anwesenheit metallschädlicher Substanzen. Zeitschrift für öffentliche Chemie 1899. *5.* 43. Zeitschrift für Untersuchung der Nahrungs- und Genussmittel 1899. *2.* 754.

105. G. Filiti, Bestimmung des Schwefels im Petroleum mittels der kalorimetrischen Bombe. Bulletin de la Société chimique de Paris 1899. (3) *21.* 338. Zeitschrift für Untersuchung der Nahrungs- und Genussmittel 1900. *3.* 292.

106. A. Gautier, Nachweis und Bestimmung kleiner Mengen Arsen in organischen Substanzen. Compt. rend. 1899. *129.* 936. Zeitschrift für angewandte Chemie 1900. 19.

107. J. Formanek, Ueber den spektroskopischen Nachweis der organischen Farbstoffe. Zeitschrift für Untersuchung der Nahrungs- und Genussmittel. 1899. *2.* 260.

108. A. Funaro, Ueber die Analyse des Bienenwachses. L'Orosi 1899. *22.* 109. Zeitschrift für Untersuchung der Nahrungs- und Genussmittel 1900. *3.* 282.

109. D. Holde, Ueber die Entflammbarkeit der leichtentzündlichen Destillationsprodukte des Rohpetroleums. Chemische Revue der Fett- und Harzindustrie 1899. *6.* 151. Zeitschrift für Untersuchung der Nahrungs- und Genussmittel 1900. *3.* 291.

110. K. W. Charitschkow, Genauigkeit der Wassergehaltsbestimmung in Erdölen. Trudy bak. otd. imp. rusck. techn. obschtsch. 1899. *14.* 259. Zeitschrift für Untersuchung der Nahrungs- und Genussmittel 1900. *3.* 785.

111. S. Friedländer, Bestimmung des Schwefels im Petroleum. Arbeiten aus dem Kaiserlichen Gesundheitsamte 1899. *15.* 366.

112. R. Henriques, Beiträge zur analytischen Untersuchung von Kautschukwaaren. Zeitschrift für angewandte Chemie 1899. 802. Zeitschrift für Untersuchung der Nahrungs- und Genussmittel 1900. *3.* 210.

113. A. Gärtner, Sind die Kinderspiel-(Puppen-)Services zu den Ess-, Trink- und Kochgeschirren zu rechnen, und sind sie als gesundheitsschädlich anzusehen? Vierteljahresschrift für gerichtliche Medicin und öffentliches Sanitätswesen 1899. (3) *18.* 340. Zeitschrift für Untersuchung der Nahrungs- und Genussmittel 1900. *3.* 297.

114. F. Garelli, Ueber die Löslichkeit des in der Glasur der Steingutwaaren enthaltenen Bleies. Giorn. Farm. Trieste 1899. *4.* 331. Zeitschrift für Untersuchung der Nahrungs- und Genussmittel 1900. *3.* 297.

115. D. Holde, Die neuen Anleitungen zur Untersuchung der Mineralöle für die zollamtliche Abfertigung. Mittheilungen der technischen Versuchsanstalt Berlin 1899. *17.* 35. Zeitschrift für Untersuchung der Nahrungs- und Genussmittel 1900. *3.* 293.

116. O. Rössler, Nachweis von Arsenik in Tapeten. Archiv der Pharmacie 1899. *237.* 240. Zeitschrift für Untersuchung der Nahrungs- und Genussmittel 1900. *3.* 793.

117. A. Nikitin, Beiträge zur sanitären Beurtheilung des verkäuflichen Petroleums. Eine Untersuchung des Petroleums in Jurjew. Westnik obschtsch. sud. i prakt. medizinyi 1899. 195. Zeitschrift für Untersuchung der Nahrungs- und Genussmittel 1900. *3.* 787.

118. F. H. van Leent, Eine Methode zur Unterscheidung des Indigo's von anderen blauen Farbstoffen auf Gespinnstfasern. Zeitschrift für analytische Chemie 1900. *39.* 92.

119. W. Abenius, Arsengehalt in Wolle und wollenen Stoffen. Chemiker-Zeitung 1900. *24.* 374.

120. H. Mühe, Unterscheidung des Gummi gutti von anderen Pflanzenharzen. Zeitschrift für analytische Chemie 1900. *39.* 128.

121. H. Bornträger, Beitrag zur chemischen Analyse der Guttapercha. Zeitschrift für analytische Chemie 1900. *39.* 502.

122. O. Chéneau, Allgemeiner Gang zur Untersuchung von Kautschukwaaren. Zeitschrift für Untersuchung der Nahrungs- und Genussmittel 1900. *3.* 312.

123. V. Mainsbrecq, Untersuchung von Geräthen und Kochgeschirren aus Zinn und Eisenblech. Bull. assoc. Belge chim. 1900. *14.* 140. Zeitschrift für Untersuchung der Nahrungs- und Genussmittel 1900. *3.* 794.

124. Barillé, Das Email der Küchengeschirre. Revue générale des sciences pures et appliquées. Paris 1900. Zeitschrift für Untersuchung der Nahrungs- und Genussmittel 1900. *3.* 795.

125. A. Beythien, Ueber die Gesundheitsschädlichkeit bleihaltiger Gebrauchs-
     gegenstände, insbesondere der Trillerpfeifen. Zeitschrift für Untersuchung
     der Nahrungs- und Genussmittel 1900. *3*. 221.
126. C. Fränkel, Ueber die Gesundheitsschädlichkeit von Kinderspielwaaren
     — Puppengeschirren — mit hohem Bleigehalt. Vierteljahresschrift für
     gerichtliche Medicin und öffentliches Sanitätswesen 1900. (3) *19*. 319.
     Zeitschrift für Untersuchung der Nahrungs- und Genussmittel 1900. *3*. 793.
127. Ch. F. Mabery, Ueber die Zusammensetzung von Petroleum. Journ. Soc.
     Chem. Ind. 1900. *19*. 502. Zeitschrift für Untersuchung der Nahrungs-
     und Genussmittel 1901. *4*. 519.
128. Ch. F. Mabery und D. M. Buck, Ueber die Kohlenwasserstoffe im
     schweren Texas-Petroleum. Journal of the American Chemical Society
     1900. *22*. 553. Zeitschrift für Untersuchung der Nahrungs- und Genuss-
     mittel 1901. *4*. 521.
129. P. Poni, Ueber die Zusammensetzung des rumänischen Petroleums.
     Chemisches Centralblatt 1900. *2*. 452. Zeitschrift für Untersuchung der
     Nahrungs- und Genussmittel 1901. *4*. 523.
130. J. Tanasescu, Rumänisches Erdöl. Oesterreichische Zeitschrift für Berg-
     und Hüttenwesen 1900. *48*. 427. Zeitschrift für Untersuchung der Nahrungs-
     und Genussmittel 1901. *4*. 523.
131. Basil Steuart, Zusammensetzung der Schiefernaphta, Paraffinöl und
     Petroleum. Journ. Soc. Chem. Ind. 1900. *19*. 986. Zeitschrift für Unter-
     suchung der Nahrungs- und Genussmittel 1901. *4*. 524.
132. A. A. Shukoff und N. S. Pantjuchoff, Ueber Paraffin in russischer
     Naphta. Chemische Revue der Fett- und Harz-Industrie 1900. 7. 94. Zeit-
     schrift für Untersuchung der Nahrungs- und Genussmittel 1901. *4*. 525.
133. Steingraber, Ueber die Entflammbarkeit des Leuchtpetroleums. Oester-
     reichische Chemiker-Zeitung 1900. *3*. 589. Zeitschrift für Untersuchung der
     Nahrungs- und Genussmittel 1901. *4*. 526.
134. J. Werder, Zur Untersuchung von Bienenwachs. Chemiker-Zeitung 1900.
     24. 967. Zeitschrift für Untersuchung der Nahrungs- und Genussmittel
     1901. *4*. 506.
135. K. Dieterich, Zur Untersuchung von Wachs. Chemiker-Zeitung 1900.
     24. 995. Zeitschrift für Untersuchung der Nahrungs- und Genussmittel
     1901. *4*. 507.
136. P. Biginelli, Zusammensetzung und chemische Konstitution des arsen-
     haltigen Gases der Tapeten. Atti della Reale Accad. dei Lincei Roma
     1900. (5) *9*. 210, 242. Zeitschrift für Untersuchung der Nahrungs- und
     Genussmittel 1901. *4*. 545.
137. Marpmann, Ueber die biochemische Arsen-Reaktion. Pharmaceutische
     Centralhalle 1900. *41*. 666. Zeitschrift für Untersuchung der Nahrungs-
     und Genussmittel 1901. *4*. 546.
138. A. H. Allen, Der Nachweis von Arsen. Chem. News 1900. *82*. 305. Zeit-
     schrift für Untersuchung der Nahrungs- und Genussmittel 1901. *4*. 546.
139. M. Bjalobrshesky, Ueber die Zusammensetzung einiger Gummiartikel
     auf dem Markte der Stadt Warschau. Farmaz. Journ. 1900. *22*. 593.
     Zeitschrift für Untersuchung der Nahrungs- und Genussmittel 1901. *4*.
     664.

140. C. O. Weber, Ueber die Natur des Kautschuks I. Berichte der deutschen chemischen Gesellschaft 1900. *33*. 779. Zeitschrift für Untersuchung der Nahrungs- und Genussmittel 1901. *4*. 662.

141. Dunbar, K. Farnsteiner, K. Lendrich, J. Zink, Ueber blei- und zinkhaltige Gegenstände. 3. Bericht des hygienischen Instituts Hamburg 1900. 103. Zeitschrift für Untersuchung der Nahrungs- und Genussmittel 1901. *4*. 666.

142. A. Riche, Ueber die Wahl der Gefässe, welche zur Bereitung und Aufbewahrung von Nahrungsmitteln und Getränken bestimmt sind. Revue d'hygiène 1900. *22*. 704. Zeitschrift für Untersuchung der Nahrungs- und Genussmittel 1901. *4*. 665.

143. A. Munkert, Zur zollamtlichen Prüfung von Metallwaaren auf Versilberung. Zeitschrift für angewandte Chemie 1900. 810. Zeitschrift für Untersuchung der Nahrungs- und Genussmittel 1901. *4*. 666.

144. C. Hassack, Beiträge zur Kenntniss der künstlichen Seide. Oesterreichische Chemiker-Zeitung 1900. *3*. 235, 267, 297. Zeitschrift für Untersuchung der Nahrungs- und Genussmittel 1901. *4*. 666.

145. E. Hanausek, Kunstseiden und Glanzstoff. Oesterreichische Chemiker-Zeitung 1900. *3*. 568. Zeitschrift für Untersuchung der Nahrungs- und Genussmittel 1901. *4*. 667.

146. O. Ducru, Neues Verfahren der Arsenbestimmung. Compt. rend. 1900. *131*. 886. Zeitschrift für Untersuchung der Nahrungs- und Genussmittel 1901. *4*. 833.

147. W. Massot, Analytische Methoden zur Bestimmung der wichtigsten Seidenerschwerungsmittel. Zeitschrift für die gesammte Textilindustrie 1901. *4*. 369. Zeitschrift für Untersuchung der Nahrungs- und Genussmittel 1901. *4*. 668.

148. W. Kirkby, Ein Apparat zur Verwendung bei der Gutzeit'schen Arsenprobe. Pharm. Journ. 1901. (4) *12*. 80. Zeitschrift für Untersuchung der Nahrungs- und Genussmittel 1901. *4*. 834.

149. E. Dowzard, Eine Abänderung der Gutzeit'schen Arsenprobe. Proceed. Chem. Soc. 1901. *17*. 92. Zeitschrift für Untersuchung der Nahrungs- und Genussmittel 1901. *4*. 834.

150. B. H. P. und A. J. Cownley, Nachweis und chemische Identificirung des Arsens. Pharm. Journ. 1901. (4) *12*. 136. Zeitschrift für Untersuchung der Nahrungs- und Genussmittel 1901. *4*. 834.

151. A. Atterberg, Schnelle Methode zur Bestimmung kleiner Arsenmengen. Chemiker-Zeitung 1901. *25*. 264. Zeitschrift für Untersuchung der Nahrungs- und Genussmittel 1901. *4*. 835.

152. R. Hefelmann, Emaillirte Kochgeschirre und Kinderkochgeschirre. Zeitschrift für öffentliche Chemie 1901. *7*. 201.

153. T. E. Thorpe und Chr. Simmonds, Bleisilikate in ihrer Beziehung zur Töpferwaaren-Industrie. Journal of the Chem. Soc. 1901. *79*. 791.

154. T. E. Thorpe, Die Benutzung von Blei in der Thonwaaren-Industrie. Chemiker-Zeitung 1901. *25*. 332.

155. A. B. Griffiths, Die Stickstoffbasen im rumänischen Petroleum. Chemiker-Zeitung 1901. *25*. Rep. 171.

156. F. C. Thiele, Ueber Texas Petroleum. Chemiker-Zeitung 1901. *25*. 433.

157. Charles F. Mabery und Edward J. Hudson, Ueber die Zusammensetzung des kalifornischen Petroleums. Amer. Chem. Journ. 1901. *25.* 253.

158. Charles F. Mabery und Otto J. Sieplein, Die Chlorderivate der Kohlenwasserstoffe im kalifornischen Petroleum. Amer. Chem. Journ. 1901. *25.* 284.

159. F. Schaffer und J. Schütz, Ueber die Leuchtkraft des Petroleums. Schweizerische Wochenschrift für Chemie und Pharmacie 1901. *39.* 162.

160. J. Matuschek, Ueber den Einfluss des Wassergehaltes auf den Flamm- und Entzündungspunkt des Petroleums. Oesterreichische Chemiker-Zeitung 1901. *4.* 202.

Anhang.

Entwurf von Gebührensätzen

für Untersuchungen von Nahrungsmitteln und Genussmitteln sowie Gebrauchsgegenständen im Sinne des Nahrungsmittelgesetzes vom 14. Mai 1879[1]).

Vorbemerkungen.

Im Anschluss an die Berathungen über den Erlass einheitlicher Normativbestimmungen für öffentliche Anstalten zur Untersuchung von Lebensmitteln, welche am 31. Oktober und 1. November 1898 im Kaiserlichen Gesundheitsamte zu Berlin stattfanden, wurde von den damals anwesenden Fachgenossen ein Ausschuss zur Vorberathung über einheitliche Gebührensätze für Untersuchungen von Nahrungsmitteln, Genussmitteln und Gebrauchsgegenständen im Sinne des Nahrungsmittelgesetzes vom 14. Mai 1879 sowie seiner Ergänzungsgesetze gewählt.

Diesem Ausschuss gehörten die folgenden Herren an:

Als Vorsitzender:

1. Dr. J. König, Geheimer Regierungsrath und Professor, zu Münster i. W.;

ferner:

2. Dr. H. Caro, Grossherzoglich badischer Hofrath, zu Mannheim, als Vertreter des Vereins deutscher Chemiker;

---

[1]) Die Anordnung der Gebührensätze ist ihrem Zwecke entsprechend im vorliegenden Entwurf den „Vereinbarungen zur einheitlichen Untersuchung und Beurtheilung von Nahrungs- und Genussmitteln sowie Gebrauchsgegenständen für das deutsche Reich" angepasst. Bei den Untersuchungsverfahren, für die besondere amtliche Anweisungen erlassen wurden, sind diese an entsprechender Stelle gemäss dem amtlichen Wortlaute berücksichtigt. Es beziehen sich demnach die in den Gebührensätzen am Kopfe der einzelnen Abschnitte angeführten Seitenzahlen, z. B. Bestimmung des Wassers, Heft 1 S. 1, auf die „Vereinbarungen", während die den einzelnen Abschnitten vorgedruckten Nummern und Buchstaben möglichst den im Wortlaut der „Vereinbarungen" pp. bezw. der „amtlichen Anweisungen" pp. gewählten Nummern und Buchstaben der in Betracht kommenden Abschnitte entsprechen.

   3. Dr. B. Fischer, Professor, Direktor des städtischen chemischen Untersuchungsamtes, zu Breslau;

   4. Dr. A. Forster, Inhaber der chemischen Untersuchungsstelle, zu Plauen i. V.;

   5. Dr. E. Hintz, Professor, zu Wiesbaden, als Vertreter des Vereins deutscher Chemiker;

   6. Dr. J. Mayrhofer, Professor, zu Mainz;

   7. Dr. G. Popp, zu Frankfurt a. M., als Vertreter des Verbandes selbständiger öffentlicher Chemiker Deutschlands.

An Stelle des Hofraths Dr. Caro trat später Medicinalrath Dr. E. A. Merck, zu Darmstadt, dem Ausschusse bei.

Nachdem die erforderlichen Grundlagen insonderheit durch die Herren Dr. Forster, Dr. Hintz und Dr. Popp gewonnen waren, wurde ein Entwurf von Gebührensätzen ausgearbeitet, welcher dem Ausschuss wiederholt zur Durchberathung unterbreitet wurde und an dessen Prüfung auch eine grössere Anzahl von Untersuchungsanstalten in dankenswerther Weise theilnahm[1]).

Auf diese Weise wurden die nöthigen Vorprüfungen für die Beantwortung der folgenden beiden Grundfragen gewonnen, nämlich:

1. welche Kosten zur Unterhaltung einer allein auf die Einnahmen aus den Untersuchungen angewiesenen chemischen Untersuchungsanstalt aufgebracht werden müssen, und

2. wieviel Zeit zur doppelten Ausführung der einzelnen Bestimmungen bei der Untersuchung von Nahrungsmitteln, Genussmitteln und Gebrauchsgegenständen erforderlich ist.

Der auf diesen Grundlagen ausgearbeitete Entwurf wurde sodann von den Mitgliedern der seit einer Reihe von Jahren zu freiwilliger Arbeit vereinigten Kommission von Nahrungsmittelchemikern, welche am 4. und 5. Januar 1901 zur Berathung über einheitliche Untersuchung und Beurtheilung von Nahrungsmitteln, Genussmitteln und Gebrauchsgegenständen im Kaiserlichen Gesundheitsamte zu Berlin zusammengetreten waren, nach Erledigung ihrer wissenschaftlichen Aufgaben berathen und schliesslich in der nachstehenden Form mit den folgenden Sätzen einstimmig angenommen:

1. Die Gebührensätze sind nach Maassgabe der Untersuchungsverfahren festgestellt, welche in den amtlichen Anweisungen zur Untersuchung von Nahrungs- und Genussmitteln sowie Gebrauchsgegenständen oder in den „Vereinbarungen zur einheitlichen Untersuchung und Beurtheilung von Nahrungsmitteln" pp. Aufnahme gefunden haben. Die Gebühren sind als Mindestsätze zu betrachten und ist dabei voraus-

---

[1]) Auch ein Ausschuss deutscher Agrikulturchemiker ist zu ähnlichen Sätzen für gleiche Bestimmungen gelangt, obgleich das zu Grunde gelegte Berechnungsverfahren ein anderes war.

gesetzt, dass, wie bereits erwähnt, die Bestimmungen in der Regel doppelt ausgeführt werden.

Die Unterschiede in den für eine gleichartige Bestimmung bei verschiedenen Gegenständen angesetzten Preisen erklären sich durch die ungleiche Schwierigkeit der Ausführung in jenen Fällen.

2. In den nachstehenden Gebührensätzen sind nicht enthalten die Entschädigungen, welche den Sachverständigen für eine örtliche Besichtigung oder Arbeiten an Ort und Stelle zustehen. Als Betrag hierfür wird im Allgemeinen eine Entschädigung von 5 M. für die Stunde für angemessen erachtet. Die durch die Reise erwachsenen baaren Auslagen sind darin nicht eingeschlossen.

3. Eine Ermässigung der Gebühren von 10% kann eintreten:

a) Wenn 10 oder mehr Proben ähnlicher Art gleichzeitig zur Untersuchung eingesandt werden, oder die Jahressumme aus Analysen ähnlicher Art für denselben Auftraggeber 200 M. erreicht;

b) Bei Verträgen mit Behörden, landwirthschaftlichen und anderen Vereinen, Fabriken u. s. w., in denen eine jährliche Vergütung von mindestens 200 M. vereinbart worden ist. Jedoch soll hierbei ausserdem diejenige Summe festgestellt werden, die sich auf Grund der nachstehenden Gebühren für die analytische Thätigkeit des betreffenden Jahres ergiebt. Uebersteigt der errechnete Betrag die Pauschsumme, so soll dieser übersteigende Betrag in allen Fällen neben der Pauschsumme gezahlt werden, wobei obengenannter Rabatt von 10% in Anrechnung gebracht werden kann;

c) Die öffentlichen oder staatlichen Untersuchungsämter sind für die amtliche Thätigkeit in dem ihnen überwiesenen Kontrollbezirke an die nachstehenden Tarifsätze nicht gebunden.

Sobald sie aber mit Zustimmung ihrer vorgesetzten Behörden Untersuchungen ausführen, die nicht zu ihrer amtlichen Kontrollthätigkeit gehören, sollen die nachstehenden Gebührensätze in Anwendung kommen.

4. Für manche Gegenstände sind abgekürzte, sogenannte Handels- oder Gebrauchsanalysen aufgenommen, die für gewöhnlich zur Beurtheilung ausreichen. Für derartige Untersuchungen wird ein Preisnachlass nicht bewilligt.

Inhalt.

Art der Bestimmung	Gebührensätze nach den Vorschlägen der Kommission M.	Bemerkungen
A. Allgemeine Untersuchungsmethoden.		
I. Bestimmung des Wassers. Heft I, S. 1.		
1. Bestimmung des Wassers in festen Stoffen:		
a) bei festen lufttrockenen Stoffen . . .	3,00	
b) bei sehr wasserreichen festen Stoffen .	4,00	
2. Bestimmung des Wassers in sirupartigen Massen und Flüssigkeiten	3,00—4,00	
II. Bestimmung des Stickstoffs und seiner Verbindungen. Heft I, S. 2.		
1. Bestimmung des Gesammtstickstoffes. Methode von J. Kjeldahl	6,00	
2. Trennung der Stickstoffverbindungen:		
a) Bestimmung des Eiweissstickstoffes nach A. Stutzer	10,00	
b) Bestimmung des Ammoniaks	4,00	
c) Bestimmung der Salpetersäure		
α) Methode von Schlösing-Wagner mit der Abänderung von Schulze-Tiemann	8,00	
β) Methode von K. Ulsch	5,00	
γ) Methode von König-Böttcher . .	5,00	
III. Bestimmung des Fettes. Heft I, S. 4.		
1. Bestimmung des Gesammtfettes (Aetherauszuges)	5,00	
2. Bestimmung der freien Fettsäuren . . .	3,00	
IV. Bestimmung der stickstofffreien Extraktstoffe bezw. der Kohlenhydrate. Heft I, S. 5.		
A. Bestimmung der Gesammtmenge der wasserlöslichen Kohlenhydrate . .	10,00	
B. Anwendung der Fehling'schen Lösung zur quantitativen Bestimmung der Zuckerarten.		
1. α) Bestimmung des Zuckers direkt nach Fr. Soxhlet	8,00	
β) Bestimmung des Zuckers direkt nach F. Allihn	5,00	
2. Bestimmung des Rohrzuckers, invertirt mittels Salzsäure nach F. Allihn . . .	6,00	
3. Bestimmung der Dextrine nach der Inversion:		
α) Methode von Fr. Soxhlet	18,00	
β) Methode von F. Allihn	12,00	

Art der Bestimmung	Gebührensätze nach den Vorschlägen der Kommission M.	Be- merkungen
C. Bestimmung der Zuckerarten durch Polarisation.		
1. Bestimmung des Rohrzuckers	3,00	
2. Bestimmung der Dextrose	3,00	
D. Trennung der löslichen Kohlenhydrate von einander.		
1. Trennung der Dextrine von den Zuckerarten	3,00	nur Trennung ohne Bestimmung.
2. Bestimmung des Invertzuckers und Rohrzuckers nebeneinander:		
a) Bestimmung des Invertzuckers		
α) gewichtsanalytisch	5,00	
β) maassanalytisch	8,00	
b) Bestimmung des Rohrzuckers		
α) gewichtsanalytisch	6,00	
β) maassanalytisch	9,00	
γ) durch Polarisation (nach Clerget)	8,00	
3. Bestimmung des Invertzuckers neben Dextrose bezw. anderer Zuckerarten nebeneinander:		
α) Titration mit Fehling'scher und mit Sachsse'scher Lösung	12,00	
β) Titration mit Kjeldahl'scher Lösung	10,00	
4. Bestimmung der Dextrose und Lävulose durch Reduktion und Polarisation nach A. Halenke und W. Möslinger . .	8,00	
E. Bestimmung der Stärke.		
a) durch Aufschliessen im Dampftopf oder Druckfläschchen mit nachfolgender Inversion nach Sachsse	9,00	
b) Methode von M. Märcker u. A. Morgen	12,00	
c) Verzuckerung durch Diastase	10,00	
V. Bestimmung der Rohfaser. Heft I, S. 16. Weender-Verfahren	9,00	
VI. Bestimmung der Mineralstoffe. Heft I, S. 17.		
1. α) Bestimmung der Gesammtmineralstoffe .	4,00	
β) Bestimmung des in Salzsäure löslichen Theiles derselben	2,00	
2. Bestimmung einzelner Mineralstoffe:		
a) Bestimmung der Phosphorsäure . . .	9,00	

Art der Bestimmung	Gebührensätze nach den Vorschlägen der Kommission M.	Bemerkungen
b) Bestimmung des Chlors		
α) gewichtsanalytisch	6,00	
β) maassanalytisch	5,00—8,00	
γ) in den unter Zusatz von Alkali erhalten en Mineralstoffen	8,00	
Handels-(Weender-)Analyse (Wasser, Stickstoffsubstanz, Fett, Rohfaser und Asche) . .	24,00	
VII. Bestimmung des specifischen Gewichtes von Flüssigkeiten. Heft I, S. 20.		
1. mit dem Pyknometer	3,00	
2. mit der Mohr-Westphal'schen Waage . .	2,00	
3. mit dem Aräometer	1,00	
VIII. Prüfung der Nahrungsmittel auf Schimmel. Heft I, S. 20	4,00	
B. Nachweis und Bestimmung der Konservirungsmittel. Heft I, S. 22.		
1. Bestimmung des Kochsalzes	5,00—8,00	
2. Nachweis und Bestimmung des Salpeters:		
α) qualitative Prüfung	1,00	
β) quantitative Bestimmung	5,00—8,00	
3. Nachweis und Bestimmung der Borsäure:		
a) qualitative Prüfung einschl. Veraschung . . .	5,00	
b) quantitative Bestimmung		
α) titrimetrisch	15,00	
β) gewichtsanalytisch	30,00	
4. Nachweis und Bestimmung der schwefligen Säure:		
a) qualitative Prüfung α) ohne Destillation . . .	1,00	
β) mit Destillation . . .	2,00	
b) quantitative Bestimmung	8,00	
5. Nachweis und Bestimmung des Fluors:		
a) qualitative Prüfung	5,00	
b) quantitative Bestimmung	15,00	
6. Prüfung auf Salicylsäure (qualitativ)	3,00	
7. Prüfung auf Benzoësäure (qualitativ)	3,00	
8. Nachweis des Formaldehyds, Prüfung sub a—d (Heft I, S. 24 u. 25) je 2,00.	8,00	
C. a) Fleisch und Fleischwaaren. Heft I, S. 26.		
1. Bestimmung der wichtigsten chemischen Bestandtheile.		
a) Bestimmung des Wassers	4,00	
b) Bestimmung des Stickstoffs nach J. Kjeldahl	6,00	

10*

Art der Bestimmung	Gebührensätze nach den Vorschlägen der Kommission M.	Be-merkungen
c) Bestimmung des Fettes	5,00	
d) Bestimmung der Mineralstoffe, ...	4,00	
des Bindegewebes und der Muskelfaser:		
α) Extraktivstoffe	15,00	
β) Bindegewebe	12,00	
γ) Muskelfaser	7,00	
2. Bestimmung der Thierspecies.		
a) Nachweis und Bestimmung des Glykogens nach W. Niebel:		
α) Bestimmung des Glykogens nach R. Külz und E. Brücke		
β) Bestimmung des Zuckers	40,00	
γ) Bestimmung der fettfreien Trockensubstanz		
b) Methode von A. Hasterlik einschl. Jodzahl des Fettes	25,00	
3. Nachweis des embryonalen Fleisches, vergl. Bestimmung des Wassers.		
4. Erkennung und Nachweis der Fleischfäulniss; Prüfung auf:		
a) Indol, Skatol und Phenol	9,00	
b) aromatische Oxysäuren	5,00	
5. Nachweis der Fäulnissalkaloïde; Nachweis des Mytilotoxins in den giftigen Miesmuscheln nach L. Brieger (Darstellung des Golddoppelsalzes)	50,00—75,00	Der Thierversuch ist gesondert zu berechnen.
6. Nachweis der Salicylsäure, des Salpeters, des Borax, der Borsäure, schwefligen Säure, Formaldehyd vergl. unter B.		
7. Prüfung auf fremde Farbstoffe:		
a) Fuchsin nach H. Fleck	10,00	
b) Theerfarbstoffe überhaupt	5,00	
c) Karmin	3,00	
C. b) Wurstwaaren. Heft I, S. 38. Nachweis der Stärke.		
1. qualitative Prüfung,		
a) chemisch	1,00	
b) mikroskopisch	2,00	

Art der Bestimmung	Gebührensätze nach den Vorschlägen der Kommission M.	Bemerkungen
2. quantitative Bestimmung,		
a) Inversionsmethode	12,00	
b) Methode von J. Mayrhofer	9,00	
C. c) Fleischextrakt und Fleischpepton. Heft I, S. 44.		
1. Bestimmung des Wassers	4,00	
2. Bestimmung des Gesammtstickstoffs und der einzelnen Verbindungsformen desselben:		
a) Gesammtstickstoff	6,00	
b) Stickstoff in Form von Fleischmehl und Albumin:		
α) unlöslicher Eiweissstickstoff	8,00	
β) mikroskopische Untersuchung auf Fleischmehl	2,00	
γ) koagulirbares Eiweiss	8,00	
c) Albumosen-Stickstoff	8,00	
d) Pepton- und Fleischbasen-Stickstoff:		
α) Pepton, qualitativer Nachweis	3,00	
β) Fleischbasen, qualitativ	3,00	
γ) Pepton- und Fleischbasen, quantitativ . .	10,00	
e) Ammoniak-Stickstoff	4,00	
3. Bestimmung des Fettes	5,00	
4. Bestimmung von Zucker und Dextrin in den Suppenwürzen	15,00	
5. Bestimmung der Mineralstoffe	4,00	
6. Bestimmung des in Alkohol Löslichen:		
α) nach J. v. Liebig	7,00	
β) nach H. Röttger	8,00	
Handelsanalyse.		
1. Liebig'sche Analyse: Wasser, Asche, in 80 %igem Alkohol Lösliches	15,00	
2. desgl. + Gesammtstickstoff + Zinksulfatfällung .	25,00	
D. Eier. Heft I, S. 52.		
1. Bestimmung des specifischen Gewichtes	1,00	
Bei mehreren Eiern für jedes Stück	0,10	
2. Bestimmung der ätherlöslichen organischen Phosphorsäure	12,00	
E. Kaviar. Heft I, S. 53.		

Art der Bestimmung	Gebührensätze nach den Vorschlägen der Kommission M.	Be- merkungen
F. a) Milch und Molkereierzeugnisse. Heft I, S. 54.		
I. Milch.		
1. Bestimmung des specifischen Gewichts:		
a) der Milch (s. allgem. Methoden, Heft I, S. 20)	1,00	
b) des Serums	2,00	
2. Bestimmung des Fettes:		
a) nach Adams	5,00	
b) nach der allgemeinen Methode (Heft I, S. 4)	5,00	
c) nach Fr. Soxhlet	4,00	
d) nach W. Thörner, N. Gerber, S. M. Babcock	1,00—2,00	
3. Bestimmung der Trockensubstanz:		
a) in Verbindung mit der Fettbestimmung nach Adams	3,00	
b) im Trockenschrank bei 105°	4,00	
c) im Fr. Soxhlet'schen Trockenschrank .	4,00	
4. Berechnung des specifischen Gewichtes der Trockensubstanz und des Gehaltes an fett- freier Trockensubstanz	1,00	
5. Bestimmung der Mineralstoffe	4,00	
6. Bestimmung der Gesammteiweissstoffe:		
a) nach J. Kjeldahl	6,00	
b) nach H. Ritthausen	8,00	
7. Bestimmung des Milchzuckers	7,00	
8. Bestimmung des Säuregrades	1,00	
9. Nachweis von Salpetersäure	2,00	
10. Bestimmung des Schmutzgehaltes	5,00	
11. Nachweis gekochter Milch	2,00	
12. Prüfung auf Konservirungsmittel:		
a) Natriumkarbonat nach A. Hilger . . .	2,00	
b) Salicylsäure nach Ch. Girard	3,00	
c) Benzoësäure nach E. Meissl	3,00	
d) Borsäure nach E. Meissl	5,00	
e) Formaldehyd nach Thompson und den allgemeinen Methoden. Heft I, S. 24 u. 25	8,00	

Art der Bestimmung	Gebührensätze nach den Vorschlägen der Kommission M.	Be-merkungen
Handelsanalyse.		
a) Specifisches Gewicht sowie Fett nach einer „Schnellmethode" und Berechnung der Trockensubstanz	2,00	
b) Spec. Gewicht, sowie Fett, Trockensubstanz; gewichtsanalytisch	9,00	
c) Spec. Gewicht, Fett, Trockensubstanz ge-wichtsanalytisch, Berechnung des spec. Gew. der Trockensubstanz, Nitrate qualitativ, spec. Gew. d. Serums	12,00	
II. Rahm, Magermilch, Buttermilch, Molken.		
Hier finden die entsprechenden unter Milch an-gegebenen Gebührensätze Anwendung.		
III. Milchkonserven.		
1. Bestimmung der Keimzahl in sterilisirter Milch	10,00	
2. Bestimmung des Zuckergehaltes:		
a) maassanalytisch nach A. W. Stokes und R. Bodmer	15,00	
b) polarimetrisch nach E. v. Raumer und E. Späth	10,00	
3. Prüfung auf Schwermetalle	10,00	
F. b) Käse.		
Nach der amtlichen Anweisung vom 1. April 1898.		
1. Bestimmung des Wassers:		
a) indirekt mit Einschluss des Fettes . .	10,00	
b) direkt	4,00	
2. Bestimmung des Fettes:		
a) wie unter 1 a) mit Einschluss des Wassers	10,00	
b) direkt	5,00	
3. Bestimmung des Gesammtstickstoffs . . .	6,00	
4. Bestimmung der löslichen Stickstoffverbin-dungen	12,00	
5. Bestimmung der freien Säure	4,00	
6. Bestimmung der Mineralbestandtheile . .	4,00	
7. Untersuchung des Käsefettes auf seine Ab-stammung:		
a) Abscheidung des Fettes aus dem Käse:		
α) durch Ausschmelzen	2,00	
β) durch Ausschleudern	4,00	

Art der Bestimmung	Gebührensätze nach den Vorschlägen der Kommission M.	Be-merkungen
b) Untersuchung des Käsefettes:		
α) die einzelnen Bestimmungen im Käsefett werden nach den für die Untersuchung des Fettes der „Butter" angegebenen Gebührensätzen berechnet.		
β) Prüfung auf Sesamöl	2,00	
G. Speisefette und Oele.		
G. a) Butter.		
Nach der amtlichen Anweisung vom 1. April 1898.		
1. Bestimmung des Wassers	4,00	
2. a) Bestimmung von Kaseïn, Milchzucker und Mineralbestandtheilen	8,00	
b) Bestimmung der Mineralbestandtheile	4,00	
c) Bestimmung des Chlors:		
α) gewichtsanalytisch	6,00	
β) maassanalytisch	5,00—8,00	
d) Bestimmung des Kaseïns	8,00	
e) Bestimmung des Milchzuckers (einschl. 2 a, b und d)	20,00	
3. Bestimmung des Fettes (einschl. 1 und 2 a) . . .	12,00	
4. Prüfung auf Konservirungsmittel:		
a) Borsäure einschl. Verseifung und Veraschung .	5,00	
b) Salicylsäure (vergl. B)	3,00	
c) Formaldehyd, (je 2 M. (S. Heft I, S. 24 u. 25))	8,00	
5. Untersuchung des Butterfettes:		
a) Bestimmung des Schmelz- und Erstarrungspunktes	5,00	
b) Bestimmung des Brechungsvermögens	2,00	
c) Bestimmung der freien Fettsäuren (des Säuregrades)	3,00	
d) Bestimmung der flüchtigen, in Wasser löslichen Fettsäuren (der Reichert-Meisslschen Zahl)	6,00	
e) Bestimmung der Verseifungszahl (der Köttstorfer'schen Zahl)	4,00	
f) Bestimmung der unlöslichen Fettsäuren (der Hehner'schen Zahl)	8,00	
g) Bestimmung der Jodzahl nach v. Hübl . . .	8,00	
h) Bestimmung der unverseifbaren Bestandtheile .	10,00	
i) Prüfung auf fremde Farbstoffe	5,00	
k) Prüfung auf Sesamöl	1,00	

Art der Bestimmung	Gebührensätze nach den Vorschlägen der Kommission M.	Bemerkungen
Handelsanalyse.		
1. Bestimmung von Wasser und Brechungsvermögen des Fettes sowie Prüfung desselben auf Sesamöl .	5,00	
2. Bestimmung von Wasser, Brechungsvermögen und der Reichert-Meissl'schen Zahl, sowie Prüfung auf Sesamöl	10,00	
3. Bestimmung des Brechungsvermögens, der Köttstorfer'schen Zahl, der Reichert-Meissl'schen Zahl sowie Prüfung auf Sesamöl	12,00	
G. b) Margarine.		
Nach der amtlichen Anweisung vom 1. April 1898.		
Die einzelnen Bestimmungen in der Margarine werden nach den für die Untersuchung der „Butter" angegebenen Gebührensätzen berechnet.		
G. c) Schweineschmalz.		
Nach der amtlichen Anweisung vom 1. April 1898.		
1. Bestimmung des Wassers	4,00	
2. Bestimmung der Mineralbestandtheile	4,00	
3. Bestimmung des Fettes	8,00	
4. Untersuchung des klar filtrirten Schmalzes:		
a) Bestimmung des Schmelz- und Erstarrungspunktes	5,00	
b) Bestimmung des Brechungsvermögens . . .	2,00	
c) Bestimmung der freien Fettsäuren (des Säuregrades)	3,00	
d) Bestimmung der Reichert-Meissl'schen Zahl	6,00	
e) Bestimmung der Verseifungszahl (der Köttstorfer'schen Zahl)	4,00	
f) Bestimmung der unlöslichen Fettsäuren (der Hehner'schen Zahl)	8,00	
g) Bestimmung der Jodzahl nach v. Hübl . . .	8,00	
h) Bestimmung der unverseifbaren Bestandtheile .	10,00	
i) Prüfung auf Sesamöl	1,00	
k) Prüfung auf Baumwollsamenöl	2,00	
l) Prüfung auf Pflanzenöle im Schmalz mit Phosphormolybdänsäure	1,00	
m) Prüfung auf Phytosterin	10,00	

Art der Bestimmung	Gebührensätze nach den Vorschlägen der Kommission M.	Be- merkungen
Handelsanalyse.		
Bestimmung der Jodzahl nach v. Hübl sowie die Prüfung auf Baumwollsamenöl und andere Pflanzen- öle	12,00	
G. d) Die übrigen Speisefette und Oele. Nach der amtlichen Anweisung vom 1. April 1898.		
1. Die einzelnen Bestimmungen, welche unter „Butter" und „Schweineschmalz" aufgeführt wurden, werden auch nach den dort an- gegebenen Gebührensätzen berechnet.		
2. Die Bestimmung des Schmelz- und Erstarrungs- punktes der Fettsäuren der Oele	10,00	
3. Wird die Bestimmung der unlöslichen Fett- säuren (der Hehner'schen Zahl) neben der unter 2. angegebenen Bestimmung ausgeführt, so wird für diese und die unter 2. aufgeführte Bestimmung zusammen berechnet	13,00	
H. Mehl und Brot. Heft II, S. 7.		
I. Mehl.		
1. Bestimmung des Wassergehaltes	3,00	
2. a) Bestimmung der Gesammtmineralstoffe .	4,00	
b) Bestimmung des in Salzsäure unlöslichen Theiles derselben	2,00	
3. Bestimmung des Säuregehaltes	4,00	
4. Bestimmung der Proteïnstoffe	6,00	
5. Bestimmung der Kohlenhydrate:		
a) Bestimmung der Gesammtmenge derselben	10,00	
b) Bestimmung der Stärke (Differenzmethode)	19,00	
6. Bestimmung des Zuckers	5,00	
7. Bestimmung des Fettes	5,00	
8. a) Bestimmung der Rohfaser (Weender-Ver- fahren)	9,00	
b) Bestimmung der Rohfaser in Feinmehlen	11,00	
9. Prüfung auf Mutterkorn	5,00	
10. Prüfung auf Alaun, Kupfer, Zink und Blei	6,00—12,00	
11. Bestimmung des Klebers	6,00	
12. Teigprobe	2,00	
13. Verkleisterungsprobe	2,00	
14. Diastatische Probe	6,00	
15. Backprobe	10,00—20,00	
16. Das Pekarisiren	1,00	

Art der Bestimmung	Gebührensätze nach den Vorschlägen der Kommission M.	Bemerkungen
17. Siebprobe	2,00	
18. Bamihl's sche Probe	12,00	
19. Milbenprobe	1,00	
II. Brot.		
1. Bestimmung des Wassergehaltes	4,00	
2. a) Bestimmung der Gesammtmineralstoffe .	4,00	
b) Bestimmung des in Salzsäure unlöslichen Theiles derselben	2,00	
3. Bestimmung des Säuregehaltes	2,00	
4. Nachweis von Alaun, von Kupfer- und Zinksalzen	6,00—12,00	
5. a) Feststellung des Verhältnisses zwischen Krume und Rinde	2,00	
b) Bestimmung des specifischen Gewichtes, Porenvolumens, Trockenvolumens und der Porengrösse	3,00	
6 Bestimmung der gesammten Nährstoffe (Wasser, Proteïn, Fett, Zucker, Rohfaser, Mineralstoffe sowie der stickstofffreien Extraktstoffe aus der Differenz) . .	30,00	
7. Mikroskopische Untersuchung von Mehl und Brot	2,00—25,00	Je nach der erforderlichen Zeit.
III. Präparirte Mehle. Prüfung auf fremde Farbstoffe	5,00—10,00	
IV. Stärkemehle. Mikroskopische Prüfung	3,00	
I. Gewürze. Heft II, S. 53.		
I. Allgemeiner Theil.		
1. a) Bestimmung der Gesammtmineralstoffe .	4,00	
b) Bestimmung des in Salzsäure unlöslichen Theiles derselben	2,00	
c) Chloroformprobe	1,00	
2. Bestimmung des Gewichtsverlustes bei 100°	3,00	
3. Bestimmung des alkoholischen bezw. ätherischen Auszuges	5,00	
4. Bestimmung der Stärke bezw. der in Zucker überführbaren Stoffe	12,00	
5. Bestimmung der Rohfaser (Weender-Verfahren)	9,00	

Art der Bestimmung	Gebührensätze nach den Vorschlägen der Kommission M.	Bemerkungen
6. Bestimmung des Gehaltes an ätherischem Oel	15,00	
7. Stickstoffbestimmung	6,00	
II. Besonderer Theil.		
1. Macis, qualitative Prüfung je	1,00	
2. Pfeffer, a) Bestimmung des Harzgehaltes	6,00	
b) Bestimmung des Piperins . .	6,00	
c) Bestimmung der Bleizahl . ·	20,00—25,00	
3. Safran, Prüfung auf fremde Farbstoffe .	5,00—10,00	
4. Senf, Senföl nach A. Schlicht oder J. Gadamer . . . . ˎ	10,00	
III. Mikroskopische Untersuchung der Gewürze . .	2,00—25,00	
K. Essig. Heft II, S. 79.		
a) Bestimmung des Säuregehaltes	2,00	
b) Qualitative Prüfung auf freie Mineralsäuren . . .	1,00	
c) Quantitative Bestimmung der freien Mineralsäuren	4,00	
d) Prüfung auf Schwermetalle	6,00	
e) Prüfung auf scharf schmeckende Stoffe	2,00	
f) Prüfung auf Farbstoffe	5,00—10,00	
g) Prüfung auf Oxalsäure und Bestimmung derselben	6,00	
h) Bestimmung des Alkohols	5,00	
i) Prüfung auf Konservirungsmittel und Bestimmung derselben (vergl. B.)	1,00—15,00	
k) Ermittelung der Abstammung des Essigs . . bis	50,00	Je nach den erforderlichen Bestimmungen.
L. a) Zucker. Heft II, S. 88.		
A. Rohrzucker.		
1. Ermittelung des Zuckergehaltes. Nach der amtlichen Anweisung zum Zuckersteuergesetz vom 27. Mai 1896:		
a) in der Raffinade . . . . · . . .	3,00	
b) im Rohzucker	3,00	
c) in Sirupen u. Melassen { durch direkte Polarisation	3,00	
durch Polarisation vor und nach der Inversion und Berechnung nach Clerget	8,00	
d) Bestimmung von Rohrzucker neben Raffinose	8,00	
e) Bestimmung von Rohrzucker neben Stärkezucker	8,00	
f) Bestimmung von Rohrzucker neben Milchzucker in der kondensirten Milch . . .	10,00	

Art der Bestimmung	Gebührensätze nach den Vorschlägen der Kommission M.	Bemerkungen
2. Ermittelung des Wassergehaltes. Heft II, S. 93:		
a) in Raffinade	3,00	
b) in Rohzucker	3,00	
c) in Sirupen und Melassen	4,00	
3. Bestimmung der Mineralstoffe. Heft II, S. 93	4,00	
4. Bestimmung des specifischen Gewichts, nach der amtlichen Anweisung zum Zuckersteuergesetz vom 27. Mai 1896:		
α) aräometrisch	1,00	
β) pyknometrisch	3,00	
5. Sonstige Prüfung bei Raffinaden. Nach Heft II, S. 95	1,00	
Handelsanalyse.		
a) Polarisation, Asche, Wasser, sowie qualitativ Invertzucker	6,50	
b) desgl., jedoch Invertzucker quantitativ .	10,50	
c) Polarisation und spec. Gewicht bei Melassen	6,00	
B. Stärkezucker und Stärkesirup. Heft II, S. 95.		
I. Wasserbestimmung α) gewichtsanalytisch .	4,00	
β) aräometrisch . . .	1,50	
γ) pyknometrisch . .	3,00	
II. Zucker- bezw. Dextrinbestimmung:		
1. Auf chemischem Wege:		
a) Bestimmung des Zuckers, gewichtsanalytisch	6,00	
b) Bestimmung von Zucker und Dextrin nach F. Allihn	12,00	
2. Durch Gährung	7,00	
III. Bestimmung des Säuregehaltes	2,00	
IV. Bestimmung der Mineralstoffe	4,00	
(Auf vorstehende Gebührensätze für Zuckeranalysen finden Nachlassbewilligungen nicht statt.)		
L. b) Zuckerwaaren. Heft II, S. 99.		
a) Bestimmung der Mineralstoffe	4,00	
b) Prüfung auf Mineralfarben und gesundheitsschädliche Metalle sowie Bestimmung derselben	12,00	
c) Prüfung auf Theerfarbstoffe	5,00—10,00	

Art der Bestimmung	Gebührensätze nach den Vorschlägen der Kommission M.	Be-merkungen
d) Prüfung auf künstliche Süssstoffe und Bestimmung derselben: α) qualitativ	5,00	
β) quantitativ	12,00—20,00	
e) Prüfung der Verpackungsstoffe auf gesundheits-schädliche Farben	25,00	
M. Fruchtsäfte und Gelées. Heft II, S. 103.		
1. Chemische Untersuchung:		
a) Bestimmung des Wassers	4,00	
b) Bestimmung der organischen Substanz; gesondert	8,00	
c) Bestimmung der Gesammtmineralstoffe . . .	4,00	
Bestimmung einzelner Mineralstoffe	2,00—9,00	
d) Zuckerbestimmung, siehe Heft III S. 145.		
e) Bestimmung der freien Säuren (Gesammtsäure)	2,00	
f) Bestimmung des Stickstoffs nach J. Kjeldahl	6,00	
g) Bestimmung des Alkohols	5,00	
h) Prüfung auf Konservirungsmittel	1,00—15,00	Vergl. Heft I, S. 22 ff.
i) Prüfung auf künstliche Süssstoffe		
α) qualitativ	5,00	
β) quantitativ	12,00—20,00	
k) Prüfung auf Schwermetalle	12,00	
l) Prüfung auf künstliche Farbstoffe	5,00—10,00	
m) Prüfung auf fremde Säuren:		
α) Prüfung auf Weinsäure	5,00	
β) Prüfung auf Citronensäure nach W. Mös-linger	5,00	
n) Prüfung auf Gelatine und Agar-Agar in Gelées und Marmeladen		
1. Nachweis von Gelatine	7,00	
2. Nachweis von Agar-Agar	3,00	
2. Botanisch-mikroskopische Untersuchung .	2,00—25,00	
N. Gemüse und Fruchtdauerwaaren. Heft II, S. 110.		
1.⎫ Bestimmung von Wasser, Zucker, Rohfaser, Mineral- 2.⎭ stoffen etc. vgl. Allgemeine Untersuchungsmetho-den Heft I, S. 1—21.		
3. Prüfung auf Konservirungsmittel (vergl. B.) . .	1,00—15,00	
4. Prüfung auf Metalle	12,00	
5. Prüfung auf fremde organische Farbstoffe . . .	5,00—10,00	
6. Bestimmung der freien Säuren	2,00	
7. Prüfung auf dextrinhaltigen Stärkezucker		
α) durch Polarisation	8,00	
β) durch die Vergährungsprobe	8,00	

Art der Bestimmung	Gebührensätze nach den Vorschlägen der Kommission M.	Be- merkungen
8. Prüfung auf künstliche Süssstoffe		
α) qualitativ	5,00	
β) quantitativ	12,00—20,00	
9. Prüfung auf Beschaffenheit (Schimmel, Fäulniss etc.)	4,00	
O. Honig. Heft II, S. 116.		
I. Chemisch-physikalische Untersuchung:		
1. Specifisches Gewicht in Lösung (1 + 2)		
α) aräometrisch	1,50	
β) pyknometrisch	3,00	
2. Bestimmung des Wassergehaltes	4,00	
3. Bestimmung der Mineralstoffe	4,00	
4. Polarisation		
α) vor der Inversion	3,00	
β) vor und nach der Inversion	8,00	
5. Bestimmung des Invertzuckers	6,00	
6. Bestimmung des Invertzuckers nach der Inversion und Berechnung des Rohrzuckers . .	12,00	
7. Bestimmung der Dextrose und Lävulose . . .	12,00	
8. Prüfung auf Stärkezucker, Dextrine etc.		
α) durch die Gährprobe	8,00	
β) Prüfung nach J. König und W. Karsch .	15,00	
9. Bestimmung des Stickstoffes	6,00	
10. Bestimmung der freien Säuren	2,00	
II. Mikroskopische Untersuchung	3,00	
P. Branntwein und Liköre. Heft II, S. 123.		
1. Bestimmung des specifischen Gewichts		
α) aräometrisch	1,00	
β) pyknometrisch	3,00	
2. Bestimmung des Alkohols		
a) direkt, ohne Destillation	1,00	
b) im Destillat	5,00	
3. Bestimmung des Extraktes a und b je	2,00	
4. Bestimmung des Zuckers	6,00	
5. Bestimmung der Mineralstoffe	4,00	
6. Bestimmung der Gesammtsäure	2,00	
7. Bestimmung des Fuselöls	20,00	
8. Nachweis des Aldehyds		
α) Methode a (Heft II, S. 127)	10,00	
β) Methoden b—e (Heft II, S. 127/128) je . . .	1,00	
9. Nachweis des Furfurols	1,00	
10. Bestimmung der Gesammtester	4,00	

Art der Bestimmung	Gebührensätze nach den Vorschlägen der Kommission M.	Bemerkungen
11. Prüfung auf künstliche Süssstoffe und Bestimmung derselben: α) qualitativ	5,00	
β) quantitativ je	12,00—20,00	
12. Bestimmung von Glycerin in Likören	8,00	
13. Prüfung auf Bitterstoffe etc.		
α) durch Geschmacksprobe	2,00	
β) nach G. Dragendorff . . . . . . bis	50,00	
14. Prüfung auf Farbstoffe	5,00—10,00	
15. Nachweis gesundheitsschädlicher Metalle		
α) qualitativ bis zu	10,00	
β) quantitativ je	6,00—12,00	
16. Prüfung auf freie Mineralsäuren		
α) qualitativ	1,00	
β) quantitativ	4,00	
17. Prüfung auf Denaturirungsmittel		
a) Pyridinbasen	4,00	
b) Methylalkohol	50,00	
18. Prüfung auf Blausäure und Bestimmung derselben:		
a) Prüfung auf freie Blausäure	1,00	
b) Prüfung auf gebundene Blausäure	1,00	
c) Bestimmung der freien Blausäure	5,00	
d) Bestimmung der gesammten Blausäure . . .	5,00	
e) Bestimmung der an Aldehyde gebundenen Blausäure (einschl. Best. c und d)	10,00	
Q. Künstliche Süssstoffe. Heft II, S. 134.		
Qualitative Prüfung	5,00	
Quantitative Bestimmung	12,00—20,00	
R. Wasser. Heft II, S. 143.		
I. Chemische Untersuchung des Wassers:		
1. Bestimmung der Schwebestoffe	5,00	
2. Bestimmung des Abdampfrückstandes und Glühverlustes		
a) Bestimmung des Abdampfrückstandes . .	3,00	
b) desgl. einschliesslich Bestimmung des Glühverlustes	6,00	
3. Bestimmung des Kaliumpermanganat- bezw. Sauerstoff-Verbrauches	3,00	
4. Nachweis des Ammoniaks und des Albuminoid-Ammoniaks		
a) qualitative Prüfung auf Ammoniak . . .	1,00	

Art der Bestimmung	Gebührensätze nach den Vorschlägen der Kommission M.	Bemerkungen
b) quantitative Bestimmung desselben		
α) kolorimetrisch	4,00	
β) chemisch	4,00	
c) Bestimmung des sogen. Albuminoïd-Ammoniaks	6,00	
5. Nachweis der salpetrigen Säure		
a) qualitativ	1,00—3,00	
b) quantitativ		
α) kolorimetrisch	4,00	
β) titrimetrisch	8,00	
6. Nachweis der Salpetersäure		
a) qualitativer Nachweis	1,00	
b) quantitative Bestimmung		
α) nach K. Ulsch	5,00	
β) nach Schulze-Tiemann	8,00	
γ) nach der Indigomethode	10,00	
7. Bestimmung des Chlors		
a) gewichtsanalytisch	6,00	
b) maassanalytisch	2,00	
8. Bestimmung der Schwefelsäure	6,00	
9. a) Prüfung auf freie Kohlensäure		
α) qualitativ	1,00	
β) quantitativ	3,00	
b) Bestimmung der halbgebundenen und Gesammt-Kohlensäure		
α) Gesammtkohlensäure wie in Mineralwässern (R. Fresenius, Quant. Analyse 6. Aufl. II, 191 bez. 211)	20,00	
β) halbgebundene Kohlensäure titrimetrisch	3,00	
10. Bestimmung der Phosphorsäure	9,00	
11. Nachweis des Schwefelwasserstoffs		
a) qualitativ	1,00	
b) quantitativ	8,00	
12. Bestimmung der Kieselsäure	3,00—6,00	Je nach der Menge.
13. Bestimmung von Eisenoxyd und Thonerde .	4,00—12,00	
14. Bestimmung des Kalkes	5,00	
15. Bestimmung der Magnesia	8,00	
16. Bestimmung der Alkalien		
a) Bestimmung der Gesammtalkalien . . .	10,00	
b) Bestimmung des Kalis gesondert . . .	9,00	
17. Bestimmung des kohlensauren Natriums . .	7,00	

Art der Bestimmung	Gebührensätze nach den Vorschlägen der Kommission M.	Bemerkungen
18. Nachweis von Blei, Kupfer, Zink, Arsen		
α) qualitativ	2,00—10,00	
β) quantitativ je	10,00—20,00	
19. Bestimmung des in Wasser gelösten Sauer-stoffs nach L. W. Winkler	8,00	
20. Bestimmung des in Wasser gelösten Stick-stoffs (einschl. gasometr. Analyse)	50,00—100,00	
II. Mikroskopische Untersuchung des Boden-satzes	5,00.—25,00	
III. Bakteriologische Untersuchung: Feststellung der Keimzahl	10,00	
Gebrauchsanalyse.		
1. Trockensubstanz, Glühverlust, Chlor und Kalium-permanganatverbrauch quantitativ, ferner Salpeter-säure, salpetrige Säure und Ammoniak qualitativ	10,00	
2. Desgl. einschliesslich Untersuchung des Boden-satzes	18,00	
3. Desgl. mit quantitativer Bestimmung von Kalk, Magnesia, Schwefelsäure und Salpetersäure (ohne Bodensatzprüfung)	25,00	
(Für laufende Wasserfilterkontrollen können besondere Vereinbarungen getroffen werden.)		
S. Wein.		
Nach der amtlichen Anweisung vom 25. Juni 1896.		
1. Bestimmung des specifischen Gewichts	2,00	
2. Bestimmung des Alkohols	4,00	
3. Bestimmung des Extraktes		
a) bei Weinen bis zu 4 g Extrakt in 100 ccm des Weines	4,00	
b) bei Weinen mit 4 und mehr Grammen Ex-trakt in 100 ccm		
α) durch Berechnung	1,00	
β) Sonderbestimmung	6,00	
4. Bestimmung der Mineralstoffe	4,00	
5. Bestimmung der Schwefelsäure in Rothweinen .	6,00	
6. Bestimmung der freien Säuren (Gesammtsäure) .	2,00	
7. Bestimmung der flüchtigen Säuren	4,00	
8. Bestimmung der nichtflüchtigen Säuren (Sonder-bestimmung)	6,00	

Art der Bestimmung	Gebührensätze nach den Vorschlägen der Kommission M.	Bemerkungen
9. Bestimmung des Glycerins		
a) in trockenem Wein	8,00	
b) in Süsswein	10,00	
10. Bestimmung des Zuckers (gewichtsanalytisch)		
a) des Invertzuckers	4,00	
b) des Rohrzuckers	10,00	
11. Polarisation	3,00	
12. Nachweis des unreinen Stärkezuckers durch Polarisation	12,00	
13. Nachweis fremder Farbstoffe in Rothweinen . .	2,00—15,00	
14. Bestimmung der Säure:		
a) Bestimmung der Gesammtweinsteinsäure . .	4,00	
b) Bestimmung der freien Weinsteinsäure . . . } c) Bestimmung des Weinsteins . . . . }	6,00	
15. Bestimmung der Schwefelsäure in Weissweinen .	6,00	
16. Bestimmung der schwefligen Säure		
α) gewichtsanalytisch	8,00	
β) maassanalytisch	5,00	
17. Nachweis des Saccharins		
α) qualitativ	5,00	
β) quantitativ	12,00—20,00	
18. Prüfung auf Salicylsäure	3,00	
19. Prüfung auf arabisches Gummi und Dextrin . .	1,00—10,00	
20. a) Schätzung des Gerbstoffgehalts	2,00	
b) Bestimmung des Gerbstoffgehalts	7,00	
21. Bestimmung des Chlors	6,00	
22. Bestimmung der Phosphorsäure		
a) in trockenem Wein	6,00	
b) in Süsswein	9,00	
23. Prüfung auf Salpetersäure		
a) in Weissweinen	1,00	
b) in Rothweinen	2,00	
24./25. Prüfung auf Baryum und Strontium		
a) qualitativ je	2,00	
b) quantitativ je	6,00	
26. Bestimmung des Kupfers	6,00	
Handelsanalyse.		
a) Für Weiss- und Rothweine, umfassend die Bestimmung von: Alkohol, Extrakt, Mineralstoffe, Gesammtsäure, flüchtige Säuren, Zucker, Alkalität der Asche, Gesammt-Weinsteinsäure, Polarisation; bei Rothwein ferner Prüfung auf Farbe und Bestimmung der Schwefelsäure	12,00—25,00	

Art der Bestimmung	Gebührensätze nach den Vorschlägen der Kommission M.	Bemerkungen
b) kleine Analyse (Kelleranalyse), umfassend Bestimmung von: Extrakt, Mineralstoffe, Zucker, Gesammtsäure und flüchtige Säuren	10,00	
c) für Süssweine, umfassend Bestimmung von: wie a, ausserdem Phosphorsäure, Polarisation vor und nach der Inversion und Vergährung, ferner spec. Gewicht und Glycerin	12,00—30,00	
T. Bier. Heft III, S. 1.		
I. Chemische Untersuchung:		
a) 1. Bestimmung des specifischen Gewichts		
α) mit dem Pyknometer	3,00	
β) mit der Mohr-Westphal'schen Waage .	2,00	
2. Bestimmung des Extraktes, indirekt		
α) mit dem Pyknometer	4,00	
β) mit der Mohr-Westphal'schen Waage .	3,00	
3. Prüfung des Extraktes auf Amylo- und Erythrodextrin	1,00	
b) Bestimmung des Alkoholgehaltes	5,00	
c) Bestimmung der Kohlenhydrate		
1. Bestimmung der Rohmaltose (Zuckerbestimmung)	5,00	
2. Der Gährversuch	15,00	
3. Prüfung auf Dextrin		
α) nach Fr. Soxhlet	18,00	
β) nach F. Allihn	12,00	
d) Prüfung auf künstliche Süssstoffe		
α) qualitativ	5,00	
β) quantitativ	12,00—20,00	
e) Bestimmung der stickstoffhaltigen Verbindungen	6,00	
f) Bestimmung der Mineralstoffe	4,00	
g) Bestimmung des Glycerins:		
1. des Rohglycerins	8,00	
2. des Glycerins nach Abzug von Zucker und Asche	17,00	
h) Bestimmung der Säuren:		
1. Gesammtsäure	2,00	
2. Flüchtige Säure	3,00	
3. Kohlensäure	20,00	
4. Schweflige Säure	8,00	
5. Schwefelsäure	6,00	
6. Phosphorsäure	9,00	
i) Bestimmung des Chlors	6,00	

Art der Bestimmung	Gebührensätze nach den Vorschlägen der Kommission M.	Bemerkungen
k) Nachweis der Konservirungsmittel:		
1. Borsäure		
α) qualitativ, einschliesslich Veraschung .	5,00	
β) quantitativ		
1. titrimetrisch	15,00	
2. gewichtsanalytisch	30,00	
2. Nachweis von Flusssäureverbindungen		
α) qualitativ	5,00	
β) quantitativ	15,00	
3. Nachweis von Salicylsäure		
α) qualitativ	3,00	
β) quantitativ	5,00	Kolorimetrisch.
4. Nachweis von Benzoësäure	10,00	
5. Nachweis von Formaldehyd, je 2 M. (s. Heft I, S. 24 und 25)	8,00	
l) Nachweis von Hopfensurrogaten und Bitterstoffen	30,00—50,00	
m) Nachweis von Neutralisationsmitteln	15,00	
n) Nachweis von Theerfarbstoffen	2,00—15,00	
II. Mikroskopische Untersuchung	3,00—30,00	
Handelsanalyse.		
a) Spec. Gewicht, Alkohol, Säure, Extrakt, Stammwürze, Vergährungsgrad	9,00	
b) Spec. Gewicht, Alkohol, Extrakt, Stammwürze, Vergährungsgrad, Mineralstoffe, Zucker, Glycerin, Säure, Stickstoff und künstliche Süssstoffe	25,00—50,00	
U. Kaffee. Heft III, S. 24.		
I. Chemische Untersuchung des Kaffees:		
a) Prüfung auf künstliche Färbung		
α) mikroskopischer Nachweis der künstlichen Färbung	4,00	
β) mikrochemische Feststellung jedes Farbstoffes	5,00	
b) Prüfung auf Glasuren von Fetten, Oelen, Paraffinen, Glycerin etc.		
α) Prüfung auf Fette, Oele und Paraffine		
1. Gewinnung und Reinigung des Fettes	4,00	
2. Die einzelnen zur Kennzeichnung des Fettes erforderlichen Bestimmungen werden nach den unter „Schweine-		

Art der Bestimmung	Gebührensätze nach den Vorschlägen der Kommission M.	Be-merkungen
schmalz" S. 153 angegebenen Gebühren-sätzen berechnet.		
β) Prüfung auf Glycerin und Bestimmung desselben	8,00	
c) Prüfung auf Beimengung künstlicher Kaffee-bohnen.		
α) makroskopische Prüfung	1,00	
β) mikroskopische Untersuchung verdächti-ger Beimengungen	3,00—12,00	
γ) qualitative chemische Untersuchung der-selben	3,00—12,00	
d) Bestimmung des Wassers		
α) in ungebranntem Kaffee	4,00	
β) in gebranntem Kaffee	3,00	
e) Bestimmung des Gesammtstickstoffs nach J. Kjeldahl	6,00	
f) Bestimmung des Koffeïns		
α) nach A. Hilger und A. Juckenack .	20,00	
β) nach A. Forster und R. Riechelmann	15,00	
g) Bestimmung des Fettes	7,00	
h) Bestimmung des Zuckers		
α) Herstellung des gereinigten Alkoholaus-zuges	5,00	
β) Bestimmung des Zuckers in demselben		
1. vor der Inversion	5,00	
2. nach der Inversion	6,00	
i) Bestimmung der Extraktausbeute	4,00	
k) Bestimmung der in Zucker überführbaren Stoffe	8,00	
l) Bestimmung der Rohfaser	9,00	
m) Bestimmung der Mineralstoffe	4,00	
n) Bestimmung des Chlors und der Kieselsäure	10,00	
o) Bestimmung der abwaschbaren Substanzen (einschl. Veraschung)	8,00	
p) Vorprüfung auf Cichorie und Karamel . .	1,00	
II. Mikroskopische Untersuchung des Kaffees	3,00—12,00	
III. Untersuchung der Kaffeesurrogate: Heft III, S. 34.		
α) die einzelnen Bestimmungen werden nach den unter „Kaffee" angegebenen Gebührensätzen berechnet.		
β) Untersuchung auf Schimmelpilze . . .	4,00	

Art der Bestimmung	Gebührensätze nach den Vorschlägen der Kommission M.	Be- merkungen
V. a) Thee. Heft III, S. 46.		
I. Chemische Untersuchung:		
a) Bestimmung des Wassers	3,00	
b) 1. Bestimmung der Mineralstoffe	4,00	
2. Bestimmung des in Salzsäure unlöslichen Theiles derselben	2,00	
c) Bestimmung des Koffeïns		
1. nach A. Forster und R. Riechelmann .	15,00	
2. nach A. Hilger und A. Juckenack . .	20,00	
d) Bestimmung des wässerigen Auszuges . . .	6,00	
e) Bestimmung des Gerbstoffes	7,00	
f) Prüfung auf künstliche Färbung	8,00	
II. Mikroskopisch-botanische Untersuchung .	3,00—12,00	
V. b) Mate oder Paraguay-Thee. Heft III, S. 62.		
I. Chemische Untersuchung:		
a) Bestimmung des Wassers	3,00	
b) Bestimmung der Mineralstoffe	4,00	
c) Bestimmung des Koffeïns		
1. nach A. Forster und R. Riechelmann .	15,00	
2. nach A. Hilger und A. Juckenack . .	20,00	
d) Bestimmung des wässerigen Extrakts . . .	6,00	
e) Bestimmung des Gerbstoffes nach Schroeder	10,00	
II. Mikroskopisch-botanische Untersuchung	3,00—12,00	
W. Kakao und Chokolade. Heft III, S. 68.		
I. Chemische Untersuchung:		
a) Bestimmung des Wassers	3,00	
b) Bestimmung der Mineralstoffe	4,00	
c) Bestimmung des Fettes	5,00	
Untersuchung des Fettes:		
1. Bestimmung des Schmelzpunktes	2,00	
2. Bestimmung der Jodzahl nach von Hübl	8,00	
3. Bestimmung der Verseifungszahl	4,00	
4. Björklund'sche Aetherprobe	1,50	
5. F. Filsinger'sche Alkohol-Aetherprobe .	1,50	
6. Bestimmung der Säurezahl	3,00	
d) Bestimmung des Theobromins	20,00	
e) Bestimmung der Stärke	12,00	
f) Bestimmung der Rohfaser	9,00	
g) Bestimmung des Zuckers		
α) polarimetrisch	4,00	
β) nach F. Allihn	6,00	
II. Mikroskopisch-botanische Untersuchung	3,00—12,00	

Art der Bestimmung	Gebührensätze nach den Vorschlägen der Kommission M.	Be-merkungen
X. Tabak. Heft III, S. 82.		
I. Chemische Untersuchung:		
a) Bestimmung des Wassers	3,00	
b) Bestimmung des Gesammtstickstoffs	6,00	
c) Bestimmung der Salpetersäure	8,00	
d) Bestimmung des Nikotins		
α) nach R. Kissling	15,00	
β) nach M. Popovici	20,00	
e) Bestimmung des Ammoniaks	4,00	
f) Bestimmung der eiweissartigen Stickstoffver-bindungen	10,00	
g) Bestimmung des Stickstoffs in Amidoverbin-dungen	10,00	
h) Bestimmung des Harz- und Fettgehaltes . .	8,00	
i) Bestimmung der Rohfaser	9,00	
k) Bestimmung des Zuckers		
1. Herstellung des entfärbten Auszuges .	4,00	
2. Bestimmung des Zuckers vor der In-version	5,00	
3. Bestimmung des Zuckers nach der In-version	6,00	
l) Bestimmung der Stärke	12,00	
m) Bestimmung der wasserlöslichen Extraktiv-stoffe	6,00	
n) Bestimmung der Mineralstoffe	4,00	
α) Bestimmung des in Salzsäure unlöslichen Theiles derselben	2,00	
β) Bestimmung der wasserlöslichen Alkalität der Asche	2,00	
γ) Bestimmung des Chlors		
1. gewichtsanalytisch	6,00	
2. maassanalytisch	5,00	
δ) Bestimmung des Gesammtalkalis	10,00	
II. Mikroskopisch-botanische Untersuchung	3,00—12,00	
III. Bestimmung der Glimmdauer	6,00	
Y. Luft. Heft III, S. 100.		Die Zeit der Thätigkeit ausserhalb des Labora-toriums wird gesondert berechnet.
1. a) Bestimmung der Temperatur	1,00	
b) Bestimmung der Feuchtigkeit	4,00	
2. a) Bestimmung des Ozongehaltes nach C. F. Schönbein	3,00	
b) Bestimmung des Sauerstoffs nach W. Hempel	10,00—25,00	

Art der Bestimmung	Gebührensätze nach den Vorschlägen der Kommission M.	Be- merkungen
c) Bestimmung des Wasserstoffsuperoxydes qualitativ	4,00	
3. Nachweis des Kohlenoxydes		
α) qualitativ mittels Bluts	10,00	
β) quantitativ mittels Palladiumchlorürs	20,00	
4. Bestimmung der Kohlensäure nach M. v. Pettenkofer	5,00	
5. Bestimmung des Salzsäuregases	5,00	
6. Bestimmung des Chlors	5,00	
7. Nachweis des Schwefelwasserstoffes;		
α) qualitativ	1,00	
β) quantitativ	8,00	
8. Bestimmung der schwefligen Säure	5,00	
9. Nachweis der Schwefelsäure		
α) qualitativ	1,00	
β) quantitativ	6,00	
10. Nachweis des Ammoniaks		
a) qualitativ	1,00	
b) quantitativ		
α) chemisch	4,00	
β) kolorimetrisch	3,00	
11. Nachweis der salpetrigen Säure		
a) qualitativ	1,00—3,00	
b) quantitativ		
α) kolorimetrisch	4,00	
β) titrimetrisch	8,00	
12. Nachweis der Salpetersäure		
a) qualitativ	1,00	
b) quantitativ		
α) nach K. Ulsch	5,00	
β) nach Schulze-Tiemann	8,00	
13. Bestimmung der Staubtheilchen		
a) quantitative Bestimmung	4,00	
b) qualitative chemische oder mikroskopische Untersuchung des Staubes	2,00—10,00	
14. Mikroskopisch-bakteriologische Untersuchung	10,00—30,00	
Z. Gebrauchsgegenstände. Heft III, S. 115.		
A. Spielwaaren. Heft III, S. 117.		
I. Gefärbte Spielwaaren, Blumentopfgitter, künstliche Christbäume		
1. Qualitative Prüfung auf:		
a) Schwefelsaures Baryum	5,00	

Art der Bestimmung	Gebührensätze nach den Vorschlägen der Kommission M.	Bemerkungen
b) Barytfarblacke	10,00	Einschl. Baryum- und Kohlensäurenachweis.
c) Chromoxyd	3,00	
d) Kupfer, Zinn, Zink und deren Legirungen als Metallfarben	8,00—10,00	
e) Zinnober	4,00	
f) Zinnoxyd	3,00	
g) Musivgold	3,00	
h) Bleioxyd in Firniss	6,00	
i) Chromsaures Blei	9,00	
k) Wasserunlösliche Zinkverbindungen . .	4,00	
l) Arsen, nach der amtlichen Anleitung vom 10. April 1888	15,00	
2. Prüfung auf organische Farbstoffe:		
a) Gummigutti	5,00	
b) Korallin	3,00	
c) Pikrinsäure	3,00	
II. Spielwaaren aus Kautschuk:		
Qualitative anorganische Analyse nach Zerstörung der organischen Substanz	15,00	
a) Prüfung, ob Zink als unlösliche Verbindung vorhanden ist	4,00	
b) Prüfung, ob Zink als Färbemittel der Gummimasse verwendet ist	10,00	
c) Prüfung, ob Zink als Oel- oder Lackfarbe vorhanden ist	5,00	
d) Prüfung, ob Zink mit Lack oder Firniss überzogen ist	5,00	
III. Spielwaaren aus Wachsguss:		
a) Qualitative Prüfung auf Blei	3,00	
b) Quantitative Bestimmung von Blei . . .	10,00	
IV. Spielwaaren aus Metall:		
s. Ess-, Trink- und Kochgeschirre.		
B. Ess-, Trink- und Kochgeschirre. Heft III, S. 118.		
I. Metallgegenstände:		
1. Bestimmung des spec. Gewichts	3,00	
2. Quantitative Untersuchung, für jede Metallbestimmung	10,00	
II. Töpfergeschirr und Emailgeschirr:		
1. Qualitative Prüfung auf Blei	3,00	

Art der Bestimmung	Gebührensätze nach den Vorschlägen der Kommission M.	Bemerkungen
2. Quantitative Bestimmung von Blei, Kupfer, Zinn und Zink je	10,00	
3. Quantitative Bestimmung von Arsen	15,00	
III. Kautschukgegenstände:		
1. Qualitative Prüfung auf Blei	4,00	
2. Quantitative Bestimmung von Blei	10,00	
C. Farben. Heft III, S. 121.		
I. Farben für Nahrungs- und Genussmittel wie unter A (Spielwaaren), I, 1 und 2.		
II. Farben zur Herstellung von Oblaten: Wie unter A (Spielwaaren), I, 1 und 2.		
III. Farben für Gefässe, Umhüllungen oder Schutzbedeckungen wie unter A (Spielwaaren), I, 1 und 2.		
IV. Farben für Buch- und Steindruck auf Gefässen etc.: Prüfung auf Arsengehalt und Bestimmung desselben nach der amtlichen Anleitung vom 10. April 1888	15,00	
V. Farben zur Herstellung kosmetischer Mittel.		
a) Entfernung der Fette	3,00	
b) Prüfung auf Farbstoffe wie unter A (Spielwaaren), I, 1 und 2.		
VI. Farben zur Herstellung von Spielwaaren: Wie unter A.		
VII. Tuschfarben:		
1. Wie unter A (Spielwaaren), I, 1 und 2.		
2. Nachweis der Verbindungsform des Bleies	9,00	
VIII. Farben für Tapeten, Möbelstoffe, Teppiche, Stoffe zu Vorhängen oder Bekleidungsgegenständen, Masken, Kerzen, sowie künstlichen Blättern, Blumen und Früchten, Schreibhülfsmitteln, Lampen- und Lichtschirmen und Lichtmanschetten:		
a) Prüfung auf Arsengehalt und Bestimmung desselben nach der amtlichen Anleitung vom 10. April 1888		
α) Qualitative Prüfung auf wasserl. Arsen	6,00	

Art der Bestimmung	Gebührensätze nach den Vorschlägen der Kommission M.	Be- merkungen
β) Quantitative Bestimmung	15,00	
b) Prüfung auf Zinnober	4,00	
c) Prüfung auf Bleisalze	4,00	
IX. Wasser- oder Leimfarben zur Herstellung des Anstrichs von Fussböden, Decken, Wänden, Thüren, Fenstern der Wohn- oder Geschäftsräume, von Roll-, Zug- und Klappläden oder Vorhängen, von Möbeln und sonstigen häuslichen Gebrauchsgegenständen: Prüfung auf Arsengehalt und Bestimmung desselben nach der amtlichen Anleitung vom 10. April 1888	15,00	
D. Petroleum. Heft III, S. 130.		
1. Bestimmung des Entflammungspunktes nach der amtlichen Anweisung vom 20. April 1882:	4,00	
2. Bestimmung des Schwefelgehaltes	10,00	
3. Bestimmung des Erstarrungspunktes	5,00	
4. Bestimmung der Leuchtkraft (Brennfähigkeit) und des Verbrauchs für die Stunde und N. K.	15,00	
5. Bestimmung des spec. Gewichts (m. Aräometer)	1,00	
6. Bestimmung des Gehalts an Normalpetroleum (durch fraktionirte Destillation)	5,00	
7. Bestimmung des Gehaltes an Mineralstoffen .	2,00	
8. Bestimmung der Farbe	1,00	

Sachregister.